KB169187

알고나 먹자

일러두기

- 이 책은 레시피를 알리는 게 목적이 아닙니다. 말하자면 레시피의 레시피라고나 할까요? 된장찌개에 들어가는 된장, 두부, 파, 마늘, 육수에 대해 심도 있는 분석을 시도합니다. 달리 말하면 된장찌개 못 끓이는, 된장찌개를 한 번도 끓여보지 않았는데 된장찌개를 끓여보고 싶은 사람에게는 적당한 글이 아니란 뜻입니다.

- 된장만 하더라도 전국 팔도 읍, 면, 동, 리마다 다르고 통, 반마다 다르고 집집마다 다르고 시어머니와 며느리 사이에서 소금을 더 넣느냐 덜 넣느냐를 두고 옥신각신하다 결국 시어머니 뒷목 잡고 쓰러지는 일이 허다한데 어찌 내 방법이 옳다고 할 수 있겠습니까. 허니, 얼추 이만하면 되겠다 싶으면 그러려니 하고 넘겨주시기 바랍니다.

- 본문 속 사진은 저자가 직접 촬영하고 제공한 것입니다.

알고나 먹자

본격 식재료 추적 음식문화 박물지

전호용 지음

글항아리

머리말

미리 밝힙니다.

저는 웰빙족 절대 아닙니다. 라면을 매우 사랑하고 밤이면 밤마다 술에 절어 사는 사람입니다. 화학조미료 안 들어간 음식을 내놓는 식당은 별로 좋아하지 않습니다. 이런 놈임에도 음식을 입에 넣었을 때 다시 뱉어내고 싶은 경우가 요즘 들어 종종 생겨납니다.

손님을 속된 말로 핫바지로 보는 장사꾼이 많아지면서 같잖은 재료를 쓰며 음식이랍시고 내놓는 음식점이 늘어나고 있기 때문입니다. 특히 대학가 주변은 젊은이들 호주머니 털어먹는 재미가 쏠쏠한 곳이긴 하지만, 해도 너무해서 새끼를 10번 이상 낳은 늙은 돼지를 구이로 판다거나 교접을 수백 번 시킨 수소를 한우로 내놔 안 그래도 알코올에 절어 있는 제 이빨을 아작내는 경우가 허다합니다. 김치찌개와 된장찌개, 순두부찌개의 국물 맛이 일관되고, 무엇을 먹으나 그 맛이 그 맛인 김밥천국류의 음식점들에 경종을 울리고자 이 책을 쓰게 되었습니다.

'딴지일보'에 이 글을 연재하기 시작한 건 2013년 4월이었습니다. 당시 인쇄소에서 밥벌이를 하던 때였는데 점심과 저녁은 주변의 식당에서 해

결했습니다. 치킨, 피자, 돈까스, 자장면, 짬뽕, 김치찌개, 햄버거, 떡볶이 따위로 배를 채우는 행위를 '식사'라 불렀습니다. 그전에는 화물트럭 운전을 했습니다. 달리는 고속도로 위에서 핫도그, 김밥, 통감자구이 등을 밥이랍시고 먹으며 연명했습니다.

운전을 하면서, 인쇄소에서 배달 음식을 시켜 먹을 때도 내가 무엇을 먹고 있는지 알 수 없었습니다. 가령 짬뽕을 먹는데 그 이름이 짬뽕일 뿐, 내가 먹고 있는 음식이 어떤 과정을 거쳐 이곳에 왔는지 전혀 알 수 없었습니다.

그저 꾸역꾸역 음식을 밀어 넣었습니다. 복사기에 종이를 넣어야 했고, 고속도로를 달려야만 했지요. 그런 저는 기름을 넣으면 달리는 자동차 같았습니다. 짬뽕을 만드는 요리사도, 짬뽕을 먹고 있는 저도 무엇을 만들고 무엇을 먹는지 알지 못하고 있는 것이 분명해 보였습니다.

돈도 백도 없는 사람들이 가는 식당 음식이 거기서 거기겠지만 무슨 재료가 어떻게 들어갔는지 알고라도 먹으면 억울하지는 않을 것 아니겠습니까?(사실 알고 먹으나 모르고 먹으나 화가 치미는 건 마찬가지.) 자장면도 늘 먹다 보면 사천성, 자금성, 홍콩반점의 맛이 서로 다르다는 것을 알듯 재료의 본색을 파악하다 보면 '이 식당은 라면스프로 국을 끓이는구나' 하는 것을 알게 될 터. 알고나 한번 먹어봅시다.

2015년 3월

전호용

차 례

하나. 된장

너희 집 된장과 우리 집 된장 맛은 다를 수밖에 없다

된장부터 시작하겠습니다.

백태입니다. 메주콩이라고도 하고 노란콩이라고도 하죠. 벼 심을 때 함께 심고 벼 벨 때 함께 거둬 말리면 메주콩이 됩니다. 어릴 땐 이 콩이 설익었을 때 따서 콩국을 해 먹기도 했습니다. 이 백태로 된장도 만들고 청국장도 만들고 간장도 만들고 고추장도 만듭니다. 백태가 없으면 한국 음식, 어렵습니다.

이 백태를 하루 정도 물에 불립니다. 마른 콩을 하루 불리면 3배쯤 커

지는데 그 이상 불리면? 싹이 납니다. 시렁에 짚을 깔고 싹이 난 콩을 담아 검정 포로 덮어두고 시시때때로 물을 주면 콩나물로 자라납니다.

쉬워 보이죠?

그렇지 않습니다. 저희 할머니는 "콩나물 지르는 거시 애린 것 키는 것보담 애렵다"고 하셨습니다. 빛 들어가면 파래지고 물 안 주면 안 자라다가 썩어 문드러지고 추위라도 타면 비실거리다가 몽땅 말라 죽기 십상이기 때문입니다. 콩나물, 쉬운 거 아닙니다.

그러니 하루를 넘기지 말고 물에서 건져야 한다는 말이었습니다. 물에 불린 콩을 삶습니다. 콩이 물컹해질 때까지 오래오래요. 이렇게 삶아서 콩의 온도가 65도 정도 되었을 때 함지박에 담아 아랫목에 두고 담요를 겹겹이 씌워 사흘 정도 뜸을 들이면 청국장이 됩니다.

청국장이 되는 콩은 너무 뜨거워도 안 되지만 완전히 식어버리면 발효가 되지 않습니다. 그러니 65~80도일 때 재빠르게 따뜻한 아랫목에 옮겨 담요를 덮어주어야 맛있는 청국장을 얻을 수 있습니다. 사흘 정도 지나 담요를 걷고 콩을 쭉 당겨보면 기다란 실이 따라 올라옵니다. 그러면 청국장이 잘된 것입니다.

실이 안 나온다, 그러면 담요를 잘 덮고 아랫목에 불을 더 때주세요. 그러면 맛있는 청국장이 나옵니다. 그런데 문제는 그 담요지요. 날도 추운데 저희 엄마가 빨래를 하겠어요? 청국장 만든 담요는 제가 덮기 마련이죠.

겨울 내내 저는 구수했습니다.

다시 삶은 콩으로 돌아가지요. 콩이 무르게 익으면 잘 식히세요. 식은 콩을 믹서기에 돌리든 절구에 빻든 콩이 똥이 되게 만드세요. 이렇게

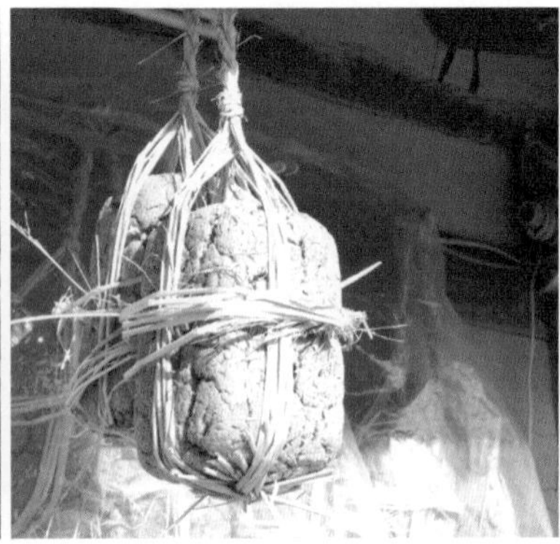

청국장(왼쪽)과 메주.

똥이 된 콩을 네모반듯하게 치대 짚으로 엮어 바람이 잘 통하고 해가 안 드는 곳에 걸어두세요. 이게 바로 메주입니다.

어릴 때부터 저는 메주가 저렇게 예쁜데 왜 메주 같은 년, 메주 같은 놈 하는지 통 이해하지 못했습니다. 예쁘지 않나요?

그림과 같이 메주를 말리세요.

속까지 완전히 마르려면 한 달은 걸어둬야 합니다. 메주가 속까지 마르지 않으면 다음 과정에서 썩으니 바짝 말리세요. 한 달쯤 지나 메주가 마르면 다시 아랫목과 담요가 필요합니다. 겨울에 제게서는 구수한 냄새가 날 수밖에 없었습니다.

메주가 다 마르면 아랫목에 메주를 놓고 담요로 덮어주세요. 따뜻한 방에서 메주는 곰팡이를 피워내는데 일주일쯤 지나면 이런 모양이 됩니다.

곰팡이 핀 메주입니다. 검정 곰팡이와 하얀 곰팡이가 득실득실하죠? 곰팡이 피었다고 썩은 것은 아닙니다. 걱정 마세요. 두 곰팡이 모두 매우 소중한 것입니다. 이 곰팡이를 얻으려고 이 고생을 한 겁니다. 콩에 핀 곰팡이가 간장, 된장, 고추장의 초석이 되는 것이죠.

이리하여 메주가 완성되면 이 메주로 간장을 담급니다. 항아리 안쪽을 불에 그슬려 잡것을 물리치고 물을 담고 소금을 풀어줍니다. 보통 계란으로 소금의 양을 가늠합니다. 소금을 푼 물 위에 계란을 띄워봐서

곰팡이 핀 메주.

메주로 간장담그기. 항아리 둘레에 두른 금줄도 보입니다.

100원짜리 동전 크기만큼 떠오르면 적당합니다. 여기에 메주를 넣고 넓적한 돌로 지그시 눌러주세요. 잡내를 없애기 위해 숯도 넣고 고추도 넣으세요.

또한 항아리 둘레를 금줄로 둘러주세요. 잡귀를 잡아야죠. 잘 생각해보세요. 저렇게 많은 간장을 담갔는데 부정이라도 타서 군내 나고 찝찝한 냄새가 나면 못 먹는 게 문제가 아니라 시어머니 등쌀에 수명 단축은 불 보듯 뻔했을 것입니다.

이렇게 담갔으면 두 달에서 세 달을 기다립니다. 두세 달을 기다리면 거무스름한 간장이 만들어지죠. 이게 국간장, 다른 말로 조선간장입니다. 간장이 만들어지면 메주를 꺼내야 합니다. 안 그러면 군내가 나고 여름을 나면서 간장이 못쓰게 돼버리거든요. 이렇게 간장에서 꺼낸 메주가 된장의 주재료가 됩니다.

된장은 간장에서 꺼낸 메주로 만드는 방법과 말린 메주를 이용해 바로 만드는 방법 두 가지가 있는데, 우선 간장에서 꺼낸 메주로 된장을 만드는 방법부터 알아봅시다.

콩 타작부터 이 단계까지가 몇 달입니까? 적어도 네 달은 이 짓을 해야 된장을 만들 수 있는 겁니다. 이게 돈벌이다 싶으면 이런 일이 얼마나 한심하겠습니까. 좀 빨리하면 얼마나 좋겠어요. 그래서 수작들이 나오는 거죠. 조장助長하게 되는 겁니다.(혹시 '조장'을 장의 일종이라고 생각하는 건 아니겠지?) 자, 그럼 된장으로 넘어가죠.

간장에서 메주를 잘 걸러내세요. 두세 달 동안 메주는 불고 퍼져서 흐물흐물해졌을 테니 면포에 잘 받쳐서 건더기만 걸러냅니다. 간장이 빠지게 잘 받쳐두고 다시 콩을 삶으세요. 메주를 만들 때처럼 무르게 삶은 콩을 잘 식혀서 간장에서 건진 메주와 함께 섞어주세요. 이때 취향에 따라 고춧가루를 넣어도 되고 감칠맛을 더하고 싶으면 멸치육수를 넣어도 좋습니다.

자, 이렇게 하면 된장이 되는데 여기서부터 무서운 일이 생길 수 있습니다. '구더기 무서워 장 못 담근다'는 말이 여기서 나오는 겁니다. 간장을 담그고 봄 무렵에 된장을 담그면 파리가 꼬여요. 그럼 구더기가 생기겠죠. 해서 된장 위에 소금을 하얗게 올려줍니다. 그리고 볕이 좋을 때 볕을 쬐이고 바람이 좋을 때 바람을 쏘여야 비로소 맛있는 된장이 됩니다.

뒤돌아서 처음부터 살펴보면 된장을 담그는 과정에서 수많은 변수가 발생합니다. 지방마다 콩이 나는 땅도 다르고 물도 다르며 집집마다 볕이 더 들고 덜 들고, 어떤 집은 콩을 더 삶기도 하고 덜 삶기도 하며 소금을 더 넣기도 하고 덜 넣기도 합니다. 콩을 삶다가 태워 1년 내내 누린내가 나는 된장을 먹는 해도 있을 테고 말이죠.

그런데 이 시대는 이런 다양성과 변수를 통제해서 올곧은 식재료만 생산해냅니다. 슈퍼에 나와 있는 된장, 간장을 비롯해 야채들마저도 그 맛이 대동소이합니다. 저는 그 올곧은 맛이 아주 답답합니다. 미원국? 훌륭하다고도 생각합니다. 하지만 그 훌륭함이 답답하게 느껴집니다. 하나같이 똑같습니다. 항상 이 좋은 감칠맛뿐입니다.

미원을 넣지 않는다 하더라도 그 맛이 그 맛이더군요. 장국을 국물로 내주는 식당에 가면 미원을 넣었건 넣지 않고 끓였건 레시피가 대부분 통일되어 있어 보쌈집이든 삼겹살집이든 내놓는 장국이 거기서 거기지요. 계란을 풀어 넣은 된장국 먹어본 적 있으십니까들? 갈치로 끓인 미역국은요? 달군 쇳덩이를 육수에 넣으면 어떤 맛을 내는지 아시는지요?

사과를 예로 들어볼까요? 예전에는 사과의 종류가 정말 많았습니다. 겨우 20년 전만 해도 홍옥, 부사, 홍로, 아오리, 서광, 선홍 등 제가 알지도 못하는 많은 종류의 사과가 있었는데 이제는 부사, 홍로 정도만 시장에 유통되고 있습니다. 2012년 춘천에 갔을 때 홍

홍옥.

옥을 발견하고 어찌나 반가웠던지. 그래서 과일가게 아주머니에게 왜 홍옥은 잘 팔지 않는지 물었더니 맛도 없고 상품성도 떨어지는 걸 뭐하러 키우겠냐고 말씀하시더군요. 그래서 홍옥을 먹어봤더니 시고 푸석하고 정말 맛이 없었습니다. 어릴 땐 정말 맛있다고 생각했는데 말이죠.

부사와 홍로의 뛰어난 맛에 홍옥은 뒤로 사라진 겁니다. 부사와 홍로가 매우 뛰어난 사과이긴 하지만 홍옥이 근 20년 동안 내 눈에서 사라지지 않았더라면 홍옥이 맛없게 느껴졌을까요? 어떤 사과보다 어여쁜 그 홍옥을? 부사와 홍로에는 없는 새콤달콤한 맛이 있는 홍옥을 말이죠.

시장 원리에 맡겨야 할 것들도 있지만 그러지 말아야 할 것도 있는 법입니다. 해서, 이 책 '알고나 먹자'를 씁니다. 우리는 밥마저 강요받고 있습니다. 대략 20개의 메뉴 안에서 아침과 점심, 저녁, 회식, 야유회를 즐기고 있잖습니까. 그것들만이라도 어떻게 만들어졌는지 알고나 먹읍시다. 그리고 그것들을 어떻게 변화시킬 수 있을지 생각해봅시다.

다시 된장으로 돌아와서 글을 마무리하겠습니다. 또 다른 된장 담그는 방법입니다. 말려놓았던 메주가 있죠. 그 메주를 방앗간에 가서 빻든 집에서 절구에 빻든 곱게 빻아줍니다.

그 메줏가루에 삶은 콩과 멸치육수를 넣고 소금으로 간을 합니다. 이 된장은 만든 지 2~3일 안에 먹을 수 있는데 만든 된장을 통에 담아 따뜻한 아랫목에 60도 이하로 숙성시키면 집장이 됩니다. 시중에 유통되는 대부분의 된장이 집장이라고 생각하면 무난합니다. 이렇게 빨리 먹을 수 있으니 소금은 적게 넣어도 됩니다.

집장 담글 때 말린 시래기나 무말랭이, 호박말랭이를 물에 불려 함께 넣고 담가뒀다 찌개로 끓여 먹어도 좋습니다. 봄에 나는 털게나 새우를 넣어 장을 담가도 좋지요. 하지만 이 된장도 오랫동안 숙성시켜 먹을 수 있기 때문에 장독에 오래 보관하려면 소금을 많이 넣어두어야 합니다.

앞서 시중에 유통되는 된장에 대해 이야기했는데 가정용으로 나오는 많은 된장은 전통적인 방법으로 생산해낸 것이 많습니다. 하지만 업소용으로 판매되는 된장은 저렴하지 않으면 업주들이 쳐다보지도 않기 때문에 속성으로 만들어낸 된장이 주를 이룹니다. 집장처럼 만들어낸 된장에 산분해효소를 더해 속성으로 숙성시키는데 맛은 분명 떨어집니다. 해서 업주들은 두세 가지 된장을 조합해 사용합니다.(아니면 아니라고 말해봐!)

진미된장은 숙성을 많이 시켜 된장 색이 검고 콩이 낱알로 들어 있습니다. 그래서 발효를 덜해 색이 희고 콩을 완전히 갈아 죽처럼 보이는 신송된장과 값이 좀 비싸지만 맛이 그런대로 좋은 샘표된장을 3대 2대 1의 비율로 조합해서 사용합니다. 이 정도 애를 썼다 싶으면 사람들이 맛있다고 합니다. 가장 비참한 건 찌개용 된장을 따로 판다는 겁니다. 비닐팩에 10킬로그램씩 담겨 있는데 이걸 사용하는 집은 전국 팔도 맛이 똑같습니다. 식재료상에 가면 이런 제품이 즐비합니다.

키위 드레싱, 딸기 드레싱, 불고기고추장 등 소스류는 물론이고 장조림에서 계란 프라이까지 내 손을 거치지 않고 완성된 요리들도 식재료상에서 매우 저렴한 가격으로 판매됩니다. 이 유혹을 뿌리칠 수 있을까요? 사실 저 역시 그러지 못했습니다.

주방장들의 레시피에는 위와 같은 조합을 통해 그럴싸한 맛을 찾아내는 방법이 많이 있습니다. 수익은 남겨야 하고 맛은 내야 하니 궁여지책으로 찾아낸 방법들이고 한편으로 소중한 자산일 수 있지만 저는 부끄럽게 여겼던 게 사실입니다. 한때 케이터링 회사에서 실습 나온 조리학과 학생들에게 이런 레시피가 대단한 비법인 양 가르쳤던 제가 한심하게 여겨졌습니다.

이 책에서는 그러한 방법을 비법입네 하지 않고 '알고나 먹어라'라는 뜻으로 하나씩 알려드리겠습니다.

둘. 고추장

우리가 알고 있는 고추장의 맛

'된장' 편에서 콩을 이용해 만든 청국장, 청장(조선간장), 된장에 대해 알아보면서 잠깐 콩나물로도 빠지고 생뚱맞은 사과까지 다뤄봤습니다. 이제 콩으로 만드는 고추장, 일본된장 미소에 대해 알아보면서 진간장과 양조간장, 산분해간장 등으로 나아가보겠습니다.

고추장부터 알아봅시다.

고추장은 조금 이상한 돌연변이입니다. 메줏가루를 이용해 만드니 된장에 가까울 수도 있고 찹쌀과 엿기름으로 발효시키니 미소에 가깝다고

도 할 수 있습니다. 개인적인 생각으로는 미소에 고춧가루를 많이 넣고 발효시키면 비슷한 맛이 나지 않을까 싶습니다.

자, 고추장의 맛은 잘 말린 고추에 달려 있으니 고추에 대해 좀 알아봅시다.

때깔 좋은 고추를 수확하기까지는 인고의 시간이 필요합니다. 최명희 선생은 『혼불』에서 "백초百草를 다 심어도 대는 아니 심으리라" 했지만 저는 백초는 다 지어도 고추 농사는 짓고 싶지 않습니다. 땅 갈고 거름 주고 심어서 풋고추나 따 먹는 일이야 우리 집 강아지 월희도 할 수 있는 일이지만 고추는 익어갈 무렵부터 마음고생이 이만저만이 아닙니다.

고추는 4월 중순경에 심어 6월 중순이 되면 하나둘 붉게 익기 시작합니다. 이때까지는 좋습니다. 하지만 따기 시작하면서 비가 내립니다. 장마지요. 습도는 높고 해는 들지 않습니다. 날은 덥고 따놓은 고추가 곯아 터집니다. 비닐하우스 안에서 말려도 습도가 높으면 곯기 마련이지요.

생고추 열 자루를 모아두면 자체적으로 열을 냅니다. 안 그래도 더운데 고추 널어놓은 비닐하우스 안은 지옥을 방불케 합니다. 한술 더 떠 저희 엄마는 가히 엽기적인 고추 말리기 작전을 수행했습니다. 비닐하우스도 불안하다 싶으면 집에 보일러를 돌리고 온 방에 고추를 펴 말리셨

습니다. 상상이나 갑니까? 그 여름에 보일러를 세게 돌리고 고추를 말린다니.

엄마는 그랬네요.

"비도 오고 선선헌 게 따땃허게 방이서 자."

쩝.

온 집안이 고추 건조장이니 선택의 여지가 없었습니다. 고추가 방을 차지하고 저는 구석에서 땀을 줄줄 흘리면서 자고 있으면 뭐가 꼬물꼬물 몸 위를 기어다닙니다. 뭘까요? 고추 안에 살고 있던 애벌레도 더위를 참지 못하고 밖으로 기어 나온 겁니다. 지옥불이 들끓는 아수라가 따로 없지요. 그렇게 고추를 말렸던 기억이 나네요.

지금이야 집집마다 고추건조기가 있어서 한여름에 보일러 켤 일이 없지만 그때는 그랬습니다. 그렇게 장마를 거치며 애지중지 고추를 말렸던 것이지요. 장마가 지나면 탄저병이 창궐합니다. 단언컨대 무농약 고추는 장마 이후엔 어림없습니다.

몇 해 전 고추 파동이 났을 땐 신종바이러스가 생겨 고추 생산이 급감했었습니다. 이처럼 고추는 병에 매우 취약합니다. 사흘에 한 번씩 농약을 줘도 병을 다스리기 어렵습니다. 여름을 나는 동안 묘목의 절반 이상이 말라 죽는 경우가 허다합니다. 농약 사용이 많아지고 해가 가면 갈수록 탄저병균과 여타 바이러스들은 강해져만 갑니다. 그래서 일부에서는 해서는 안 될 짓을 합니다.

탄저병을 막을 수 없다고 판단되면 고추 묘목에 약을 줘 일부러 고사시킵니다. 그러면 묘목에 달려 있던 풋고추들이 빨갛게 익습니다. 실제로 익지 않은 고추를 빨갛게 물들이는 것이나 마찬가지입니다. 그리고 그

고추를 수확해 판매합니다. 업자들 사이에서는 '희나리'라는 이름으로 통하는 불량 고추입니다.

뱀탕, 붕어즙과 더불어 고추는 눈칫밥을 먹더라도 방앗간 옆에서 지켜봐야 합니다. 어머니들이 고춧가루는 고추를 직접 사서 쓰라고, 고춧가루를 사서 쓰지 말라고 말씀하시는 이유입니다. 시장에 나가 고춧가루 전문 방앗간에 가면 여러분이 원하는 고춧가루를 만들 수 있습니다. 가령 중국산 10퍼센트, 베트남산 20퍼센트, 청양고추 10퍼센트, 임실산 20퍼센트, 고령산 20퍼센트, 희나리 20퍼센트로 만들어주세요, 그러면 정말 그렇게 만들어줍니다.

이건 어떨까요? "때깔만 좋으면 되는데…" 하고 말을 흐리면 방앗간 아저씨는 "중국산 70에 태양초 30 하지?" 하고 말할 겁니다. "청양고추 말고 맵게는 안 될까요?" 하고 물으면 "태국산 좋아. 맵고. 태국산에 태양초 좀 섞어줄까?"라고 말하겠지요.

이 정도는 일상다반사입니다. 알고는 드세요. 그리고 태양초를 고집하지 마세요. 건조기에서 말린 것이거나, 비닐하우스에서 말렸을 확률이 90퍼센트입니다. 만약 태양초라고 구매를 권한다면 건조기에서 나온 건 없냐고, 건조기에서 나온 건 좀 싸게 파냐고 되물어보길 권합니다.

매운맛과 고춧가루에 대한 트릭은 무궁무진합니다. 이것들에 대해서는 차차 알아보도록 하고 다시 고추 농사로 넘어가지요. 이렇게 탄저병과 바이러스에 쑥대밭이 되고 나서야 가을이 찾아옵니다. 수확량은 크게 줄고 고추의 크기도 작아집니다. 우리가 보통 알고 있는 태양초 말리는 풍경이 연출되는 때이기도 합니다. 마당에 빨갛게 널어놓은 고추를 바라보며 귀농을 꿈꿔볼 만하지요?

고추장용 고춧가루 김치용 고춧가루 찌개용 고춧가루

그런 꿈을 꾸고 있다면 일단 정신부터 좀 차립시다. 귀농을 꿈꾸는 낭만만 가지곤 안 됩니다. 고생을 좀 해줘야 때깔 좋은 고추를 얻을 수 있는 겁니다. 그냥 되는 농사일이 어디 있겠냐마는 백초는 다 지어도 고추농사는 짓고 싶지 않은 이유입니다. 이렇게 얻은 고추로 고추장을 만들어보겠습니다.

우선 방앗간에 가서 말린 고추와 메주, 엿기름, 찹쌀을 빻아옵니다. 고추장을 만드는 고춧가루는 씨를 모두 빼내는 것이 좋습니다. 씨가 들어가면 때깔이 영 후지거든요. 씨를 빼낸 고추를 매우 곱게 빻아주세요. 고춧가루는 보통 고추장용, 김치용, 찌개용으로 나뉘는데 방앗간에 가서 고추장 한다고 하면 아주 곱게 빻아줍니다. 이렇게 고춧가루와 메줏가루, 엿기름가루, 찹쌀가루가 준비되었네요.

여기서 엿기름에 대해 간단히 짚고 넘어가겠습니다.

엿기름은 엿이 나오도록 길렀다는 뜻입니다. 뒷장 사진에서 보듯 보리에서 싹이 났지요? 이렇게 싹이 나야 엿이 나오더라 해서, 엿이 나오게 싹을 길렀다, 즉 '엿+기르다'입니다.

껍질이 있는 보리를 물에 하루 정도 불려 따뜻한 방에 담요를 덮어놓고 사나흘 기다립니다. 그러면 저렇게 싹이 나옵니다. 담요는 참으로 유용합니다. 싹이 너무 길게 자라나면 아밀라아제가 줄어듭니다. 손톱 길이만큼 싹이 나왔을 때 볕에 널어 말리세요. 이렇게 만들어진 아밀라아제는 맥아라고도 하지요. 이걸 빻으면 보리에 있는 녹말 성분이 싹에 있는 아밀라아제와 만나 당분을 만듭니다. 침에도 아밀라아제가 들어 있지요. 그렇다고 보리만 빻아 침을 뱉어 엿을 만들면…… 한번 해보고 싶기도 하네요.

맥아는 맥주의 원료이기도 한데 술의 세계는 깊고도 넓으니 나중에 시간 되면 다루도록 하고 고추장으로 돌아가겠습니다. 고추장을 만들려면 우선 엿을 고아야 합니다. 찹쌀엿이죠. 그래서 찹쌀가루가 필요합니다.

엿을 만들기 위해 우선 엿기름가루를 물에 풀어주세요. 물에 풀어서 손으로 비벼줍니다.

엿기름가루에는 보리 껍질이 들어 있습니다. 이 보리 껍질을 걸러내기 위해 물에 엿기름가루를 풀어 고운 채에 걸러주는 것입니다. 사진에서처럼 꾹 짜서 국물을 빼내고 체로 걸러냅니다.

식혜를 만들 때는 가루를 잘 풀고 비벼서 서너 시간 놔두면 녹말과 불순물은 가라앉고 순수 아밀라아제만 남게 되죠. 이 맑은 물로만 식혜를 만듭니다. 시중에 식혜가루라고 판매되는 것들이 있는데 이것을 사용하면 식혜가 맑지 않아요. 보리에 있던 녹말이 들어가서 그렇습니다. 쌀밥과 아밀라아제만 반응을 해야 하는데 보리가 섞여 들어오니 탁하고 누런 식혜가 되는 것입니다.

그러므로 식혜를 만들 때는 맑은 엿기름물만 사용하세요. 하지만 고

엿기름으로 만든 가루를 불려 엿기름물을 짜내는 과정.

추장은 다르죠. 보리녹말이 필요합니다. 엿기름물을 탁하게 만들어 건더기만 걸러내고 나머지는 모두 사용합니다. 엿기름물에 찹쌀가루를 잘 풀어 넣고 끓입니다.

지금부터 엿을 고는 과정입니다. 조청을 만드는 것이죠. 이거 아주 죽을 맛입니다. 사실 엄마만 죽을 맛입니다. 어쩌면 새끼들은 이날만을 기다렸는지 모릅니다. 이 엿국 한 사발 얻어먹으려고 뷕작(아궁이) 앞에 옹기종기 모여 앉기 마련이죠. 펄펄 끓는 엿국 한 사발. 정말 그립네요. 고추장 담글 엿은 한 바가지면 족한데 엄마는 새끼들 먹이겠다고 한 솥을 끓입니다.

네다섯 시간을 타지 않게 저어가며 끓이면 걸쭉한 엿이 됩니다. 이 엿을 60도 이하까지 식혀주세요. 저는 디테일한 레시피를 좋아하지 않습니다만 종종 온도 부분은 디테일하게 밝혀놓고 있는데요, 여기서는 60도를 강조합니다. 이유는 60도가 미생물이 죽는 온도이기 때문입니다. 대부분의 세균은 60도 이상에서 죽는다더군요. 애써 만든 메주곰팡이를 죽여서는 안 되겠죠. 해서 이 온도만은 반드시 지켜주길 바라기에 60도를 강조하는 것입니다. 식혜도 마찬가지로 60도를 넘기지 마세요. 발효가 아니라 끓이게 되는 경우가 많습니다. 청국장은 65~80도라고 했는데 이 정도 온도에서 아랫목에 옮겨놔야 자연스럽게 40도 전후에서 발효가 시작되기 때문입니다.

자, 다시 엿을 식히면서 메줏가루를 물에 몽우리가 생기지 않도록 잘 풀어줍니다. 고추장의 농도를 생각해야 하므로 메주는 아주 걸쭉해야 합니다.

엿이 식으면 메주 반죽과 고춧가루를 엿에 넣고 잘 저어주세요. 이때 소금도 넣습니다. 여기까지가 고추장을 만드는 기본입니다.

고추장도 된장처럼 여름이 되면 구더기가 생길 수 있고 된장보다 덜 짜기 때문에 썩을 수 있습니다. 그러니 윗부분에 굵은 소금을 넉넉히 올려주세요. 그런 뒤 볕을 쪼이고 바람을 맞게 해주세요.

자, 또 하나의 장이 완성되었네요. 위에서 설명한 고추장 만드는 방법은 보통의 방법입니다. 베이스라는 말이죠.

여기서 조금씩 변형시키면 매실조청고추장도 나올 수 있고 호박고추장도 만들 수 있습니다. 변형은 무한대로 가능합니다. 선인장을 갈아 넣으면 어떻습니까. 알로에는요? 어느 해에 엄마는 찹쌀 빻아오는 걸 깜빡해서 찹쌀을 그대로 죽을 끓여 넣었더군요. 그 고추장으로 국을 끓이면 빨간 찹쌀이 떠다녀요. 그것도 괜찮은 맛이었습니다. 육포를 갈아 넣고 볶아낸 약고추장은 그것만으로도 최고의 반찬이 됩니다.

문제는 언제나 이것을 돈벌이로 생각할 때 발생합니다. 위에서처럼 엿을 고아 만든 고추장은 단맛도 덜하고 때깔도 빤딱빤딱하지 못하기 마련입니다. 해서 물엿을 넣게 됩니다. 저희 엄마도 최근에는 딸들의 타박

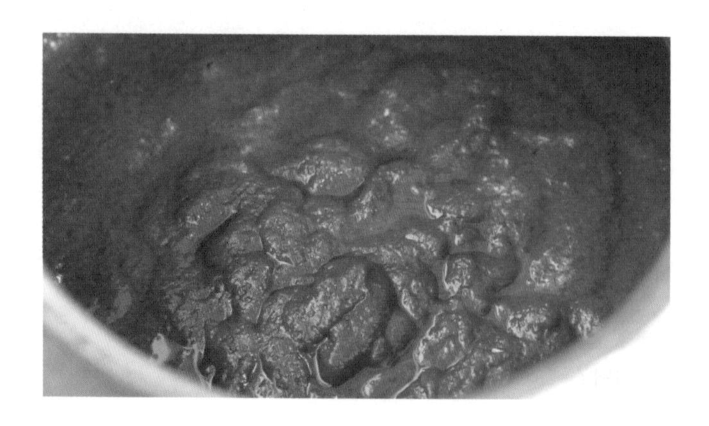

에 못 이겨 물엿을 조금 넣더군요.

"어떠냐. 빤딱빤딱헌 게 좋냐?"

청정원 고추장 참 맛있습니다. 해찬들에서 최근에 태양초 찹쌀고추장이 나와서 먹어봤더니 적갈색 고추장이 색도 고운 것이 달고 맛있었습니다. 이들도 각고의 노력을 한다는 것쯤은 누구나 아는 사실입니다. 하지만 지난 시간을 되짚어보면, 이들이 처음부터 이렇게 맛있는 고추장을 만들어내진 않았습니다. 생산 단가를 최소화해 만들어낸 싸구려 고추장을 사람들에게 퍼 먹였습니다. 탈지대두와 액상과당, 산분해효소에 어떤 고추인지도 모를 고춧가루를 조합해 만든 고추장을 30년도 넘게 먹여오더니 이젠 건강 생각하시랍니다.

CJ에서 설동순(설동순씨는 순창 고추장 명인입니다)이라는 이름으로 고급 장류를 출시했습니다. 킬로그램당 2만 원대. 이제는 웰빙하시랍니다. 돈 많이 내고.

철학자 강신주 선생은 뻔뻔해지라는데 이 정도 뻔뻔하면 맞습니다. 제 상식에서는 맞아야 정상인데 다들 이제는 웰빙한다더군요. 설동순장 먹고.

누나들이 엄마에게 물엿 좀 넣으라고 하는 이유가 이들이 30년 동안 고추장 맛을 입에 짝짝 붙게 만들어놨기 때문이라고 한다면 헛소리인가요? 입에 짝짝 붙게 하는 방법이 뭐냐구요? 간단합니다. 물엿이죠. 물엿은 액상과당입니다. 다른 말로 고과당 옥수수시럽입니다. 사실 액상과당은 과일이나 곡물에서 추출한 당을 말하는데 이제는 고과당 옥수수시럽을 특정하는 언어로 자리잡았다고 해도 무리가 아닙니다. 쉽게 말해 옥수수엿이냐? 그것도 아닙니다.

옥수수엿은 엿기름에 옥수수전분을 넣고 끓여낸, 위에서 찹쌀엿을 만드는 방법으로 만든 것이고 액상과당은 옥수수전분을 산분해해서 얻어낸 시럽입니다.

일찍이 인간은 이와 같은 당분을 접해보지 못했습니다. 당연히 유전자에 기록되어 있지 않겠지요. 아무리 먹어도 거부하지 않습니다. 그냥 놔둬도 굳지도 않고 반짝반짝 윤기가 흐르며 무엇보다 값이 쌉니다! “신이시여, 감사합니다!” 코카콜라에서는 이렇게 외쳤을 겁니다. 코카콜라뿐이겠습니까. 단맛이 나는 식품군에서 액상과당이 들어가지 않은 제품은 찾아보기 어렵습니다. 무설탕? 믿을 수 있을까요? 설탕 대신 액상과당을 사용했겠지요.

어쩌다 보니 물엿을 박해하고 있는데 저, 물엿 좋아합니다. 아마 평생, 엄마 뱃속에서부터 액상과당을 먹어왔을 텐데 싫어할 리 있나요. 싫은 건 그 맛이 아니라 획일화입니다. 장사하는 사람들은 값싸고 구하기 쉬운 재료로 최상의 맛을 냄과 동시에 소비자를 중독에 빠뜨리는 이 물질을 신이 내린 선물로 여길지 모르지만 맥아당이 내는 오묘한 단맛이나 시금치의 단맛은 먹고도 알지 못합니다. 엿기름만 이용해 만든 식혜는

대형마트에서 파는 다양한 종류의 고추장과 물엿.

밍숭맹숭해서 도저히 식혜라고 말할 수 없습니다. 분명 식혜는 엿기름과 쌀밥으로 만든 것인데 이제는 설탕을 넣지 않으면 도저히 먹을 수 없겠더군요.

제 고모는 40년을 미국에서 사셨습니다. 미국에선 고추장을 자주 먹지 않았나 봅니다. 몇 년 전에 이혼을 하시고 한국 음식이 그리워 마트에서 파는 고추장을 사 먹었는데 너무 달아서 고추장인지 케첩인지 모르겠다며 집에서 담근 고추장을 보내달라고 했다더군요. 고모의 박제된 혓바닥이 부러워지는 순간이었습니다.

예전에 할머니는 정전이 됐을 때 촛불을 바라보며 이렇게 말씀하셨습니다.

"그전에는 등잔 켜고 안 살었냐. 등잔 켜고 살다 촛불을 켜면 방 안이 찢어지게 밝었는디 시방은 왜 이렇게 어둡다냐?"

문명의 발전을 욕하고 싶은 마음은 없습니다. 그러나 밝았던 촛불도 이제는 어둠의 일종이 된다는 사실이 조금은 아쉽다는 말을 하고 싶은 것입니다.

알고나 먹읍시다.

셋. 간장

다가가는 맛과 기다리는 맛의 차이

때로는 음식이 소리로 느껴질 때가 있습니다. 중식은 강한 불을 쓰는 요리가 많아 우선 불소리부터 요란합니다. 도구도 다양해서 그것들이 내는 소리도 요란하지요. 기름을 사용하는 요리에서는 지글거리는 소리도 들립니다. 기름에 볶는 음식은 향이 강해 주변이 음식 냄새로 가득 찹니다. 이렇게 만들어 상에 올린 음식 또한 요란합니다. 화려하고 먹음직스럽죠. 진취적이고 의연한 멋이 느껴집니다.

한식은 어떤가요? 한식 역시 요란스럽기 그지없습니다. 입으로 음식을 하냐고 묻는다면 그렇다고 말할 수 있습니다. 음식을 만들며 떠들고 웃고 노래도 한 소절씩 주고받습니다. 막걸리도 한 사발씩 주고받고요. 마을 잔치에서나 그럴 것 같지만 이상하게도 요란스럽지 않은 한식당의 음식은 맛이 없습니다. 한식은 이렇게 요란스러운 과정을 거쳐 만들어지지만 상에 올린 음식은 매우 정갈하고 수더분합니다. 궁중식이 아니고서는 먹는 사람을 긴장시키지 않습니다.

일식은 긴장과 응축, 집약입니다. 집중해서 한 접시, 한 그릇에 모든 에너지를 담아야 하므로 한눈팔 정신이 없습니다. 주방에는 긴장과 고요가 흐릅니다. 말도 안 하고 시끄럽게 뚝딱거리는 법도 없지요. 어떤 정수만을 뽑아내기 위한 수련의 과정처럼 느껴집니다. 절도가 있고 규칙을 지켜야 합니다. 주어진 레시피의 통제에 따라야 하지요. 내놓은 음식에서도 여전히 긴장과 고요가 느껴집니다. 매우 인상적이고 아름답습니다. 쉽게 먹는 된장국에서도 맛의 집약을 강조합니다.

오늘 이야기할 미소와 간장은 이러한 장인정신에서 비롯된 통제와 집약의 결정체라 할 수 있습니다. 일본 문화를 대할 때마다 드는 생각이지만, 이렇게 많은 것을 통제하고 규격화하는 것을 좋아하는 사람들이 다양한 문화를 받아들이고 재창조해내는 능력은 어디에서 나오는지 정말 이지 알 수가 없습니다.

일본의 장은 양조 기술과 맥을 함께합니다. 그래서 왜간장이 양조간장으로 불리기도 합니다. 일본의 양조 기술은 곰팡이균을 통제하는 데서 비롯되는데 곰팡이균을 종류별로 분류해서 배양합니다. 우리는 누룩이나 메주를 자연 발효시켜 황국균과 흑국균을 만들어냅니다. 이렇게 곰팡이균을 배양하면 여타의 곰팡이균도 함께 자라게 되겠죠. 일본에서는 다른 곰팡이는 자라지 못하도록 무균실에서 원하는 곰팡이만을 배양해냅니다.

이런 기술은 일본의 기후가 습해 자연 발효시키는 과정에서 부패하는 경우가 많아 곰팡이균을 통제하면서 생겨났다지만 제가 볼 땐 이들의 습성이지 않을까 합니다.

일본에서 가장 많이 사용하는 곰팡이균은 백국균입니다. 쌀에서 배양해낸 백국균은 사케와 미소, 간장을 만들 때 두루 사용됩니다. 한국의 청주가 누르스름한 이유는 누룩곰팡이인 황국을 사용해서이고 사케가

백국(왼쪽)과 누룩(황국).

맑고 단맛이 강한 이유는 백국을 사용하기 때문입니다.

이렇게 곰팡이를 미리 배양해서 사용하면 곰팡이의 양을 통제할 수 있습니다. 이를 통해 균일한 품질의 제품을 다종다양하게 생산해낼 수 있겠죠. 역설적이게도 이러한 통제는 다양한 술과 된장, 간장을 만들어 내는 근간이 되었습니다.

일본에는 수없이 많은 종류의 사케와 미소, 간장이 있습니다. 다 알지도 못할뿐더러 먹어보지도 못했습니다. 그러므로 이 글에서는 일본의 대표적인 된장과 간장 몇 가지를 소개하면서 우리 된장, 간장과는 어떻게 다른지 알아보겠습니다.

미소의 종류는 사용하는 재료에 따라 혹은 숙성 기간에 따라 이름을 달리하기도 하고 재료의 비율을 따져 나눠지기도 합니다.(이게 사실 어렵고 짜증나는 일이긴 한데 생활화되지 않아서 그렇다고 봅니다.) 막걸리로 생각해보면 이해하기 쉬운데 지역 이름으로 만들어진 막걸리는 제쳐두더라도 조껍데기 막걸리, 복분자 막걸리, 인삼 막걸리, 보리 막걸리, 밀 막걸리, 쌀 막걸리, 느린 막걸리, 빠른 막걸리, 기어가다 자빠지는 막걸리…… 뭐, 별의별 막걸리가 다 있잖아요. 일본도 이런 식의 된장, 간장, 사케가 있다고 생각하시면 무난하다고 봅니다.

대표적으로 시로미소(백미소), 아카미소(적미소), 우키미소(모로미미소-보리미소), 하초미소를 들 수 있습니다.

시로미소(백미소)

아카미소(적미소)

우키미소
(모로미미소-보리미소)

하초미소

〔표 1〕

이름	재료			숙성 기간(월)
시로미소	콩, 쌀	백국균	소금(소)	1~3
아카미소	콩, 쌀	보리누룩	소금(대)	12~18
우키미소	콩, 보리	보리누룩	소금(소)	18~36
하초미소	콩	대두코지균 아세트산균	소금(중)	12~18

〔표 1〕을 보면 하초미소를 뺀 나머지는 곡물과 배양된 곰팡이균을 넣어 만듭니다. 곡물과 함께 발효되기 때문에 단맛이 느껴지는 것이고 시로미소가 유난히 단 이유는 쌀의 비율이 콩의 비율보다 높기 때문입니다.

하초미소는 우리 된장과 매우 비슷합니다. 대두코지균이란 게 결국은 메주로 만든 황국균이고 이 곰팡이를 배양한 것을 삶은 콩과 배합해 만들기 때문에 우리 된장과 맛도 비슷합니다. 조금 다른 점이라면 소량 들어가는 아세트산균이 약간의 신맛을 내기도 한다는 것입니다.

또한 장독에서 숙성시키지 않고 삼나무통에 숙성시킨다는데 뭐, 장독이든 삼나무통이든 된장의 기본 원리는 곰팡이와 숙성이겠죠. 일본 사람들은 하초미소를 가장 많이 먹는다는군요.

시로미소는 덕용(장아찌용)으로 사용하거나 생선이나 고기를 재워뒀다 구이를 하면 좋습니다. 국물용 장국으로도 많이 쓰이죠.

아카미소는 콩과 소금이 다량으로 들어가 찌개 비슷한 국을 끓일 때 적당합니다.

우키미소는 날보리를 넣어 숙성시킨 된장이어서 국을 끓이면 매우 까칠합니다. 꽁보리밥을 먹어보면 알겠지만 이게 쌀이나 콩처럼 부드럽게 뭉개지지 않아요. 오래오래 숙성을 시켜도 좀처럼 흐물해지지가 않습니다. 그래서 우키미소는 국물 요리에는 사용하지 않고 쌈장으로 쓰거나 생선이나 고기를 구울 때 표면에 덧발라 구우면 구수한 맛이 일품입니다.

다음으로 간장을 알아보지요. 간장은 우스구치와 고이구치를 기본으로 합니다.

우스구치는 국간장, 고이구치는 진간장과 같다고 보면 됩니다. 여기서 한 가지 짚고 넘어가자면 많은 사람이 진간장과 양조간장을 같은 것으로 생각합니다. 그도 그럴 것이 현재 시판되는 진간장은 양조간장과 같은 제조법으로 만들어지기 때문에 상표에 진간장이라 쓰여 있든 양조간장으로 쓰여 있든 그 맛이 그 맛이니 진간장=양조간장으로 알고 있는 것입니다. 사실 전통 진간장은 국간장(조선간장)을 묵혀서 만들어내는 것입니다.

매우 짠 국간장을 1년 정도 잘 숙성시키면 항아리 주변에 소금이 붙게 되고, 그럼 그 간장을 다른 항아리로 옮겨 담습니다. 간장을 부어내고 항아리를 들여다 보면 항아리 주변에 소금이 따개비처럼 붙어 있는 것을 확인할 수 있습니다. 또 1년이 지나면 새 항아리에 소금이 붙습니다. 그럼 또 다른 항아리에 간장을 옮겨 담습니다. 이 과정을 4~5년 반복하다 보면 염분과 수분은 줄고 당분이 늘어난 진간장이 만들어지는 것입니다.

이렇듯 콩에서만 당분을 뽑아내자니 시간이 오래 걸립니다. 오랜 정성으로 만들어낸 진간장은 양조간장과 비견할 수 없는 맛을 냅니다. 단번에 맛의 차이를 느낄 수 있습니다. 커피를 잘 알지는 못하지만 루왁 커피의 맛이 그 무엇과도 비교할 수 없다고 말하는 것처럼 말이죠.

양조간장이 대량으로 저렴하게 판매될 수 있는 이유는 생산이 쉽기 때문입니다. 메주에서 곰팡이를 만들어내는 과정이 생략되고 밀을 넣어 당분이 형성되는 시간을 단축시키면서 매우 쉽고 빠르게 간장을 만들 수 있게 된 것이죠.

시중에서 판매되는
고이구치와 우스구치.

우스구치와 고이구치도 위 과정을 통해 생산됩니다. 콩, 밀, 백국균, 소금, 정제수를 넣고 3~6개월 동안 숙성시켜 만듭니다. 우스구치는 소금과 물의 양을 많이 해서 맑은 간장을 만들어내고 반대로 고이구치는 소금과 물을 적게 넣어 농도가 짙은 간장을 만들어냅니다. 우리가 보통 왜간장이라 부르는 것이 고이구치입니다.

3~6개월도 너무 길다, 더 빨리는 안 되겠니? 됩니다. 콩에 밀이건 쌀이건 옥수수건 조건 수수건 간에 탄수화물을 다량 함유하고 있는 곡물을 넣고 염산, 질산, 아미노산 등 콩과 곡물을 산화시킬 수 있는 산을 넣어 이것들을 곤죽으로 만듭니다. 그러고는 소금물에 희석시킵니다. 또 여기에 고과당 옥수수시럽도 넣고 감미제(미원)도 넣고 색소도 넣으면, 짠 하고 산분해간장이 만들어집니다.

여러분이 드시는 대부분의 간장은 이런 과정을 거쳐 만들어집니다. 시중에 나가보면 값이 싸고 비싸고는 이렇게 만든 간장을 조금 더 정제하는지 덜 정제하는지, 조금 더 숙성시키는지 덜 숙성시키는지에 따라 결정됩니다. 참숯에 걸렀다느니, 햇살을 담았다느니, 자연 숙성했다느니 하는 소리에 눈을 두지 말고 뒷면에 깨알 같은 글씨로 적혀 있는 부분을 꼼꼼히 살피길 바랍니다.

최악은 덕용 간장이라고 말통에 들어 있는 간장입니다. 아주 쌉니다. 14리터 말통 하나에 3만 원이 넘지 않습니다. 도매금으로 1만5000원이면 삽니다. 뚜껑을 열면 시큼합니다. 정제를 덜했죠. 말하자면 정제를 덜했으니 장아찌를 담그는 과정에서 정제가 될 것이라는 뜻입니다.

많은 식당이 덕용 간장을 사용합니다. 덕용 간장에 술, 고추, 마늘, 생강, 월계수를 넣고 끓여 사용하는 착한 사람들도 간간이 있긴 합니다만, 그러려니 하고 알고나 드시길 바랍니다.

덕용 간장.

코스프레

한동안 음식 코스프레에 빠져 살던 때가 있었습니다. 코스프레 하면 모방의 수준을 뛰어넘는 매우 디테일한 실현이라 할 수 있지 않겠습니까.

그 시작은 만화 『미스터 초밥왕』이었습니다.

지금 생각해보면 별 지랄을 다 했다 싶기도 한데요. 밥알 수를 세어서 250알을 맞춰보기도 하고 저울에 달아 무게를 일정하게 맞추기도 했었죠. 또 제 손은 열이 많아 생선을 손으로 만지면 곧바로 익어버리는 줄 알았습니다. 『미스터 초밥왕』에서 뜨거운 손으로 생선을 만지면 곧바로 익어버릴 것만 같이 '오버'를 해대잖아요. 그래서 초밥의 생선을 만질 때는 얼음물에 손을 담갔다 재빠르게 쥐기도 했고요. 정말 그때는 그래야만 한다고 믿었습니다. 미스터 초밥왕이 되고 싶었으니까!

영화 「음식남녀」를 보면 잉어를 죽이는 방법이 나와요. 젓가락을 잉어의 입에 넣고 손바닥으로 탁 쳐서 밀어 넣는 것이죠. 아, 생선은 저렇게 잡는 거구나 하고 따라 해봤죠. 잘 죽지 않아요. 영화에서처럼 생선을 잡으면 등지느러미와 손이 너무 가깝습니다. 젓가락을 밀어 넣는 순간 지느러미에 손이 찔립니다. 피가 철철 나요. 미친놈 소리 많이 들었습니다. 바빠 죽겠는데 뭔 지랄이냐고.

하지만 「음식남녀」 덕분에 성공한 사례도 있었네요. 동파육이었죠. 아주 만들기 까다로운 음식인데 직접 만드는 걸 보지 않고 레시피만 봐서는 어떻게 만드는지 가늠하기가 어려워요. 동영상이 있는 것도 아니고 만들 줄 아는 사람이 세상에 널린 것도 아니고. 동파육 레시피를 참조하면서 주 선생이 요리하는 모습을 그대로 따라 했습니다. 손동작까지 따라 해보려고 노력했어요. 그렇게 동파육을 완성시켜 먹어봤더니 이루 말할 수 없이 맛있더군요.

사실 단 한 번도 동파육을 먹어본 일이 없었습니다. 그러니 동파육이 어떤 맛인지도 몰랐죠. 그래서 내가 만든 동파육과 고수가 만든 동파육을 비교해보고자 날고 긴다는 중식 레스토랑에 가서 무려 6만 원을 내고 동파육을 시켜 먹어봤잖아요.

웬걸! 내가 만든 동파육이 훨씬 부드럽고 맛있더군요. 코스프레가 리얼리티가 되는 순간이었습니다. 무당산을 접수한 기분이랄까?

코스프레의 절정은 요리 영화가 아닌 「조제, 호랑이 그리고 물고기들」이었습니다. 조제를 만나기 전까지는 코스프레라고 할 수도 없었습니다. 저의 코스프레 역사는 조제 이전과 조제 이후로 나눌 수 있습니다. 조제 이전에는 음식에만 집중했다면 조제 이후엔 캐릭터에 꽂혀버린 거죠.

> 나도 조제가 만들어주는 밥을 먹고 싶다.
>
> 나도 조제와 산책하고 싶다.
>
> 나도 조제와 바닷가에 가고 싶다.
>
> 나도 조제와 조개침대에서 눈 가리고 세상에서 제일 야한 섹스를 하고 싶다.
>
> 오~ 조제. 나의 쿠미코.

그때부터 조제표 밥상을 차리기 시작했습니다. 밥그릇도 최대한 비슷한 걸로 구하고 조제의 말투를 따라 하며 계란말이를 만들기도 했지요.

> "아! 스미마셍."
>
> "아노… 다시마키 마이쓰(우마이 데스)."
>
> "아타리마에."
>
> "내가 만들었으니 맛없으면 이상하지."

「조제, 호랑이 그리고 물고기들」의 한 장면.

짧은 말은 일본말로, 긴 말은 한국말로 따라 하며 열을 올렸죠. 쓸데없이 뒤집개로 창문을 열어보기도 하고 조제가 읽는 책인 사강의 『한 달 후, 일 년 후』를 찾아 읽으며 조제의 마음을 헤아려보기도 했습니다. 그러다 보니 자연스럽게 일본 서민 음식을 알아가게 되었습니다.

조제를 알기 전에는 일본 사람들은 초밥이나 도미조림, 장어구이덮밥 같은 것만 먹고 사는 줄 알았습니다. 그런데 알고 보니 일본 사람들에게도 이런 음식은 비싸고 귀한 것이더군요.

영화 속 한 장면을 보면 조제가 된장에 묻어뒀던 가지를 아주 예쁘게 들고 있죠. 츠네오는 오이를 먹고 싶다고 하는데 조제는 오이는 아직 멀었다며 가지를 권합니다. 저도! 그 가지가 무척 먹고 싶었습니다. 나 스스로가 조제이자 츠네오가 되는 모노드라마를 연출하는 거죠. 그래서 가지절임도 만들어보고 오이절임도 만들어봅니다.

영화가 개봉한 지 벌써 9년이 지났네요. 9년 전 일본 된장은 몽고 백된장뿐이었습니다. 이건 허용할 수 없죠. 코스프레 정신에 위배되는 된장입니다. 생긴 것부터가 이건 뭐. 거래처를 달달 볶아 수입 된장을 구해 달라고 떼를 썼죠. 그랬더니 마루산 백미소를 구해다주더군요. 당시 일식집에서 일하던 때인데 주방 실장도 진짜 일본 된장은 처음 먹어본다면서 신기해하더군요.

사실 지금도 마찬가지이지만 일식 된장요리는 대부분 몽고 백된장으로 만듭니다. 가쓰오부시와 다시마로 진한 육수를 내고 몽고 백된장으로 맛을 내면 얼추 비슷하거든요. 돌이켜 생각하면 우스운 일이지만 조제 코스프레에 가장 잘 어울렸던 된장은 몽고 백된장이었습니다. 몽고 백된장이 바로 시로미소(백미소)입니다. 밀을 넣어 만든 달달한 된장인데 국을 끓이기도 하지만 조제처럼 장아찌를 해 먹기에 적당한 된장이죠. 거래처에서 구해다준 된장은 아카미소(적미소)입니다. 아카미소는 한국 된장과 맛이 좀 비슷해요. 단맛이 덜하고 짠맛이 강해서 국을 끓이거나 생선이나 고기를 구울 때 바르는 용도로 사용됩니다. 만화 『심야식당』에서 마스터가 매일 끓이는 된장국에 이 아카미소가 쓰입니다.

수입한 일본 된장에 가지도 넣고 오이도 넣고 생선도 포를 떠 묻어뒀다가 구이를 해보기도 했습니다. 오이시! 맛있더군요. 뭔들 맛있지 않았겠습니까만.

조제는 이렇게 말합니다.

"언젠간 그를 사랑하지 않는 날이 올 거야. 베르나르는 조용히 말했다."

"그리고 언젠가는 나도 당신을 사랑하지 않겠지."

"우린 또다시 고독해지고, 모든 게 다 그래. 그냥 흘러간 1년의 세월이 있을 뿐이지."

"네. 알아요. 조제가 말했다."

그랬습니다.

조제 코스프레는 시들해졌지만 조제에게 배운 음식들은 머리에 남아 대굴대굴 굴러다닙니다. 굴러다니다 『심야식당』을 만나고 『갈매기식당』을 만나고 노부 마츠히사의 책도 만났습니다. 이런저런 다큐멘터리와 또 이런저런 책들, 식당에 찾아가 맛본 새로운 일본 음식들. 그렇게 알아가고 익혀지고 이해되더군요.

그리운 조제. 조제는 지금도 그 집에서 외롭게 살아가고 있을까요? 밥은 먹고 다니니? 밥 한번 해 먹이고 싶다. 오~ 조제, 나의 사랑 쿠미코.

넷. 소금

소금은 달고 시고 쓰고, 짜다

저는 유년 시절을 염전이 있는 마을에서 보냈습니다. 마을 사람들은 아침저녁으로 밭과 논에서 농사를 지었고 낮에는 염전에서 소금 농사를 지으며 살았습니다. 작은 포구를 끼고 있던 이웃 마을 사람들도 사정은 비슷했는데 남자들은 배를 타고 가까운 바다에 나가 조개나 잡어를 잡아왔고 여자들은 염전에 나와 소금 농사를 지었습니다.

땅도 없고 배도 없는 사람들이지만 염전에 나가 일하면 돈을 벌 수 있었고 갯벌에서 조개나 게, 낙지 등을 잡아오면 꾸준한 수익을 낼 수 있었기 때문에 굳이 객지로 떠돌 이유가 없었습니다. 그래서 마을은 젊었습니다. 당시 제 또래의 아이들을 자녀로 둔 30~40대의 젊은 부부들이 많이 살던 마을이었습니다. 검게 그을린 얼굴, 아침부터 거나하게 마신 막걸리의 시큼한 냄새를 풍겼던, 도저히 40대로 봐줄 수 없이 겉늙었지만 젊고 순한 기운을 발산했던 그들은 이제 나이 들어 죽었거나 마을을 떠났습니다.

1991년, 새만금방조제 공사를 시작하겠다는 정부의 발표와 함께 마을은 술렁이기 시작했습니다. 바다와 갯벌, 염전에서 미래를 볼 수 없다고 판단한 땅도 없고 배도 없었던 가난한 이들이 먼저 마을을 빠져나갔습니다. 마을 입구에 살고 있던 깐난이네가 쥐도 새도 모르게 마을을 떠났고 염전 근처에 살던 영복이네도 이즈음 도시로 떠났습니다. 저보다 열다섯 살이 많았던 명호 형도 운전을 한다며 도시로 떠나더군요.

떠나는 사람은 조용히 떠나갔고 남아 있는 사람들은 보상 문제로 시끄러웠습니다. 당시 염전은 한국염전과 옥구염전이 있었는데 한국염전은 세풍이 운영하던 염업회사였고 옥구염전은 염전을 분할해 각자 주인이 있는 협동조합 형태였습니다.

한국염전은 규모도 대단했고 세풍이라는 당시 잘나가던 기업의 소유였기 때문일까요, 보상은 속전속결로 이루어졌습니다. 문제는 옥구염전이었습니다. 옥구염전이 처음부터 협동조합 형태의 염전은 아니었습니다. 옥구염전의 사장은 정보에 빨랐나 봅니다. 새만금 개발 소식이 있기 얼마 전 염전 전체를 마을 사람들에게 분할 매매했고, 염전을 매입한 사

염전.

람들은 속절없이 개발 논리에 휘둘릴 수밖에 없게 된 것이죠.

배를 소유한 사람에게 보상을 해준다는 말에 폐선들이 해안을 잠식했습니다. 배 한 번 타본 일 없는 사람들이 이 섬 저 섬에서 폐선을 사들여 포구에 정박해두고 보상을 기다리고 있었습니다. 일하던 사람들은 떠나고 일하지 않는 배들이 포구를 장악했습니다. 돈을 받을 수 있네, 없네 하는 말들이 분분하고 목선이라도 한 척 구해두면 곱절은 더 받을 수 있다는 둥 지금까지 살아왔던 방식과는 전혀 다른 돈의 움직임을 바라보면서 민심은 흉흉해져만 갔습니다.

결국 노태우 전 대통령은 1차 보상을 실행합니다. 묵직한 큰돈이 오고 갑니다. 이런 눈먼 돈이 나돌 때 정마담도 오고 아귀도 오고 짝귀도 오고 평경장도 옵니다. 염전이나 일구며 창고에서 10원짜리 민화투나 치던 무지렁이들이 뭘 알겠습니까. 얼마나 털렸는지 통계를 내볼 수는 없는 일이지만 이집 저집에서 언성이 높아지고 술에 취해 일손을 놓는 사람들이 늘어갔습니다. 그러다 또 한 집 두 집 소리 소문 없이 마을을 떠

자리를 차지하고 있는 폐선.

나갔습니다.

이렇게 호들갑을 떨었지만 변한 건 아무것도 없었습니다. 물길이 막힌 것도 아니고 갯벌이 논으로 바뀐 것도 아니었지요. 노가다를 전전하던 깐난이네가 다시 돌아왔습니다. 여전히 마을에는 염전이라는 밥벌이가 있었습니다. 물길이 막힐 때까지는 어업이든 염업이든 할 수 있었던 것이죠. 하지만 사람들은 지쳐갔습니다.

물길이 언제 막힐지 모르니 배든 염전이든 보수 작업을 하거나 새롭게 시작하려는 사람들은 선뜻 나타나지 않았고 있는 것 가지고 근근이 생업을 이어나갔던 것입니다. 그러니 마을이든 염전이든 포구든 점점 늙수그레해질 수밖에요. 저를 포함한 아이들은 자라서 도시로 떠나 돌아오지 않았습니다. 새롭게 마을에 터를 잡는 사람은 물론 없었습니다.

1998년, 새만금사업 전면 중단을 발표합니다. 중단을 발표하나마나 좋아할 사람은 없었습니다. 한국염전은 염전부지에 F1 그랑프리 경기장을 건설한다면서 염전을 불도저로 밀어냈지만, 갯벌 위에 다져진 염전의 지반이 튼튼할 리 만무했지요. 경기장 건설 사업은 백지화되고, 그 즉시 한국염전은 불모지로 변합니다. 건설 사업은 중단되었다지만 다시 돌아온다 해도 일할 염전은 사라진 것이죠. 세풍그룹은 F1 사업 백지화와 맞물려 부도를 맞게 됩니다.

이제 남은 건 옥구염전. 옥구염전에 남은 사람은 50~60대 중늙은이들뿐이었습니다. 그들은 세상이 어떻게 돌아가든 계속 그 일을 해왔던 사람들이죠. 그들은 묵묵히 2004년까지 염전을 지킵니다. 김훈 선생이 자전거를 타고 다녀갔던 것이 이때였습니다.

1998년부터 2006년, 대법원 판결 확정이 있을 때까지 공사 재개와 중단을 반복합니다. 사람들은 입을 닫았습니다.

"떠나면 떠나는 거고 남으면 남는 거다."

"그동안 여기서 살다 여기서 죽었다."

"물을 막아서 더 이상 아무것도 못하면 못하고 마는 거지 더는 신경 쓰고 싶지 않다."

늙은이들은 2010년 4월 물막이 공사가 마무리된 이후에도 배를 몰고 바다로 나가 조개를 훑어왔습니다. 빠르게 담수화가 진행되어가고 있었지만 갯벌에는 여전히 조개며 소라가 가득했던 것이죠. 그것도 잠깐. 한 달 정도 지났을까? 그물로 올린 조개들이 입을 벌린 채 구린내를 풀풀 풍기기 시작하면서 배는 더 이상 바다로 나가지 않았습니다.

물막이 공사를 마치고 3년이 지났습니다.

사람들의 생활 패턴은 확연히 달라졌습니다. 우선 밥상에서 비린 것 구경하기가 어려워졌습니다. 과거에는 시장에 가지 않아도 가까운 포구

물막이 공사 이전의 만경강.

에 나가거나 여차하면 갯벌에 나가 철마다 다른 해산물들을 맛볼 수 있었지만 이제는 멀리 시장에 나가야 비린내를 맡을 수 있습니다.

저희 엄마만 하더라도 비린 것을 돈 주고 사먹는 게 아직도 영 내키지 않는 모양입니다. 돈 주고 사먹던 것은 고기였지 생선이 아니었던 것이죠. 요즘도 시장에 나가면 생선은 사지 않고 고기만 사옵니다. 가끔 집에 가면 고기반찬 일색입니다. 제철이라고 주꾸미라도 사들고 가면 그 값을 물어보고 놀라 자빠지죠.

"그런 것을 뭣허러 비싼 돈 주고 사와!"

그렇죠. 여전히 엄마에게 주꾸미, 바지락, 모시조개, 죽합 따위는 '그런 것'입니다.

식습관만 바뀐 게 아닙니다. 염전을 일구던 사람들, 배를 타던 사람들은 떠나거나 주저앉았습니다. 농사일이 주업이 되었고 땅을 가진 몇 사람만 마을에 남았습니다. 이제 마을엔 늙은 여자들뿐입니다. 남자들은 고된 노동으로 골병이 들어서일까요, 거의가 일찍 세상을 떠났습니다. 몇 남지 않은 남자들은 하릴없이 마을 회관만 들락거립니다. 사람 간의 정도 남아 있지 않고 증오 또한 사그라진 지 오래입니다.

오늘날 한국염전의 자리는 '아시아 최대'라는 타이틀을 건 골프장으로 거듭났지만 소금이 나기에 좋은 해풍이 골프장에는 좋지 않은가 봅니다.

"이거 원, 바람이 세서 공이 나가야지. 제기랄!"

2000년쯤 옥구염전에서 생산한 천일염이 시골집 뒤란에 아직도 남아 있습니다. 30포대 정도 쌓아뒀던 걸로 기억하는데 이제는 4포대만 남았더군요. 1년에 한 포대 반 정도 소비하니까 이제 그것도 내후년이면 끝이

나겠죠.

이 소금.

어떻게 만들어지는지 대략적으로 말해볼까요? 서해는 조수 간만의 차가 심해서 물이 매우 탁합니다. 바닷물에 갯벌이 가득한 것이죠. 그래서 염전 옆에 큰 저수지를 만들어둡니다. 밀물이 밀려올 때 저수지 갑문을 열어 바닷물을 받습니다. 저수지에 들어온 바닷물은 며칠 지나면 뻘이 가라앉으면서 깨끗한 물이 됩니다. 깨끗한 물을 염전 가장 뒤쪽으로 흘려보냅니다. 저수지에서 보낸 물이 서서히 염전 앞쪽으로 흘러옵니다.

흘러오는 과정에서 수분은 증발하고 농도 짙은 염수로 변해갑니다. 이렇게 10단계를 거쳐 모이게 된 염수가 최종적으로 소금이 되는 것이지요.

바닷물이 라인을 타고 서서히 내려옵니다. 첫 단계에서는 단순한 바닷물이지만 두 번째 단계부터는 어느 정도 증발이 된 염수로 변합니다. 그래서 이때부터는 라인 옆에 염수보관창고를 설치합니다. 비가 와서 빗물이 섞이면 애써 증발시킨 염수가 도루묵이 될 테니 염수보관창고에 모아뒀다 비가 그치면 수차를 돌려 염전으로 올려 보내는 것입니다.

걸어도 걸어도 그 자리인 수차 인생
살다 살다 그 자리에서 그렇게 고꾸라진 인생

지금은 어떤지 모르겠지만 옥구염전이 문을 닫을 때까지도 모터 펌프를 사용하지 않고 발로 디뎌 올리는 수차를 썼습니다. 물론 1980년대에도 모터 펌프는 있었지만 1년도 사용하지 못하고 고장이 났기 때문에

염수보관창고 전경과 내부.

무자위, 길이 220.0cm, 농업박물관.
이제는 박물관에 가야만 수차를 볼 수 있네요.

그딴 건 필요 없게 된 것이죠.

염수보관창고는 지붕이 낮은데 그 이유는 땅을 파서 웅덩이를 만들고 그 위에 지붕을 올렸기 때문입니다. 비가 오거나 저녁이 되면 염수보관창고에 소금물을 넣었다가 수차를 밟아 다시 올리기를 반복하면서 말리면 희미하게 소금 알갱이가 보이기 시작합니다.

물 아래로 희뿌옇게 소금이 와 있네요. 저녁 즈음해서 아직 소금이 되지 못한 염수는 염수창고로 흘려보내고 물 아래 앉은 소금을 밀대로 밀어 한곳에 모읍니다.

소금은 바다와 바람과 해가 만들어낸다지만 염부의 피땀 어린 노력 없이는 가당치도 않은 일입니다. 기본적으로 천일염은 위와 같은 과정을 통해 만들어지기 때문에 넓고 평평한 부지가 반드시 필요합니다. 전국적으로 바다를 옆에 둔 평평한 부지는 그리 많지 않습니다. 현재 충남 태안과 전북 곰소, 전남 일대와 신안군에만 염전이 남아 있습니다.

시중에 유통되는 소금은 크게 천일염, 정제염, 가공염으로 나뉩니다. 천일염은 중국산과 국내산으로 크게 나뉘고, 정제염은 흔히 꽃소금으로

소금 모으는 모습.

불리지요. 가공염은 맛소금입니다. 국내산 천일염은 염도가 낮고 미네랄이 풍부하다고 하더군요.

개인적으로 10월에 생산된 천일염이 가장 좋은 소금이라고 생각합니다. 바닷물 자체의 염도도 10월이 가장 적당하고 여름을 지나면서 내륙에서 흘러온 지저분한 부유물들이 빗물에 쓸려나간 이후라 바닷물 자체가 깨끗하기 때문입니다. 습도도 낮고 햇살도 강해 소금 알갱이가 큼직큼직하게 잡힙니다. 이런 굵은소금이 쓴맛도 덜하고 수분도 덜 함유되어 있습니다. 이렇게 10월에 생산된 소금을 바람 잘 드는 응달진 곳에 보관해서 4~5년 정도 간수를 빼내면 바슬바슬한 좋은 소금이 됩니다.

가는 소금이 필요할 때는 천일염을 절구에 빻아서 사용하세요. 그리 어렵지 않은 일인데도 귀찮아서 주로 꽃소금(정제염)을 사용하곤 하는데 천일염에는 꽃소금에 없는 달고 깊은 맛이 담겨 있습니다.

정제염이 깨끗하고 좋아 보이긴 합니다만 사실 그리 좋은 건 아닙니다. 정제염은 천일염을 다시 물에 녹여 진한 염수로 만들어 불순물을 제거하고 열을 가해 수분을 증발시킨 것입니다. 뭔 짓인가 싶죠? 애써 만든 천일염을 다시 물에 녹이고 비싼 기름을 때서 다시 소금으로 만들다니? 소금이 수입되어 들어오는 항구에 가보면 거무튀튀한 소금산을 볼 수 있습니다. 이 소금을 물에 녹여 정제해 꽃소금을 만드는 게 일반적입니다. 깨끗이 정제했으니 좋다 나쁘다 말할 건 못되지만 탐탁지는 않네요. 그래도 맛소금은 계란 프라이를 할 때 넣으면 맛있습니다.

이것 말고도 죽염, 화염, 송염, 암염 등 소금의 이름과 종류는 다양하지만 10년 묵은 천일염에 비할 건 못됩니다. 몇 해 전 KBS에서 방영된 다큐멘터리 「차마고도」는 히말라야에서 생산되는 두 가지 소금이야기를 담았습니다. 소금산에서 소금을 지고 나르는 사람들과 강가에서 염전을 일구는 여자들이 지난 시절 우리 마을 사람들 같아 애처로워 보였습니다. 매우 잘 만든 다큐멘터리이니 보지 못한 분들께 강력히 추천합니다.

만경강과 염전에 대한 이야기를 이렇게 대충 훑고 넘어가게 되었습니다. 포구에 살았던 사람들의 이야기, 일제 때 강제 동원되어 만경강 방파제를 쌓았던 마을 할아버지들 이야기, 거기에서 생산되었던 수많은 해산물에 대한 이야기, 어린 시절 거대한 운동장으로밖에 여겨지지 않았던, 아이의 눈에 비친 염전의 모습을 언젠가는 이야기하고 싶네요.

다섯. 젓갈

소금과 시간이 만들어낸 맛의 극치

젓갈에 대해 쓰자니 막막하기도 하고, 염전에 대해 한참 말해놓고 옥구염전이 문 닫은 후로는 한 번도 염전에 가보질 않아 요즘 염전은 어떤지 구경이나 할 겸 곰소에 다녀왔습니다.

토요일 오후, 날이 좋았습니다. 바람도 좋고 해도 좋아 봄 소금이 나기에 제격이었죠. 염전은 어딜 가나 그 모습이 크게 다르지 않나 봅니다. 곰소항에 조금 못 미처 자리한 곰소염전은 옥구염전의 축소판처럼 보였습니다. 허름한 창고, 평평하게 잘 다져진 염전, 그 사이사이에 자리한 염수창고까지.

처음 와본 곰소염전이었지만 낯설지 않더군요. 이제 수차는 없어지고 모터 펌프가 그 자리에 들어앉았고, 외발수레 대신 창고와 염전 사이에 레일을 깔고 그 위에 수레를 올린 모습만이 변한 듯 보였습니다.

염전에 도착한 시간은 오후 2시경. 소금이 앉기를 기다리는 시간이지요. 염전에는 한 염부만이 소금 창고에서 간수가 흘러나오는 파이프를 손질하고 있었습니다.

"이제 수차는 안 쓰네요."

"옛날에 썼지. 지금이야 뭐, 펌프로 올리는 게 편하지."

"염전에 레일도 깔고. 예전엔 외발수레로 했었잖아요."

"더 전에는 어깨에 걸어 메는 바구니로 날랐지. 그러다 외발수레로 하다 인자는 저걸로 헌 게 편혀."

"소금값은 어때요?"

"요새 소금 금(가격) 좋아졌잖어. 염전이 많이 없어지기도 했지만 우리나라서 나는 소금이 좋다잖여."

"한 가마니에 얼마씩이나 해요?"

"좋아졌다 혀도 값이 천차만별이여. 염전마다 값이 다르기도 허고 소금이 나는 철마다 값이 달라지기도 허고, 몇 년 묵었냐에 따라 달부기도 허고."

"식품으로 바뀌고 위생검사이며 그런 게 철저해지기도 했겠네요."

"얄짤없어. 철두철미혀. 소금 나는 날마다 와서 샘플 가져가. 합격하면 출하. 불합격하면 땡. 그건 출하 못 혀."

소금은 2009년부터 광물에서 식품으로 전환되었습니다. 이후 염전들은 위생설비를 갖춰 소금을 생산했습니다. 광물로 분류되던 시절엔 희면 소금, 검으면 흙이었지요. 하지만 그때도 사람이 먹을 것이니 흙발로 소금 창고에 들어가지 않아야 한다는 염부들의 윤리 의식만은 살아 있었습니다.

어릴 때 염전을 휘젓고 다니며 오만 말썽을 다 피워도 뭐라 하는 사람은 없었지만 소금 창고만은 들어갈 수 없었습니다. 흙발로 소금 창고에 들어갔다간 아주 혼이 나게 맞았죠. 네 새끼 내 새끼 상관없이 등짝을 후려갈겼습니다.

이제는 염전 두렁을 나무판자로 둘러치고 소금 창고 바닥까지 나무 바닥으로 연결되어 있습니다. 깨끗한 소금을 만들려는 노력이죠. 소금을 출하할 때는 깨끗한 장화를 신고 창고와 염전 사이에 놓인 나무판 위만 오가게 만들어 흙이 묻어 들어가지 않도록 차단했습니다. 이렇게 생산된 소금은 바로 옆 곰소항 인근에서 젓갈을 만들 때 사용됩니다. 곰소항으로 발길을 돌리기 전에 소금에 대해 조금 더 알아보죠.

소금은 간을 맞추거나 재료를 보전하기 위한 용도로만 사용되는 것이 아닙니다. 재료에 탄력을 주거나 성질을 변화시키는 데도 많이 사용됩니다. 가령 김치를 담글 때 배추를 절이는 이유는 간을 하기 위해서가 아닙니다. 배추를 절이는 이유는 배추의 쓴맛을 없애고 부서지고 찢어지기 쉬운 배추를 탄력 있게 변화시키기 위해서입니다. 또한 썩지 않고 오랫동안 보존하기 위해 배추에 남아 있는 수분을 빼내는 역할도 하는 것이죠.

매실을 소금에 절이면 우메보시가 됩니다. 소금에 절인 매실은 쓴맛이 사라지고 꼬들꼬들한 식감을 가진 새콤짭짜름한 (음식의 맛을 표현하는 단어들을 글로 옮기자니 참 어렵네요) 맛을 갖게 됩니다. 여름철 입맛 없을 때 우메보시와 물에 만 밥은 입맛을 돌게 하는 특효약이죠.

우메보시.

6~7월경은 매실을 수확하는 시기입니다. 마트에 가면 설탕과 소주가 산처럼 쌓이는 때이기도 하지요. 설탕과 소주에 매실을 절일 때 몇 알을 소금에 굴려 그릇에 담가둬 보세요. 2~3일 후면 소금에 절인 우메보시

를 맛볼 수 있습니다.

풀만 절이나? 오리알도 절입니다. 2년 전 조선족 아주머니와 함께 일을 하며 배운 중국 음식 '쉬안우 셴야단'은 소금에 절인 오리알입니다. 매우 독특한 음식이었는데, 소금이 오리알의 성질을 완전히 바꿔놓더군요.

우선 오리알에 물을 바릅니다. 물이 묻은 오리알을 소금에 굴립니다. 다닥다닥 소금이 묻은 오리알을 통에 차곡차곡 담고 보름에서 한 달가량 상온에서 보관합니다. 한 달 뒤 뚜껑을 열면 소금만 사라진 오리알이 보입니다. 이것이 뭔가 했죠. 아주머니는 오리알을 도마에 올리고 껍질째 칼로 반을 뚝 자릅니다. 이게 뭔 짓인가 싶었는데, 자르고 나니 오리알을 삶았나? 싶었습니다. 이걸 숟가락으로 밤 까먹듯 떠먹더군요. 저도 먹어봤는데 상당히 짭니다. 삶은 오리알 정도로 생각하면 오산이죠. 밥과 함께 반찬으로 먹어야 맛있습니다. 식감도 매우 독특하고 좋았습니다.

생선을 찔 때도 소금은 유용합니다. 말리지 않은 신선한 생선을 찌면 생선이 부서지고 흐물흐물해집니다. 모양이 빠지죠. 이때 소금이 모양을

소금에 절인 오리알(쉬안우 셴야단).

살리는 역할을 합니다. 찜통 바닥에 소금을 뿌리고 생선을 올리세요. 또 생선 위에도 소금을 솔솔 뿌려줍니다. 그렇게 해서 쪄낸 생선은 단단하고 탄력 있는 모양을 유지합니다. 명절이나 제삿날 활용해보세요.

이처럼 소금은 재료가 가진 나쁜 성질을 죽이기도 하고 좋은 성질을 살리기도 하며, 형태를 변화시키거나 견고하게 보존하는 역할을 하기도 합니다. 오늘 이야기할 '젓갈'은 소금의 이러한 역할이 총체적으로 활용된 음식입니다.

액젓은 소금으로 생선을 녹여 진국을 빼내는 것이고 어리굴젓, 소라젓, 전복젓 같은 것들 역시 소금을 이용해 재료의 특징을 부각시킵니다. 시간, 소금의 양, 온도 등에 따라 다양하게 변화되는 젓갈에 대해 알아봅시다.

젓갈은 소금, 생선, 시간만 있으면 만들 수 있는 매우 단순한 음식이지만 그 단순함이 사람을 말려 죽입니다. 젓갈은 레시피가 통용되지 않습니다. 대부분 '얼추'이고 실패만이 성공을 보장합니다.

새우젓을 예로 들어볼게요. 아주 단순히 새우와 소금의 비율을 7대 3으로 하고 13~20도 내외의 그늘진 곳에서 숙성시키면 새우젓이 될 것 같지만 이때 변수는 무한대에 가깝습니다.

젓갈을 담글 수 있는 새우의 종류는 얼추 10여 가지가 넘습니다. 계절에 따라 오젓, 육젓, 추젓, 백화젓, 새화젓으로 나뉘고, 같은 육젓이지만 신안에서 잡히는 새우와 강화에서 잡히는 새우가 다릅니다. 보름에 잡힌 새우냐, 그믐에 잡힌 새우냐에 따라 다르고 비 오는 날 잡힌 새우냐, 맑은 날 잡힌 새우냐에 따라서도 다릅니다. 소금의 질이 젓갈의 특성을 바꾸기도 합니다. 묵은 소금이냐, 햇소금이냐, 봄소금이냐, 가을소금이냐.

억지로 이렇게 나누는 것이 아닙니다. 이런 수많은 변수로 인해 상품의 가격은 천차만별이 됩니다. 새우젓은 6월에 잡힌 육젓을 최고로 치는데, 강화에서 잡은 새우로 만든 육젓과 신안에서 잡은 새우로 만든 육젓은 둘 다 좋은 품질임에도 세 배가 넘는 가격 차이가 납니다.

저 같은 얼치기가 레시피를 따라 만든 새우젓은 그 값이 똥값입니다. 100킬로그램에 8만 원. 수없이 많은 실패를 거듭해 지역의 특징과 계절의 변화를 감지할 수 있는 고수가 만든 새우젓은 100킬로그램 한 드럼에 100만 원이 훌쩍 넘습니다.

그렇다면 어쩌란 말이냐? 8만 원짜리와 100만 원짜리를 어떻게 구분한단 말이냐?

풍월은 못해도 귀명창이 있고 칼질은 못해도 식도락이 있습니다. 자주 맛을 보고 다양한 식재료를 활용하다 보면 구분이 가능해지는 때가 옵니다. 적은 양이라도 젓갈을 담가보며 실패와 성공을 경험해보기도 하고 말이죠.

곰소에 가면 제일 먼저 눈에 들어오는 것은 수많은 젓갈집 간판입니다. 전체 상가의 절반이 젓갈집입니다. 새만금 공사 이후 호황이 시작되었고, 많은 외지인이 새만금 관광을 마치고 곰소젓갈을 사기 위해 곰소항을 찾는다고 합니다.

솔직히 이 말에 기분이 썩 좋진 않았습니다. 1987년 금강 하굿둑이 완공된 이후 국내 최대 젓갈 산지였던 강경은 유명무실화되어가고 있는 중입니다. 2009년 새만금방조제 완공 이후 군산은 젓갈 생산에서 닭 쫓던 개가 되었습니다. 그렇지만 여전히 강경이 젓갈로 명맥을 이어가는 이

위에서부터 순서대로 가을에 잡힌 새우로 만든 추젓, 신안산 오젓, 강화산 육젓입니다.
특히 육젓은 색이 하얗고 살이 통통하게 올랐네요.

유는 바다와 강이 하나일 때 실패와 성공을 거듭하며 노하우를 쌓은 고수와 그 후손들이 젓갈을 만들고 있기 때문이겠죠. 곰소의 유명세도 새만금의 후광이라고 보기는 어려울 것입니다. 몇 대에 걸쳐 쌓여온 노하우가 빛을 발하고 있는 것이죠.

'울화'는 그만 거둬들이고 젓갈집이 이렇게 많으니 들어가서 맛을 봐야겠지요. 우선 맛보는 방법부터 알아보지요. 젓갈을 맛보고 고르기 이전에 현지 시장을 둘러보는 것이 좋습니다. 곰소항을 바로 옆에 두고 수산물시장이 열립니다. 일단 시장을 어슬렁거려 보세요. 시장에서 가장 많이 거래되고 저렴한 해산물이 그곳에서 가장 많이 생산되는 해산물입니다.

풀치.

우선 눈에 들어오는 것은 건어물 상점에 걸려 있는 풀치네요. 이집 저집 풀치들이 가득가득 걸려 있는 것을 보니 갈치속젓이 만들어질 것 같습니다. 풀치는 상품으로 낼 수 없는 작은 갈치를 말합니다. 갈치는 내장을 걷어내지 않고 구이를 하거나 찜으로 요리를 하는데, 풀치는 내장을 걷어내야만 썩지 않고 잘 말릴 수 있기 때문에 갈치 내장을 모아 속젓을 만듭니다.

이런 식으로 시장을 둘러봅니다. 키조개 가공 공장에 키조개가 가득했습니다. 패주는 상품으로 팔고 부산물은 젓갈로 만들 것입니다. 키조개젓이 있다면 그것도 믿고 살 수 있겠네요. 시장 안으로 들어가니 어패류들이 가득합니다. 곰소는 생선보다 패류나 갑각류가 많이 나는 포구입니다. 살이 오른 바지락도 보이고 제철에 맞는 꽃게도 탐스러워 보입니다. 소라가 탐스러워 값을 물었더니 무척 비쌉니다. 소라젓은 꿈도 못 꾸겠군요.

이렇게 시장을 구경하다 마음에 드는 젓갈집으로 들어갑니다. 곰소에 있는 대부분의 젓갈집 분위기는 대동소이합니다. 가장 많이 판매되는 까나리액젓과 멸치액젓이 상점의 절반을 차지하고, 한쪽으로는 새우젓 코너가 따로 마련되어 있습니다.

액젓과 새우젓은 김치 담글 때 필수 재료이기 때문에 가장 많이 소비됩니다. 그래서 가장 넓은 자리를 차지하고 있지요. 다른 한쪽 코너 쇼케이스에는 양념된 젓갈들이 진열되어 있네요. 어리굴젓, 낙지젓, 오징어젓, 키조개젓, 가리비젓, 토하젓, 갈치속젓, 바지락젓, 황새기젓, 갈치젓, 아가미젓, 창란젓 등입니다.

양념된 젓갈은 보기에도 좋고 막 먹기에도 좋지만 되도록 구입하지 않는 것이 좋습니다. 양념이 저렴하거나 어떤 장난을 쳐서 그렇다는 것이 아니라 활용도가 매우 떨어집니다. 양념한 젓갈을 구입하면 그 상태로만 계속 먹어야 합니다. 다른 요리에 사용할 수 없지요. 500그램 한 통을 사면 몇 번 먹고 냉장고에서 발효되는 불상사가 일어납니다. 젓갈의 활용에 대해서는 뒤에서 몇 가지 예를 들겠지만, 양념 안 한 젓갈은 요리의 간을 맞추거나 향을 더할 때 매우 훌륭한 베이스로 활용할 수 있습니다.

어쨌든 선택한 젓갈집에 들어가서 이것저것 집적거려 보세요. 이쑤시개로 하나씩 찍어 먹어보고 짜다 달다 한마디씩 추임새도 넣고요. 그러다 어떤 젓갈에 꽂히면 물어보세요. "이거 양념 안 한 것도 있어요?" 있다고 하면 얼추 그 집에서 직접 담근 젓갈입니다. 저는 이렇게 물어보고 맛을 보고 나서 양념 안 한 삼삼한 바지락젓과 조금은 골탕한 황새기젓을 한 통씩 샀습니다. 갈치속젓은 집에 아직 남아 있고 키조개젓은 짜서 그만뒀습니다. 이 두 가지 모두 바로 먹기에도 좋고 다른 요리의 베이스로 활용하기에도 좋은 젓갈입니다.

곰소에도 특별한 젓갈이 있어 보이진 않았습니다. 사실 정말 특별한 것들은 어딘가 구석에 박혀 있습니다. 시골 장터의 먼지 쌓인 허름한 단지 안이라거나, 시골집 뒤란 땅 속 같은 곳에 숨겨져 있지요. 오래된 시장 낡은 젓갈집에도 특별한 것들이 자리하고 있는 경우가 많습니다.

많은 사람이 액젓 하면 멸치액젓이나 까나리액젓을 생각하지만 단연

황새기젓(왼쪽)과 바지락젓.

최고는 가자미액젓입니다. 가자미액젓을 상업적인 관점으로 본다면 모든 면에서 취약합니다. 살이 단단해 잘 삭지도 않고 잘 삭지 않으니 상하기도 쉽지요. 또한 단백질이 많아 액즙이 많이 나오질 않습니다. 멸치나 까나리에 비해 절반도 나오지 않지요. 하지만 오래된 시장을 돌아다니다가 간혹 가자미액젓을 만나게 되면 주저 말고 한 통 사두세요. 김치와 국, 찌개의 맛을 한층 높일 수 있는 가장 훌륭한 조미료입니다.

젊었던 엄마는 연중 대여섯 가지의 젓갈을 끊이지 않고 담갔습니다. 싱싱하고 값싼 생선이 시장에 나와 있으면 한 궤짝씩 사다 젓갈을 담갔는데요, 황새기 철에는 황새기젓을 담고 갈치 철에는 갈치젓을 담갔습니다. 꼴뚜기나 조개, 새우처럼 가시가 없는 해산물은 무젓을 담가 밥상에 올렸습니다. 무젓은 소금을 아주 조금 넣고 담그는 젓갈로, 담아서 2~3일 후에 먹어야 제맛입니다.

얼마 전 방영했던 다큐멘터리 「슈퍼 피시-스시 오디세이」에서 소금에 절여 숙성한 생선으로 만든 스시에 대한 이야기를 할 때 무젓이 생각나더군요. 생선을 소금에 절여 며칠간 발효시켜 스시로 만들어 먹는 방법과 크게 다르지 않은 무젓은 골탕한 젓갈의 맛을 짜지 않게 맛보고 싶어서 만든 요리법일까요? 어릴 땐 엄마, 아빠, 할머니가 상했는데도 아까워서 먹는 줄 알았습니다. 자라며 한두 번 조금씩 맛보던 무젓이 이제는 혀에 감기는 나이가 되었나 봅니다. 짭조름, 골탕, 쫀득한 맛이 삭힌 홍어의 맛과 비슷하다 할까요?

또 엄마는 잡젓을 많이 담갔습니다. 잡젓은 이런저런 뒤섞인 생선으로 담그는데, 저는 개인적으로 이 젓갈을 넣은 김치가 제일 맛있더군요. 잡어는 경매에 내지 못한 생선들인데요, 잡어가 가장 많이 나오는 때는

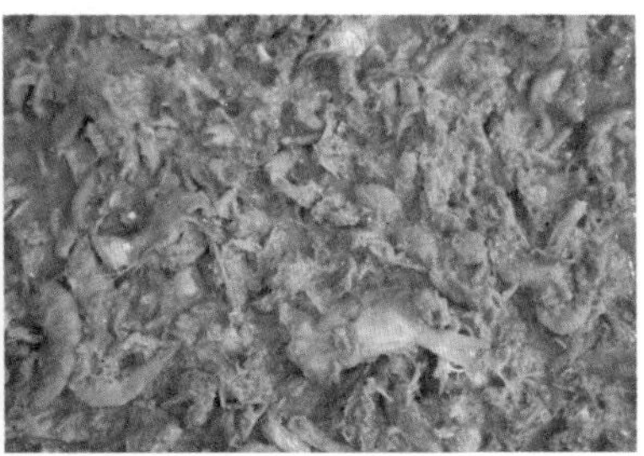

꼴뚜기 무젓과 잡젓.

음력 6월 조금입니다. 조금은 음력 7일, 21일경을 말하는데 이때는 밀물과 썰물의 차가 심하지 않아 배들이 가장 많이 들어오는 때이고, 음력 6월은 강물이 범람하는 시기여서 강물과 바닷물이 만나는 부근에 수많은 물고기가 몰려 어장을 형성합니다. 어장이 형성된 바다가 조금을 맞아 물살이 약해졌을 때 배를 띄워 잡어를 잡아들입니다.

잡어 안에는 작은 새우부터 1미터가 넘는 농어, 꽃게, 가재, 멸치 등 수많은 생선이 뒤섞여 있습니다. 여기서 쓸 만한 생선들은 골라내 경매하고, 값을 매길 수 없는 것들은 한 궤짝씩 담아 판매합니다. 오만 잡것이 다 들었으니 알아서 드시라는 얘기죠.

엄마는 이것을 한두 궤짝 사와 또다시 골라냅니다. 찌개로 끓일 것도 골라내고 무젓을 담글 새우, 꼴뚜기도 골라냅니다. 이제 더 이상 고를 게 없다 싶으면 소금에 절입니다. 이 잡젓은 이듬해 김장을 담글 때 봉인을 풀게 됩니다. 보통 김치를 담글 때 맑은 액젓을 사용하지만 엄마는 잡젓을 소쿠리에 놓고 꾹꾹 짜낸 탁한 액젓을 사용합니다. 김치를 막 담갔을 땐 비린내가 심해 주변 사람들에게 권하기가 어렵지만 익은 김장 김치는 그 어떤 김치보다 맛있습니다.

이제 엄마는 잡젓과 무젓만 가끔 담곤 합니다. "기운 없어 못 혀. 글고 먹을 사람도 없는디 그것을 담어서 뭣허게"라고 말씀하시죠.

곰소를 나와 시골집으로 향했습니다. 아무리 생각해도 젓갈의 고수는 엄마다 싶어 엄마에게 물었습니다.

"엄마, 젓갈 담는 법 좀 알켜주소."

"야야. 그거시 말같이 쉬운 줄 아냐. 조금 때 맞춰 새벽이 해망동(군산 수산물시장) 나가서 성헌 놈(싱싱한 것) 골라다가 물 빼서 담을라믄 보통 일이냐. 담았다 쳐도 곯고 버럭지(구더기) 끼는 일이 예사지."

"왜 곯아?"

"암만 성헌 놈으로 골라온다 쳐도 그 새백이(사이) 썩은 놈이 섞어 들어가믄 골탕허니 안 허냐. 긍게 담그기 전에 잘 골라야 혀. 귀젓(게장) 담는데도 안그냐. 곯은 귀 하나 들어가믄 고리팅해져. 귀젓이야 곤내 나믄 간장 대려 다시 부으믄 그나마 나서도 젓은 한 번 잘못 담으믄 그런 줄 알고 먹어야 혀. 긍게 쉽덜(쉽다고) 안 허지. 근디 뭐던다고 그것을 물어본댜. 집이서 담게? 그것을 뭐더러 집이서 담어. 사다 먹지. 요새는 배여서 잡자마자 바로 담는단다. 긍게 그것 사 먹는 것이 좋지. 성허고."

"좋은 놈은 좋은디 어떤 놈은 소금을 오지게 는게 짜서 못 먹겄데."

"그려, 젓 살적으는 꼭 먹어보고 사야혀. 소금을 많이 느믄 잘 상허덜 안 헌게 봄새는(보기에는) 좋다. 잉? 근디 그것이 봄새만 좋지, 하이구, 짜서 못 먹어. 저번 날 어디 놀러갔다 남들도 한 통씩 사걸래 먹어보도 않고 사와서 봤댕 봄새만 뽀얀허니 좋지. 짜서, 지미……."

"젓은 언제 담어?"

"아무 때나 싼 놈 얻어걸리면 담는 거지, 담는 때가 어딨어."

"언제 나랑 해망동 한 번 가세."

"그려. 주말에 조금 걸리믄 한 번 가보던가. 그것 한 번 본다고 아는 것이간디. 소금 늫고 생것(생선) 느믄 젓 되는 것이지 뭐. 그런 거슬 알켜 달라고 헌댜.(어렵다고 했다, 쉽다고 했다 종잡을 수 없다.)"

"어믄소리 하지 말고 알켜달라고 할 때 알켜줘. 엄마 죽으믄 귀신도 모르는 것인게."

"참나. 외악손잡이(왼손잡이)가 그전부터 뭐슬 헌다고 혀싸. 그려. 한 번 와봐. 새벽으 해망동 나가보게."

엄마는 이렇게 투덜대며 다음을 기약했습니다.

왼손잡이 이야기가 나와서 말인데, 저는 우리 집에선 아직도 음식 할 때 반거충이 신세입니다. 왼손잡이라는 것이죠. 왼손으로 칼질을 하면 보는 사람이 무지 불안한 모양입니다. 왼손잡이가 무슨 칼질이냐는 핀잔을 주면 저는 버럭합니다.

"내가 엄마보다 칼질 더 잘하거든! 이 짓으로 밥 벌어 먹고 살았던 거 모르는가?"

위의 대화에서도 그렇지만 칼질이 아니어도 음식에 관련된 일에서는 '외악손잡이'를 들이댑니다.

일요일 아침, 엄마는 그렇게 말하시고 관광버스 타고 태안으로 꽃구경을 떠나셨습니다. 도착해서야 태안인줄 아셨다네요. '묻지마 관광'의 모범사례입니다.

저는 다시 집으로 돌아왔습니다. 곰소를 돌아 군산을 거쳐 집에 도착하니 일요일 오후더군요. 점심시간이 지나 출출했습니다. 그래서 바지락젓을 넣은 계란찜을 하기로 마음먹었습니다.

곰소에서 산 바지락젓은 소금을 적게 넣고 석 달 정도 숙성시킨 젓갈이었는데, 살이 탱탱하게 살아 있고 국물도 깔끔해 계란찜을 하기에 제격이었죠.

우선 보온 밥솥에 쌀을 씻어 안치고 밥을 짓기 시작합니다. 밥이 되는 중간에 계란 3알에 물 반 컵 정도 넣고 잘 풀어줍니다. 마늘 한 알을 다져 넣고 대파도 송송 썰어 넣습니다. 거기에 곰소에서 사온 바지락젓을 잘게 다져 넣고 젓국도 한 숟가락 떠 넣습니다. 바지락살이 잘 풀어지게 저어줍니다. 그릇에 계란을 담고 뚜껑을 덮습니다. 밥솥에서 밥이 끓고 있을 때 뚜껑을 열고 계란을 넣습니다. 밥이 다 되면 계란찜도 함께 완성되겠죠.

계란찜이 되는 사이에 황새기젓을 한 마리 꺼내 살을 발라 잘 다집니다. 여기에 청양고추와 마늘을 다져 넣고 발사믹 식초를 살짝 넣습니다. 통깨도 몇 알 넣고요. 냉장고에 찐 양배추가 남아 있어 만든 양배추 쌈장입니다. 밥, 계란찜, 양배추 쌈이면 뭐.

이렇게 계란찜 만드는 방법은 어릴 때 할머니에게 배운 것입니다. 어릴 때 시골집은 아궁이에 불을 때 밥을 했습니다. 가마솥에 밥을 하면 솥이 울기 시작하는 때가 있습니다. 뜨거운 수증기가 솥뚜껑에 고여 흘러내리는 것이죠. 이때 솥뚜껑을 열고 계란이 담긴 양재기를 솥에 넣고 밥이 뜸 들기를 기다리면 부드럽고 탄력 있는 계란찜이 완성됩니다.

이 계란찜을 할 때 간을 맞췄던 것이 젓국이었습니다. 새우젓을 넣으면 진한 새우 맛이, 밴댕이젓을 넣으면 고소한 밴댕이 맛이 나는 계란찜이 되어 있었죠. 밥할 때 계란찜만 했던 것이 아니라, 말린 생선을 넣어 쪄내기도 했고 덜 삭은 조기젓을 양재기에 넣어 쪄내기도 했습니다.

조기젓찜.

요즘은 보온 밥솥도 없고 대부분 쿠쿠 밥솥을 쓰잖습니까. 밥 될 때 솥뚜껑 열었다간 큰일이죠. 보온 밥솥이 없다면 찜통에 쪄내도 맛은 비슷합니다.

계란찜을 할 때 주의할 점은 너무 오래 찌면 계란이 뒤집어진다는 것입니다. 물과 단백질이 엉겨 있다 열을 계속 가하면 분리가 되어버려요. 그러면 국물 따로 계란 따로인 계란국이 되고 맙니다. 그래서 밥이 되는 중간에 넣어 쪄내는 것입니다.

일식당에 가면 식전에 '차완무시'라 불리는 계란찜을 내줍니다. 찜을 하는 방법은 동일하지만 다른 점이라면 다시마와 가다랑어를 우려낸 육수를 넣는 것입니다. 다시마와 가다랑어에는 감칠맛을 내는 글루탐산나트륨이 많아 육수를 낼 때 사용하는데, 조개젓이나 새우젓에도 글루탐산나트륨이 다량 함유되어 있습니다. 젓갈을 사용하면 육수와 소금을 넣지 않아도 맛을 낼 수 있으니 더욱더 간편하게 계란찜을 할 수 있습니다. 조개의 진한 맛도 함께 느낄 수 있고요. 계란찜 할 때 꼭 젓갈을 이용해보세요.

이것 말고도 젓갈을 이용할 수 있는 요리는 매우 많습니다. 돼지고기와 새우젓은 찰떡궁합? 돼지고기 김치찌개를 끓일 때 새우젓으로 간을 해보세요. 앞에서도 말했지만 젓갈은 천연 조미료입니다. 다시다 넣지 않아도 맛있습니다.

오리엔탈 드레싱에 까나리액젓을 조금 넣으면 맛이 매우 풍부해집니다. 상추, 무, 배추 등 겉절이 할 때 가자미액젓을 넣으면 묵직한 감칠맛이 느껴질 것입니다. 생선탕이나 김치찌개처럼 무거운 국물요리에는 젓국을 이용하면 좋고, 소고기국이나 갈비탕, 지리 등 맑고 가벼운 국물요리에는 국간장을 이용하는 것이 좋습니다.

해안가로 여행을 떠난다면 이런저런 젓갈들을 사 모아보세요. 각 지역마다 독특한 젓갈이 숨어 있습니다. 그 젓갈을 이 음식에도 넣어보고 저 음식에도 넣어보세요. 간장과 소금을 사용하지 않게 되는 음식이 늘어날 겁니다.

여섯. 고기

짐승이 짐승을 대하는 태도

고기에 대한 이야기를 시작하는 것은 매우 어려운 일입니다. 딱 욕먹기 좋은 주제라고 할 수 있죠. 사람마다 견해도 천양지차고 호불호가 극명한 데다 취향에 따라 닭고기만 좋아한다든지 개고기를 먹는 사람은 인간 취급도 하지 않으려는 사람도 많기 때문입니다.

개인적인 생각입니다만, 사람들이 고기를 대하는 태도는 성性을 대하는 태도와 유사한 것 같습니다. 한쪽에서는 고귀한 어떤 것으로 여겨 소중히 하고, 한쪽에서는 그저 응응 하하 이쿠이쿠, 생각 없이 소비해버립니다. 마치 손잡지 않고 악수를 하는 것처럼 고기를 대하는 태도는 모순으로 가득합니다. 많은 사람이 삼겹살은 좋아하면서 돼지의 얼굴 한 번 마주하지 않았을 것입니다. 롯데리아에 가니 호주산 청정우를 사용한다더군요. 호주의 너른 들판에서 아름답고 자유롭게 자란 깨끗한 녀석이겠군 하는 생각으로 자이언트 더블버거를 한 입 베어 물고 있진 않으신지?

우리는 우리가 먹고 있는 고기가 어떤 과정을 거쳐 내 입으로 들어가고 있는지 알지 못할뿐더러 알고 싶어하지도 않습니다. 또한 공장형 축산으로 생산된 육류의 유통과정이 어떠한지는 비밀도 아닌 비밀이 되었지만 고기를 먹을 수 있는 다른 방법을 찾지 못해 눈 감고 귀 막고 고기를 먹고 있는 경우가 일반적일 것입니다. 저도 마찬가지이구요.

앞으로 이야기할 곡물 메이저 회사, 공장형 축산, 다국적 육류 유통회사에 대해 알고 있는 독자라면 '뭘 이야기하려고 이렇게 멀리가나'라는 의문을 품을 것이고, 한 번도 들어보지 못한 독자들은 '내가 지금 매트릭스에 살고 있나' 하는 생각도 들 것입니다. 잘 알지 못하는 분들을 위해 곡물 메이저 회사와 공장형 축산에 대해 간략하게 짚고 나서 고기에 대한 이야기를 이어나가겠습니다.

카길, 스위프트, 스미스필드푸드, 타이슨푸드, 몬산토, 아바이젠, 엘란코, 신젠타 등의 이름을 들어보셨는지요? 전 세계 곡물 유통의 80퍼센트 이상을 차지하고 육류 유통의 50퍼센트 이상에 관여하며 각종 항생제와 유전자 조작 품종, 성장촉진제, 농약, 고엽제 등을 만들어내고 농산물과 축산물의 판권을 쥐고 있는 회사들입니다. 이 회사들은 우리가 주로 먹는 닭고기와 달걀 품종의 특허를 대부분 소유하고 있고 KFC, 맥도날드, 버거킹 등 패스트푸드점에 각종 육류와 곡물 가공품 등을 납품합니다.

그중 대표적으로 카길 한 놈만 잡아보겠습니다. 모두 비슷한 구조이거나 서로서로 어렵고 힘들 때 알게 모르게 손잡는 관계이니 그놈이 그놈이구나 생각하시면 됩니다.

카길은 1800년대 후반 미국에서 설립된 개인 회사입니다. 법인, 주식회사 그런 게 아니란 말이죠. 아직도 가족이 운영하는 초대형 다국적 개인 회사입니다. 단 한 번도 회사 재정이 공개된 적이 없어 그 규모를 추정

조차 못 하고 있지만, 만일 시장에 공개된다면 세계 10대 기업에 들어갈 수 있는 규모라더군요. 국내에서는 2000년대 초반에 국내 1위 사료회사인 퓨리나 사료를 집어삼키고 급속도로 국내 사료시장을 잠식해나가고 있습니다.

〔그림 1〕 카길의 운영도를 언뜻 보면 농장들과 공생관계인 것처럼 보이지만 자세히 살펴보면 힘든 일은 농장에 다 시키고 열매만 따 먹는 것을 알 수 있습니다. 우선 곡물농장과의 관계부터 봅시다. 곡물농장에 종자를 판매합니다. 대량생산할 수 있는 유전자 조작 종자를 판매하죠.

유전자를 조작할 때 몇 가지 장난을 칩니다. 대주주로 참여하고 있는 제약회사에서 개발한 농약에만 반응하도록 조작하는 것입니다. 종자도

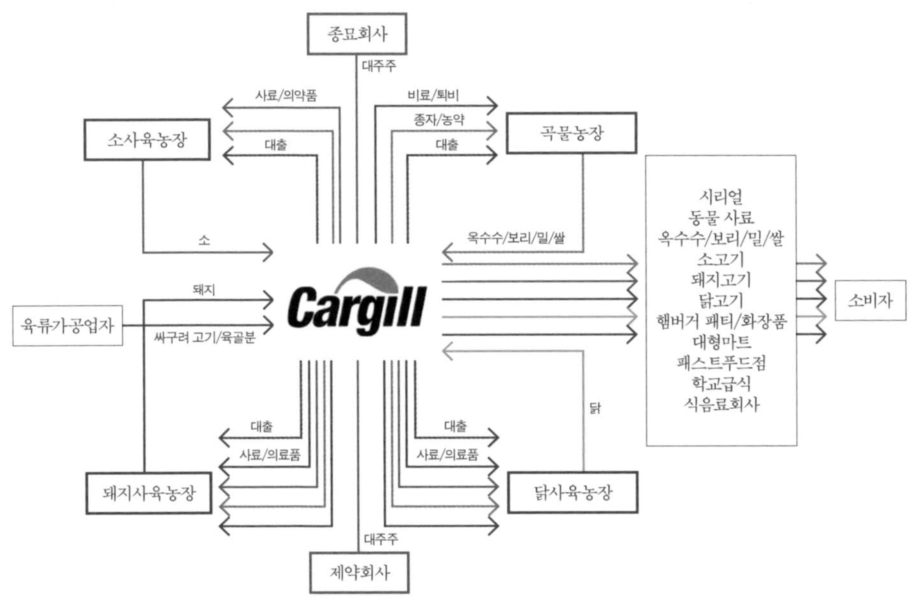

〔그림 1〕 카길의 운영도

팔아먹고 농약도 팔아먹습니다. 모든 농장이 다 그렇지만 '농약 살 돈 없다' '송아지 살 돈 없다' '병아리 살 돈 없다'고 구시렁대면 대출도 해줍니다. 그렇게 해서 이자 놀이도 하고 말이죠.

곡물농장에서 생산된 곡물을 대량으로 수매한 뒤 선물시장에 참여해 곡물가를 쥐락펴락하며 이익을 챙깁니다. 이런저런 곡물을 사들여 1차적으로 소비자에게 판매합니다. 시럽, 설탕, 물엿도 만들어 음료회사에 팔고 여타 식품회사에도 시리얼 재료로 판매합니다. 또 사료도 만듭니다. 광우병 이후부터는 소 사료에 육골분을 넣지 않고 곡물로만 사료를 만듭니다. 대주주로 참여한 제약회사가 만든 항생제와 성장촉진제를 사료에 넣어 소 사육농장에 판매합니다. 카길의 운영철학은 '꿩 먹고 알 먹고'입니다.

이제 잘 길러진 소를 사들여 자체 운영하는 도축장에서 도축합니다. 어떤 부위도 버리지 않고 재가공해 판매합니다. 고기는 1차적으로 소비자에게 판매하고 뼈에 붙어 있는 고기는 모아서 잘게 다져 햄버거 패티의 원료로 패스트푸드 회사에 납품합니다. 뼈와 골수, 잡고기는 갈아 개, 고양이, 돼지, 닭의 사료로 만듭니다. 도축장에서 모아진 소, 닭, 돼지의 털과 부산물은 안락사한 개와 여타 동물들의 시체와 함께 퇴비로 만들어 곡물농장에 판매합니다. 닭, 돼지를 사육하는 농장과의 관계도 비슷한 사이클로 돌아갑니다.

부산물이 부족하면 중소 도축장에서 싼값에 부산물을 사들이기도 합니다. 캐나다에서도 사들이고 우루과이에서도 사들입니다. 이런저런 곳에서 사들인 부산물과 도축장에 남겨진 부산물들을 모두 합해 육가공 제품을 만들어냅니다. 이 육가공 제품은 일일이 다 열거할 수 없을 만큼 많습니다. 과자나 소고기다시다에 들어간 고깃가루에도 이러한 공정을 통해 만들어진 고기가 쓰입니다. 젤라틴과 아교를 만드는 원료가 되기도 합니다. 어쨌든 큰 그림은 이렇습니다. 이런 사이클 안에서 각종 항생제와 질병들이 돌고 돌아 동물과 토양에 가는 것은 물론 사람에게까지 이어집니다.

카길은 매우 당당하게 이렇게 이야기합니다.

> 우리는 여러분이 먹는 빵의 밀가루, 국수의 밀, 달걀 프라이의 소금이며 토르티야의 옥수수, 디저트의 초콜릿, 청량음료의 감미료입니다. 또한 여러분이 먹는 샐러드드레싱의 올리브유이며 저녁 식탁에 오르는 소고기, 돼지고기, 닭고기입니다. 우리는 여러분이 입는 옷의 면이며 여러분 발밑에 깔린 양탄자의 안감, 여러분이 경작하는 밭에 뿌리는 비료입니다.

호연지기! 이 정도 호연지기를 가진 이를 대장부라 말한 사람이 맹자뿐입니까? 호연지기 하면 우리 '가카'(이명박 전 대통령)를 떠올리지 않을 수 없습니다. '가카'는 이런 대농을 보시며 "우리도 마, 이와 같은 농업을 해야 한다, 마" 하고 생각하셨습니다. 기업농 육성이야말로 우리 농업이 나아갈 방향이다!

동우, 하림, 하림홀딩스, 농우바이오, 효성오앤비 등이 지난 몇 년간 성장했거나 성장한 대표적인 농업 관련주들입니다. '가카'는 이들에게 '광'을 팔고 떠나셨습니다. 이들은 카길이나 몬산토를 롤모델로 삼으려 하고 있지만 '가카'에겐 FTA라는 '삥'이 있었다는 것. 귀도 잘리고 손목도 잘릴 것입니다.

각설하고, 곡물 메이저 회사들이 개발한 선진화 축산법, 공장식 축산 농법에 대해서도 한마디 하고 넘어가죠. 선진화라는 게 별것 없습니다. 합리合理적으로 판단해서 합리合利적인 생산을 하는 것이죠. 수익성이 극대화된 축산법입니다. 단언컨대 영화 「매트릭스」에 나오는 인간 사육장의 모습은 공장식 축산농장에서 모티브를 얻었을 것입니다.

모든 농장에서 성장촉진제와 항생제를 사용합니다. 성장촉진제와 항생제는 시간을 단축시켜줍니다. 3년은 자라야 600킬로그램이 되는 소를 18개월 만에 키워내고 돼지는 6개월, 닭은 32일이면 고기가 됩니다. 소를 우리에 가둬 몸을 움직이지 못하게 만들고 돼지의 송곳니와 꼬리를 잘라내고 마취를 하지 않은 상태에서 거세합니다. 닭은 부리로 곡물을 쪼아 먹는 습성이 있어 사료를 많이 흘립니다. 좁은 우리 안에서 스트레스를 받으면 약한 닭을 부리로 쪼기도 하지요. 그래서 아예 병아리 때 부리를 잘라 쪼아 먹지 못하게 만들어버립니다. '이렇게 쪼아 먹지 않고 가루 사료를 개처럼 코를 박고 먹게 만드니 빨리 자라고 사료도 아끼더라'는 사실을 발견하게 된 곳이 카길과 같은 회사들입니다. 이들은 이와 같은 다양한 실험을 합니다. 어떻게 하면 빨리 자라게 하고, 어떻게 하면 원가를 절감할 수 있을지를 연구해 농장주들에게 교육시킵니다. 무한 사이클을 완성하기 위한 그들의 합리적인 노력입니다.

소는 본디 곡물을 주식으로 하는 동물이 아닙니다. 풀을 뜯어 먹고 살죠. 거친 섬유소에서 영양분을 골라내 흡수하기 위해 위가 네 개나 있는 것입니다. 그런 소에게 영양가가 높고 소화도 잘 되는 곡물 사료를 먹이고 좁은 곳에 가둬두니 살이 찌고 지방이 많아지겠죠. 게다가 그 소를 잡아봤더니 근육 사이사이에 지방이 촘촘히 박혀 있지 않겠습니까. 신이 난 목축업자들은 '이렇게 맛있는 소고기는 우리만 만들 수 있으니 농림부에 로비해 소고기 등급제를 만들면 우린 대박!'이라는 생각을 하게 되고, 그 결과 소고기 등급제가 생겨납니다.

들에서 뛰어다니는 소에서는 꽃등심이 생겨날 겨를이 없습니다. 혹시 야생 노루나 고라니의 고기를 드셔본 분들은 알 것입니다. 무슨 횡재라도 한 듯이 정력 좀 좋아질 것 같은 기분에 한 입 먹는 순간 매우 뻑뻑하고 목이 막힌다는 것을 말입니다. 날이면 날마다 뛰어다니는데 지방이 근육 사이에 들어찰 겨를이 없겠죠. 야생 소를 맛보진 못했지만 비슷할 겁니다. 부드럽고 촉촉한 꽃등심은 죽을 때까지 먹기만 한 소의 고기라는 사실을 알고나 드시길.

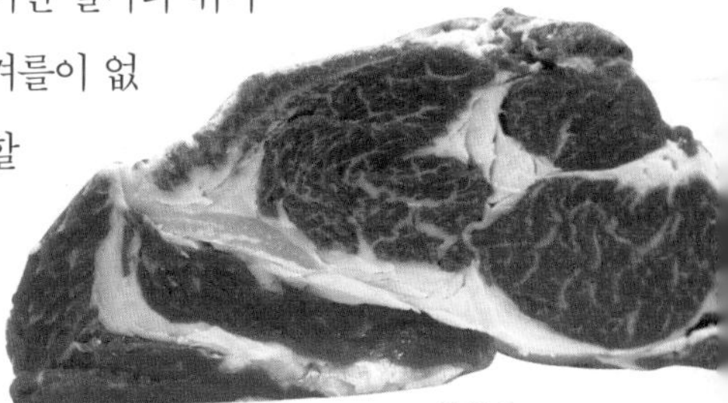

꽃등심.

돼지는 태어나자마자 꼬리와 송곳니를 자릅니다. 돼지는 심심하거나 스트레스를 받으면 자기들끼리 꼬리 잘라 먹기 놀이를 합니다. 그래서 그런 장난치지 마라! 하고 미리 잘라버리는 것이죠. 송곳니는 어미젖에 상처가 나지 않도록 하려고 자릅니다. 어미 돼지의 건강을 보호하기 위해? 엄마 아프지 말라고? 아니죠. 또 새끼를 배야 하는데 유방염이라도 걸리면 생산성이 떨어지기 때문에 다음에 태어날 동생들을 위해 형아, 누나들의 송곳니를 잘라주는 겁니다. 삼성반도체 공장에서 마스크와 무균복을 지급하는 이유를 알게 되었을 때 어미 돼지들이 떠올랐습니다. 어미 돼지가 새끼를 낳으면 한 달 후에 촉진제를 주사해 또 임신을 시킵니다. 그러다 출산율이 저조해지면 낮은 등급의 고기로 판매됩니다. 무한 리필, 1인분 2900원, 배 터지는 돈까스 등이 어미 돼지들의 고기입니다.

이외에도 잔인한 홀로코스트와 같은 사육과정이 열거하기 어려울 만큼 많지만 뛰어넘어 도축과정으로 넘어가지요. 카길표 병아리, 송아지, 돼지는 카길 사료, 항생제, 성장촉진제를 먹고 자라 다시 카길 도축장으로 소환됩니다. 헨리 포드는 도축장에서 컨베이어 벨트를 타고 이동하며 도축되는 소를 보고 자동차 생산라인을 구상했다더군요.

도축장에 들어온 동물들은 체인에 뒷발이 묶여 컨베이어 벨트를 타고 이동합니다. 전기충격을 가하거나 (영화 「노인을 위한 나라는 없다」에서 안톤 쉬거가 들고 다니는) 에어건으로 충격을 가해 기절시킨 뒤 목에 칼을 넣어 피를 빼냅니다. 이때 기절 안 한 소, 돼지들이 살아 날뜁니다. 산 채로 피를 뽑고, 가죽을 벗기고 내장을 빼냅니다. 하루 동안 수천에서 수만 마리를 이렇게 도축하니 거기 서서 전기충격을 가하는 사람은 꾸벅꾸벅 졸기도 할 테고 발길질하는 소의 목에 칼을 꽂으며 사무라이가 된 듯한 희열도 느낄 테죠. 모든 과정에 윤리가 깃들 틈이 없는데 윤리를 이야기하는 것은 어불성설입니다.

문제는 키우는 것까지는 어떻게 구경할 수 있는데 도축하는 모습은 내부 고발이 아닌 이상 누구도 볼 수 없다는 점입니다. 오래전부터 사람들은 도살을 멀리했습니다. 망나니와 백정은 사람 취급도 하지 않았죠. 그들에게 가장 하기 싫은 일을 시키고 밥상머리에 앉아 고깃국을 맛보는 것으로 일반 대중은 동물의 죽음에 대해 눈을 감았습니다. 이렇게 하기 싫은 일을 해주겠다고 나선 이들이 우리에게 '안심, 안심' 주문을 외칩니다.

"안심하고 드세요."

"더러운 일은 우리가 뒤에서 처리해드리겠습니다."

제 글이 항상 그렇듯 '해봐서 아는데'로 넘어가겠습니다. 제가 아주 어릴 때부터 우리 집은 소를 키웠습니다. 처음엔 한두 마리 키우다 나중엔 100여 마리까지 키웠죠. 이렇게 많은 소를 키울 수 있었던 것은 사료 덕택이었습니다. 한두 마리 키울 때는 볏짚과 풀을 베어 먹이다 수가 많아지면서 사료를 먹이기 시작했습니다. 성장 속도도 빨라지고 그만큼 수입도 늘었죠. 한두 마리 키울 땐 줄을 길게 매 자유롭게 움직일 수 있게 했지만 마릿수가 늘어나자 줄을 짧게 매게 되었고 100여 마리를 키울 때는 고개도 못 돌릴 정도로 짧은 줄을 매서 키웠습니다. 100여 마리를 키우다 보니 사료값이 매우 많이 들었습니다.

사료값을 줄일 궁리를 하다 쌀가루를 알게 되었습니다. 당시 삼촌은 '수복'을 만들던 백화양조에 다녔습니다. 청주를 만들 때 사용되는 쌀은 일반 백미보다 훨씬 더 심하게 도정합니다. 일반 백미가 7분도, 8분도라

돼지를 도축하는 장면.

면 청주를 만드는 백미는 10분도 이상 깎아냅니다. 쌀가루가 많이 나오겠지요. 삼촌을 통해 그 쌀가루를 백화양조에서 헐값에 사와 소에게 먹였습니다.

마을 인근에 두부 공장이 있었습니다. 두부를 만들고 남은 찌꺼기는 하루만 지나도 상해 악취를 풍겨 처치 곤란이었는데 소에게 먹이면 좋겠다고 생각했던 모양입니다. 매일 아침 두부 찌꺼기를 실어 날랐습니다. 쌀가루와 두부 찌꺼기를 먹으며 꼼짝도 못한 소는 900킬로그램까지 살을 찌웠습니다. 마블링도 최상이어서 항상 최고 등급을 받았죠. 지금 말하는 선진화 축산법의 베타테스트라고나 할까요?

하루는 저녁을 먹은 소가 울기 시작했습니다. 배가 눈에 띄게 부풀어 오르더군요. 배에 가스가 차 풍선처럼 부풀어 올랐지만 어떻게 손쓸 방법이 없었습니다. 수의사는 수단과 방법을 가리지 말고 가스를 빼줘야 한다고 수화기 너머로 이야기했습니다. 팽팽하게 부풀어 오른 소의 배는 칼로 찔러도 들어가지 않았습니다. 몇 분 만에 소는 주저앉아 숨을 못 쉬게 되더군요. 아빠는 죽창을 만들어 소의 배를 찔렀지만 가스가 빠져 나오기 전에 소는 죽고 말았습니다.

나중에 알게 된 사실이지만 곡물 사료를 주로 먹는 소들이 일반적으로 겪는 일이라더군요. 당시까지는 흔한 일이 아니었지만 이제는 흔한 일이어서 가스를 빼내는 응급처치용 도구도 있습니다. 사료를 먹여 발생한 일인데 사료를 먹이지 않을 방법을 고민하는 게 아니라 배에 구멍을 뚫어 가스를 빼내는 방법을 생각해낸 다분히 인간적인 처사이지요.

여덟 살, 초등학교 1학년. 학교에 다녀왔더니 누렁이가 전봇대에 목을 매고 꼬리를 흔들며 저를 바라봤습니다. 누렁이는 제가 태어났을 때도 누렁이였던, 저보다 두 살 많은 늙은 개였죠. 어리둥절해하며 그 광경을 바라보는데 아빠가 마루에 저를 앉히더군요.

“닭은 3년, 개는 10년이라고 했다. 닭은 3년을 살면 귀신이 되고 개는 10년을 살면 귀신이 되는 것이다.”

뭔 개소리람? 울고불고 난리를 피웠지만 결국 누렁이는 저녁상에 올랐습니다. 다시는 개고기를 먹지 않겠다며 밥상을 밀치고 이불 속으로 들어가 울었습니다. 5년 후 누렁이의 딸 꺼뭉이가 그렇게 될 때는 강가에 나가 밤이 될 때까지 집에 돌아오지 않고 울었습니다. 이후에도 예뻐하던 녀석들이 종종 사라졌습니다. 그때마다 슬펐지만 그러다 보니 그러려니 하게 되더군요.

12살, 초등학교 5학년. 마을 친구의 집에서는 돼지와 개를 키웠습니다. 친구 아빠는 매일 술에 취해 있었고 친구가 개와 돼지를 돌봤습니다. 돼지가 새끼를 낳으면 친구와 함께 송곳니를 자르고 어미젖을 물렸습니다. 여름방학에는 친구 집으로 개를 사러 오는 사람이 많았습니다. 친구 아빠가 술에 취해 잠들어 있으면 우리가 손님들을 개 사육장으로 모셨습니다.

“저놈!”

우리는 그놈을 전봇대에 매달고 머리를 쳐 죽였고 털을 그을린 다음 배를 갈라 내장을 손질하고 몸을 4등분해 손님에게 건네줬습니다. 중학교 때까지 많은 수의 개를 그렇게 했던 것 같습니다.

그중 가장 기억에 남는 날이 있습니다. 가족이 함께 개를 사러 왔더군요. 나보다 두세 살 어린 여자아이와 그 아이의 엄마 아빠였습니다. 우리는 그들이 원하는 개를 지금까지와 같은 방법으로 잡고 있었는데 여자

아이의 엄마는 자꾸만 아이의 눈을 가리더군요. 여자아이는 엄마의 손을 치우며 보던 것을 계속 보려 하구요. 그 아이의 엄마는 웃는 건지 인상을 쓰는 건지 모를 묘한 표정으로 우리를 지켜보다 결국 목을 자르고 배를 가를 때 아이를 데리고 차로 가버렸습니다. 지금이야 이런 것을 보면 아동학대다 뭐다 하며 날뛰겠지만 그때는 촌것들이 그냥 일상적으로 하는 짓이었습니다. 진짜 학대는 그 아주머니의 표정과 행동이었습니다. 당시에도 뭔지는 정확히 몰랐지만 상당히 기분 나쁘다는 느낌이 들었습니다. "뭘 봐!"라고 말하고 싶었죠. 내 꼴이 우스워 보이나? 개가 맛있어 보이나? 징그럽나? 내 아이에게는 저런 것을 보여주고 싶지 않나? 의외로 흥미로워 보이기라도 하는 건가? 나와 친구가 불쌍하기라도 한 건가? 그 아주머니의 마음은 여러분의 상상에 맡기겠습니다.

누렁이가 죽던 날은 오랫동안 슬픈 기억으로 남은 반면 친구네 집에서 개를 도축하던 기억은 오랫동안 그저 그런 기억처럼 여겨졌습니다. 마치 영화 「복수는 나의 것」에서 두 주검을 대하는 동진의 태도와 같은 것이었지요. 고등학교에 들어가 일상이 바빠지면서 친구의 일을 돕지 못하게 되었습니다. 또한 두 집 부모들이 늙어가며 축산 일을 그만두게 되었고 자연스럽게 그런 일에서도 멀어졌습니다.

서른이 넘어 집을 찾았을 때 아주 묘한 경험을 통해 누렁이와 도살된 개에 대한 관점이 180도 바뀌게 됩니다. 엄마는 아빠를 여의고 집에 개도 키우고 닭도 키우기 시작했습니다. 엄마는 오래전부터 동물을 싫어하던 사람이었는데도 외로웠던 모양입니다. 개하고 말도 하고 쓰다듬어주기도 하고 말이죠. 제가 닭장에서 닭을 몰아갈라치면 닭들 놀라지 않게 살살 하라며 나무라기도 했습니다. 그러다 아빠 제삿날 닭을 한 마리 잡으라데요.

“아니, 애지중지 키우더니 그것을 왜 잡어? 알도 잘 낳고 보기도 좋구만그래.”

“잡기 싫으냐? 인자 그런 것 못 허냐?”

“못 할 거 뭐 있것어. 허자면 허지만…….”

사실 내키지 않았지만 잡으라니 잡았죠. 목을 비틀고 가슴에 칼을 꽂아 넣을 때 엄마는 눈을 찔끔 감으며 “하이고 어찌케 그것을……”이라고 혼잣말로 안타까워하며 뜨거운 물을 부어주셨죠. 그렇게 닭 한 마리를 잡았습니다. 1년 반 정도 집에서 자란 닭은 엄청나게 크고 실했습니다. 우리가 마트에서 만나는 토종닭은 품종만 토종닭인 것이죠.

제사 다음 날 아침 엄마는 장작을 때워 닭을 삶아 밥상에 올렸습니다. 매형들은 뜨악한 탄성을 지르더군요. 이렇게 큰 닭은 물론 대가리와 발이 함께 붙어 있는 닭백숙은 본 적이 없었던 것이죠. 닭다리를 떼어줘도 먹는 둥 마는 둥 하는 사위들을 보며 엄마는 서운해했고 다시는 매형들에게 닭을 잡아주지 않았습니다.

저에겐 그날 아침이 큰 충격으로 다가왔습니다. 누렁이와 꺼뭉이를 잡던 날을 떠올리게 했습니다. 생각해보니 그날 웃고 있던 사람은 아무도 없었습니다. 할머니는 울먹이기까지 했던 것으로 기억합니다. 보신탕으로 밥상에 올랐을 때도 조용히 밥을 먹었고 투정을 부리고 울먹이는 저를 나무라지도, 달래지도 않았습니다. 다들 알고 있었습니다. 밥 먹이고 아프면 약 먹이고 눈 오면 부엌으로 들이고 비 오면 마루를 비워주고 밭과 논에 갈 때 앞장서 길잡이를 하던 개를 잡는 것은 모두에게 그리 달가운 일은 아니었을 겁니다. 어린 것이 울어대는 꼴도 견디기 쉽지 않았겠죠. 하지만 모두 감내하고 고기로 맞이했던 것입니다.

매형들은 치킨을 매우 좋아합니다. 계곡에라도 가면 닭백숙을 하자고 먼저 서두르죠. 하지만 단 한 번도 이 일에 목숨과 시간을 감내해보지 않았던 것이죠. 그래서 엄마가 어떤 감내를 하고 닭을 잡았는지 알지 못했을 것입니다. 매형이나 이런 상황에 처했을 여러분을 나무라는 것이 아닙니다. 단지 우리는 이것이 무엇인지 모르는 세상에 살고 있다는 이야기를 하고 싶은 것입니다.

농장에서 병아리 한 마리의 목숨은 파리, 모기 목숨만도 못합니다. 수컷으로 부화하는 순간 갈려 사료가 됩니다. 그러니 아프다고 약을 먹이겠습니까, 춥다고 방에 들이겠습니까. 죽으면 마는 것이죠. 하지만 집에서 키우던 닭은 다릅니다. 감기에 걸리면 병아리값보다 비싼 약을 사다 먹이고 잘 걷지 못하면 지렁이라도 잡아다 먹이면서 병아리를 닭으로 키워냅니다. 새벽에 울면 밥값 한다고 좋아하고 알이라도 낳으면 그런 화색이 없지요.

"산 것인 게 안 죽게 키는 것이지."

초등학교만 나와 겨우 성경책 정도만 읽을 줄 아는 무지렁이의 이 말을 이해할 수 있는 사람은 이제 그리 많지 않을 것입니다. 그날 이후 그저 그런 도살의 기억들은 슬픈 기억이 되었습니다. 산 것을 그렇게 죽이는 것은 옳지 않은 일이었던 것이죠. 반면 누렁이와 꺼뭉이의 죽음에 대해서는 꾹 참고 '무심'할 줄도 알아야 한다는 것을 알게 되었습니다. 짐승이 짐승을 먹을 때처럼 무심하기만 해도 될 것 같다는 생각도 했습니다.

엄마는 지난 초겨울 무렵에 말 잘 듣고 순하다며 칭찬하던 개 월희를 잡았습니다. 이모네 나눠주고 조금 남았다며 먹을 거냐고 묻더군요. 그래서 달라고 했습니다.

"생전 안 먹더만 뭔 일이여."

화색이 돼 보신탕을 끓여 내주데요. 20대 초반부터 다시 개고기를 먹기 시작했지만 엄마는 누렁이 이후로 단 한 번도 나에게 개고기를 권하지 않았기 때문에 보신탕을 먹는다니 신기했던 모양입니다. 아무 말 없이 한 그릇을 먹었습니다. 남은 걸 싸줘서 주위 사람들과 나눠 먹기도 했습니다.

지금은 복실이가 마당에 있습니다. 까불고 말도 안 듣는다며 구시렁거리지만 밖에 다녀오면 휑한 집에 반기는 개라도 있어 좋다고 합니다. 그렇게 오늘도 엄마는 복실이와 악수를 나누고 있습니다.

• 『가축이 행복해야 인간이 건강하다』(박상표, 개마고원, 2012)를 참조했습니다. 고기를 먹기 전에 읽어볼 만한 책으로는 『채식의 배신』(리어 키스, 김희정 옮김, 부키, 2013)을 추천합니다. 현대 사회의 사람들이 받아들이기 어려울 정도로 극단적이고 비논리로 가득해 보이지만 육식을 대하는 태도에 대해 가장 앞선 화두를 던지고 있다는 생각이 들더군요.

일곱. 고기 2

그럼에도, 고기

위키백과에서는 게릴라의 병기를 이렇게 서술하고 있습니다.

> 게릴라는 그 특성상 거의 경화기로 무장하고, 일부 로켓포·무반동총·박격포 등의 중화기를 휴대·사용한다. 그러나 게릴라 봉기의 초·중기 단계에 있어서는 토벌군 측의 무기를 약탈하는 데 전념하여, 그것으로 무장을 강화해간다. 그리고 탄약도 적으로부터 탈취해야 하기 때문에 '탄약고는 적 부대에 있다'라는 슬로건이 생겨났다.

그렇습니다. 탄약고는 적 부대에 있습니다. 우리에겐 닭을 키워낼 닭장도, 개를 키울 마당도, 소와 돼지를 키울 우리도 없습니다. 우리는 싸워 이길 힘을 기르기 위해 고기를 먹어야 합니다. 적 부대의 무기가 코끼리도 명중시키지 못할 '애무원M1'이라 하더라도 일단 들고 조준해야 위협이라도 되지 않겠습니까?

앞 편에서는 고기 앞에서 양심의 가책을 느끼게 만들었지만 어쨌든 인간은 고기를 먹어야 하는 동물이니 지금부터는 뻔뻔하고 맛있게 고기 먹는 방법을 알려드리도록 하겠습니다. 고기 먹는 횟수를 줄여가는 노력과 동시에 맛있게 먹는 방법도 알아가는 놀라운 뻔뻔함을 키워봅시다.

우리는 고기를 사기 위해 시장, 마트, 정육점 등을 찾아갑니다. 대형 마트는 대부분 가공실에서 고기를 가공해 팩에 담아 판매하니 기구들을 볼 수 없고, 시장이나 정육점에 가면 큰 덩어리를 잘라주는 모습을 볼 수 있습니다.

원형톱 육절기도 있고, 뼈와 얼린 고기를 자르는 골절용 육절기도 볼 수 있습니다. 다양한 칼과 고기를 다지는 기계도 있죠. 고기 자체의 질이 평이하다면 고기 맛을 좌우하는 핵심은 이 기구들을 어떻게 사용하느냐에 달려 있습니다.

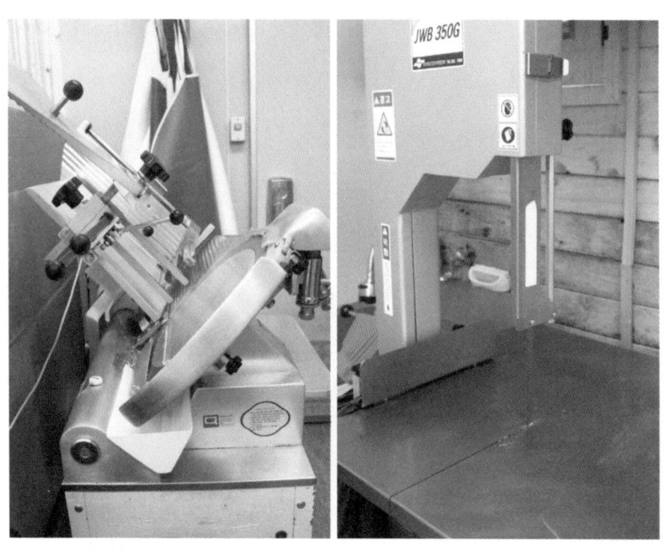

원형톱 육절기(왼쪽)와 골절용 육절기.

한 예로 슬라이스 식빵과 통식빵 맛의 차이를 들 수 있습니다. 슬라이스 식빵은 단면이 거칠지만, 통식빵은 손으로 뜯어 먹으면 혓바닥을 애무하는 듯한 보드라운 감촉을 느낄 수 있습니다. 슬라이스 식빵은 평평한 단면을 만들기 위해 빵의 결을 거슬러 톱으로 잘랐기 때문에 거친 식감을 갖게 됩니다. 만약 식빵을 칼로 자른다면 비교적 부드러운 식감을 유지할 수 있겠지만 칼이 빵을 눌러 샌드위치를 만들기에 적절하지 않은 모양이 되겠죠. 그래서 톱날이 있는 칼이나 식빵용 자동톱으로 자르는 것입니다.

고기도 빵과 마찬가지입니다. 최근에 나온 원형톱 육절기의 톱날은 칼에 가깝게 얇고 날카로워서 칼로 썬 듯한 식감을 제공하지만 골절용 육절기나 오래된 육절기로 자른 고기는 표면이 거칠어서 요리를 해도 맛이 없고 뻣뻣한 느낌을 줍니다.

원형톱 육절기도 잘리는 단면이 매끈할 뿐, 다양한 구조로 형성되어 있는 산맥과도 같은 실제 고기의 판면을 일괄적으로 단면으로 잘라내기 때문에 부위에 따라 맛이 달라집니다.

고기의 맛을 가장 잘 살릴 수 있는 도구는 뭐니 뭐니 해도 칼입니다. 날이 잘 선 칼은 고기를 매우 부드럽게 잘라주기 때문에 단면을 매끈하고 탄력 있게 해줍니다. 날 생선이나 육회의 맛이 이 칼질에 달려 있는 것은 말할 것도 없고 볶음용 고기나 찌개용 고기도 잘려진 단면이 매끈할수록 혀에 감기는 맛이 부드럽습니다. 삶은 고기를 썰어 먹는 수육 또한 맛을 좌우하는 결정적인 요소는 칼질에 있죠.

이왕 칼 이야기가 나왔으니 칼에 대한 설을 좀 풀어보겠습니다. 칼은 쓰임에 따라 그 종류가 어마어마하게 많지만 집에서 밥해 먹고 살 때는

대전칼.

한두 가지 칼이면 충분합니다. 그런데 그 한 두 가지도 잘 선택하지 못해 평생을 고생하며 살고 계신 분들을 위해 칼의 용도를 하나씩 설명해드릴테니 본인에게 맞는 칼을 선택해보세요.

집에서 밥 좀 해 먹는다 하시는 분들, 대전칼이나 남원칼을 사용해보세요. 모양이 좀 빠지고 촌스럽긴 합니다만, 대전칼은 모든 기능의 총체입니다. 비교적 얇고 단단한 데다 휘어지지 않습니다. 가격도 저렴하고요. 스테인리스 칼뿐만 아니라 무쇠칼도 질이 매우 좋습니다. 야채를 동강내고 다지고 채 썰고 고기를 자르고 닭의 뼈를 치고 생선을 토막 낼 때 어느 때든지 평이하게 사용할 수 있는 좋은 칼입니다. 참고로 현대옥 할머니는 대전칼만 사용하셨습니다.

혹여 아름다운 주방에 대전칼과 같은 촌스러운 칼은 도저히 맞지 않는다, 적어도 빅토리녹스나 헨켈, 드라이작 정도는 사용해야겠다는 분들은 날이 선 부분이 평평하고 얇은 칼을 사용하시기 바랍니다. 이런 칼을 야채칼이라고 합니다만 어지간한 식재료를 자르는 데는 무리가 없습니다.

육절칼처럼 날렵하고 모양이 잘 빠진, 칼끝에서부터

야채칼. 육절칼.

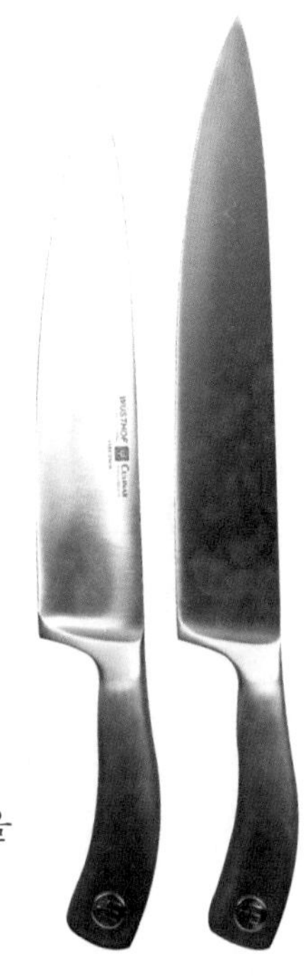

칼날까지 둥글게 휘어진 놈을 구입하게 되면 평생 고생하게 될 것입니다. 내가 왜 이렇게 힘든지도 모른 채 오이채를 썰면서 팔꿈치를 들고 썰어야 하는 고통의 나날을 보내게 될 것입니다.

이런 모양의 칼은 고기를 썰 때 당겨 썰거나 밀어 썰기 편리하게 만들어진 칼입니다. 위에서 아래로 내려 써는 채썰기에는 맞지 않는 칼이죠. 정육점에 가면 이런 유의 칼들을 볼 수 있습니다. 이런 칼은 백정들에게 양보하세요.

또 모양이 잘 빠졌다고 오른쪽 사진과 같은 칼을 사는 분들이 있습니다. 손잡이 부분의 안전장치가 어쩐지 멋진 검을 연상시키기도 하고, 칼등이 두툼하니 호신용으로도 적당할 것 같고 말이죠.(실제로 칼이 두껍고 좁은 사시미칼이 어깨들의 주요 아이템이 된 이유이기도 하지요.) 이건 호신용으로만 사용하세요.

칼이 두꺼운 데다 안전장치까지 있는 칼은 일반 가정에서는 아무짝에도 쓸모가 없습니다. 당근처럼 딱딱한 야채를 썰 때는 뚝뚝 부러지는 듯한 느낌이 들 것입니다. 칼이 두꺼워 딱딱한 야채 안으로 깊이 파고들지 못하고 도끼처럼 쪼개지게 만들죠. 안전장치 부분은 채를 썰거나 돌려 깎기를 할 때 평생 여러분을 괴롭힐 것입니다. 이 칼은 뼈가 있는 고기를 자르거나 손질할 때 사용하는 칼입니다. 뼈에 칼끝이 부딪힐 때 손이 밀리지 않도록 보호하기 위해 안전장치가 마련되어 있고, 칼등이 두꺼운 이유는 부드럽게 잘려진 고기의 단면이 칼날에 붙지 않고 양 옆으로 잘 펼쳐지게 하기 위함입니다.

일반 가정에서 가장 사용하기 좋은 식칼은 오른쪽 사진과 같은 모양입니다. 칼날이 적당히 높고 칼끝이 위로 휘어졌지만 중간 부분의 칼날이 평평하고, 휘어지지 않을 만큼 단단하고, 두껍지 않고, 손잡이 부근 칼날에 안전장치가 없는 칼이 사용하기 좋은 칼입니다. 되돌아가 대전칼을 한번 보십시오. 이와 유사한 모양이죠?

일반 식칼(왼쪽)과 전문가용 식칼.

혹시 칼끝을 잡아당겨봤는데 칼날이 휘면 매우 위험하니 구입하지 마세요. 그런 칼은 청명검과 같은 칼입니다. 「와호장룡」의 리무바이나 만질 수 있는 칼이죠. '원티드Wanted'(지명수배자) 급에서만 날렵하게 사용할 수 있는 전문가용입니다. 고기를 자르다 손을 자를 수 있으니 전문가에게 양보합시다.

칼의 종류야 끝도 없이 많지만 이 정도에서 마무리하고 다시 정육점으로 가보도록 하겠습니다. 육절기로 고기를 썰든 칼로 고기를 썰든 냉동육이 자르기에 편리합니다. 그래서 많은 정육점이 고기를 약간 얼려서 자르는데 장사가 잘 되는 정육점은 고기를 얼리지 않고 생고기를 잘라 팔기 때문에 "그 집 고기 맛있다"는 입소문이 나는 경우가 많습니다.

그렇다고 생고기만 찾아 먹을 수는 없는 일이니 값싼 냉동육이나 냉장고에 얼려둔 고기를 맛있게 먹는 방법을 알려드리죠. 혹여 고기가 먹고 싶은데 생고기 값은 없고 냉동육 살 돈뿐이라면 반드시 고기를 덩어리로 구입하세요.

고기가 얼 때 수분과 단백질, 지방은 각각 냉동점이 다르기 때문에 자연스럽게 서로 분리됩니다. 이렇게 성분이 분리된 냉동 고기를 잘게 자르면 잘려진 단면의 수분은 물이 되서 흘러버리겠죠. 그러면 흐물흐물하고 축축한 고기가 되고 맙니다.

후진 결혼식장 뷔페에 가보면 냉동 생선회를 볼 수 있잖아요. 정말 손이 안 가죠. 흐물흐물 힘없이 축축 처져서 물을 먹는지 생선회를 먹는지 알 수 없는 그 오묘한 식감. 냉동된 상태에서 잘랐기 때문입니다.

대패 삼겹살을 좋아하시는 분들도 많지만 저는 종잇장 씹는 것 같아 매우 싫어하는데, 그 이유 또한 냉동 상태에서 얇게 썰었기 때문입니다. 개인적으로 대패 삼겹살이 먹고 싶으면 정육점 주인을 괴롭힙니다. 생고기를 2밀리미터 두께로 잘라달라고 요구합니다. 어떤 정육점을 가든 너 같은 놈은 처음 보겠다는 표정입니다.

냉동된 고기를 덩어리로 구입해 신문지에 돌돌 말아 냉장고에 한나절 정도 두면 해동이 되면서 나온 핏물을 신문지가 흡수합니다. 안쪽에 있던 수분은 다시 단백질과 지방에 섞여들게 되죠. 냉동되었던 고기를 이렇게 해동하면 생고기 못지않게 좋은 고기 맛을 볼 수 있습니다. 이때 반드시 종이나 면포에 싸두어야 합니다. 비닐봉지에 넣은 채로 해동하면 물이 흥건하게 되겠죠. 냄새도 맛도 안 좋아집니다.

고기의 맛이 최악이 되는 경우는 골절용 육절기로 자른 냉동육입니다. 골절용 육절기는 뼈를 자르는 톱인데 뼈도 있고 고기도 있는 냉동 갈비는 대부분 이 육절기로 자릅니다. 뼈를 자르는 톱이니만큼 톱날이 두껍고 거칠어서 잘려진 고기의 단면이 사포와 맞먹을 지경에 이릅니다.

이 고기는 어떻게 해동해도 식감이 형편없는 데다 뼛가루가 섞여 들어가 거칠거칠한 고기가 되고 맙니다.

이런 고기는 어떻게 요리를 해도 좋지 않습니다. 육안으로도 확인이 되니 거칠게 잘려진 냉동 갈비는 구입하지 마세요. 차라리 도끼나 무쇠칼로 내려쳐서 자른 갈비가 훨씬 맛있습니다. 그럼 어떻게 하냐구요? 마찬가지로 덩어리 갈비를 두세 번만 육절기로 크게 잘라 해동한 뒤 갈비 사이사이에 칼집을 넣어주세요. 갈비 전문점처럼 멋지게 포를 뜨기는 힘들겠지만 차라리 그렇게 하는 편이 맛은 좋습니다.

삶아 먹을 땐 늙은 고기로

영화 「완득이」를 보면 완득이 엄마가 돌아와 잔치를 벌이죠. 이때 닭을 삶아 먹는데 이 닭이 폐닭입니다. 늙어 빠진 닭이죠. 이 폐닭은 삶는 것 말고는 달리 요리할 방법이 없습니다. 닭도리탕 같은 거라도 해 먹었다간 이빨이 왕창 흔들리고 말걸요.

하지만 오래오래 삶아내면 고소하고 쫀득한 맛이 일품입니다. 요즘은 폐닭 찾기도 힘들긴 합니다만 재래시장에 가면 폐닭을 만날 수 있습니다. 올여름엔 영계백숙이니 토종닭만 찾지 말고 폐닭을 한번 삶아 드셔보세요.

돼지고기와 소고기도 마찬가지입니다. 늙은 돼지, 늙은 소가 삶으면 고소하고 맛이 좋습니다. 한동안 놀부보쌈에서 일을 했습니다. 프랜차이즈라고 모두 맛이 같지는 않습니다. 어떤 프랜차이즈든 마찬가지죠. 제가 일했던 지점은 유난히 고기가 맛있다고 소문이 나서 사람들 입에 오르내렸는데요, 놀랍게도 그 이유는 값싼 모돈에 있었습니다. 아무리 값이 싸더라도 적절하게 활용한다면 최고의 맛을 낼 수 있다는 진리를 깨달은 경우였죠.

모돈은 고기가 질겨 대패 삼겹살에 주로 이용되거나 값싼 구이용으로 식당에 납품됩니다. 이런 모돈을 3시간 반 동안 삶아내면 매우 훌륭한 보쌈 고기로 재탄생합니다. 어린 돼지는 탄력이 약해 삶게 되면 고기가 흐물거리고 살이 조각조각 흩어집니다. 하지만 늙은 돼지는 형태가 흐트러지지 않고 탄탄하면서 쫄깃한 맛을 유지하죠. 전국 팔도 놀부보쌈을 많이도 다녀봤지만 그 집만큼 맛있는 보쌈 고기는 없었습니다. 내가 잘해서 그렇기도 했지만요. 허허허헛, 쩝.

염지와 마리네이드

대부분의 고기를 밑간할 때 보통 마리네이드라는 표현을 쓰는데 유독 프라이드치킨의 경우에는 염지라는 표현을 씁니다. 왜 그런지는 잘 모르겠습니다. 별꼴입니다. 아무튼 그냥 쉽게 밑간이라고 합시다. 대부분의 고기는 밑간을 해 요리하는데 이는 비린내를 제거하고 간이 배게 하고 향을 더하며 고기의 질을 부드럽게 합니다.

특히 프라이드치킨은 밑간, 즉 염지 과정이 매우 중요합니다. 잘 생각해보세요. 고기를 튀기는 요리 중에 프라이드치킨처럼 덩어리가 큰 고기를 튀겨내는 요리가 있던가요? 구이는 가능할지 모르지만 기름에 튀기는 요리는 덩어리가 크면 요리하기가 어렵습니다. 비교적 짧은 시간에 완성되어야 하기 때문이죠. 그래서 연한 육질을 가진 닭고기만 큰 덩어리째로 빠른 시간에 튀겨낼 수 있는 것입니다.

물론 꿩이라든지 토끼, 개구리, 뱀과 같이 닭과 비슷한 특성을 가진 동물들이 있지만 커널 샌더스(초대 KFC 사장)가 사람이 먹을 수 있는 동물은 닭뿐인 것처럼 만들어버렸기 때문에 꿩, 토끼, 개구리, 뱀 등은 사람들의 입맛에서 멀어져가고 있습니다.

염지.

어쨌든 두꺼운 고기를 요리할 때 밑간은 필수입니다. 최근에 난립하는 수많은 닭집의 맛이 각자 다른 이유는 염지법이 서로 다르기 때문입니다. 사과를 넣는 곳, 키위를 넣는 곳, 와인을 넣는 곳, 소주를 넣는 곳 등 별별 스타일이 다 있는데 뭘 넣든지 간에 정도를 지켜 만들면 다 맛이 좋습니다.

맛이 없는 이유는 정도를 지키지 않아서입니다. 숙성 기간을 짧게 하거나 정량을 넣지 않거나 재료가 아까워 염지액을 두세 번 반복해서 사용하면 강호동 치킨이든 유재석 치킨이든 개똥 같은 맛을 내기 마련입니다. 많은 프랜차이즈 닭집이 식재료를 납품받는 방법을 달리합니다. 개인적으로는 그래야 한다고 생각합니다만 '삘짓'을 하는 사람이 많아질 수 있다는 허점도 있는 것이 사실입니다. 이름은 무슨 무슨 치킨인데 시장 통닭만도 못한 맛을 자랑하는 곳도 상당합니다. 간이 되어 있지 않다거나 뼈 사이사이에서 물이 뚝뚝 흘러내린다거나(냉동한 닭을 튀기면 이런 현상이 일어납니다) 밀가루 껍질이 고기보다 많은, 핫도그 같은 치킨이 탄생하기도 하죠.

뭐가 어쨌든 간에 튀긴 닭의 맛을 좌우하는 것은 염지에 달려 있다는 사실을 알고 드시길 바랍니다. 맛이 없으면 "염지가 후지군" 하며 퉁치시길. 닭뿐만 아니라 다른 고기 요리도 밑간 과정이 빠지면 맛이 덜합니다. 이는 향신료 편에서 좀 더 구체적으로 이야기하도록 하겠습니다.

다양한 고기들

우리가 일반적으로 먹는 고기는 소고기, 돼지고기, 닭고기에 기껏해야 오리를 포함해 겨우 네 가지죠. 네 동물의 고기에서도 특정 부위만 찾아 먹는 경우가 허다합니다. 앞 편에서 잠깐 이야기했듯이 그 원인에는 키우기 편리한 동물들의 고기를 등급별로 구분하고 부위를 나눠 판매하는 업자들의 상술이 영향을 미쳤다는 것을 잊지 말길 바랍니다.

언젠가 중국을 여행하며 그들이 먹는 온갖 것을 맛보고 싶은, 초라한 꿈 하나가 있습니다. 많은 사람이 오만 것을 다 먹는다고 조롱하듯 바라보지만 제 눈엔 '세상, 사는 것처럼 산다'는 생각에 멋져 보였습니다. 우리가 먹는 네 종류의 동물을 대하는 태도보다 어쩌면 덜 야만적이거나 덜 비겁할 수도 있겠다는 생각이기도 합니다.

언젠가 중국 동북부에서 노가다 하러 우리나라에 온 청년과 삼겹살을 먹던 날의 일화로 고기에 대한 이야기를 마무리할까 합니다. 고깃집

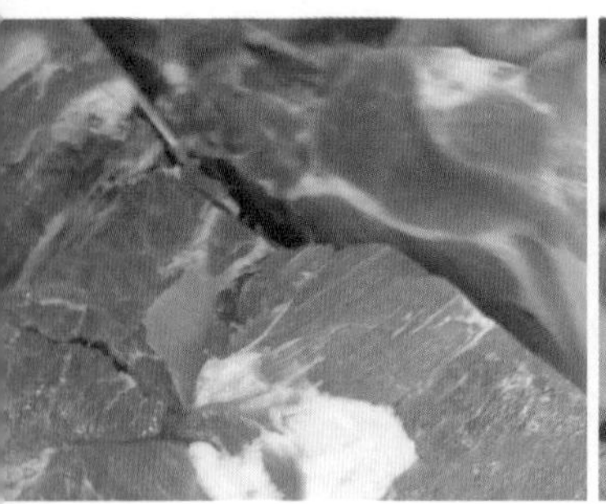

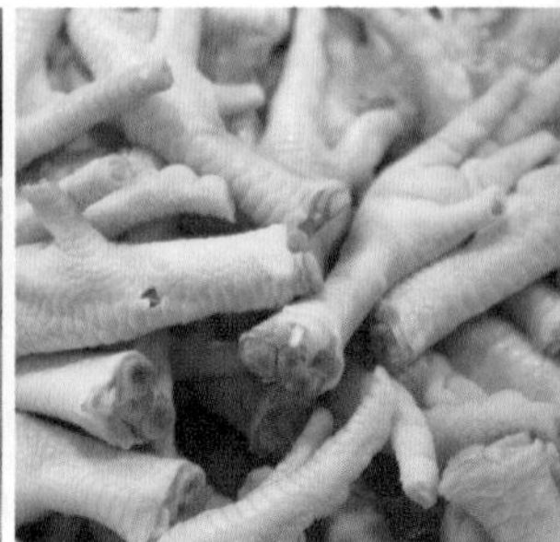

에서 삼겹살을 구워 먹으면 보통 불판에 굽지 않습니까. 그러면 불판의 골을 따라 기름이 흘러내려 컵에 모이게 됩니다. 열심히 고기도 먹고 소주도 한잔하고 밥도 먹었죠. 그 청년은 밥과 소주는 안 먹고 고기만 죽어라 주워 먹더군요.

홀쭉하게 마른 놈이 무슨 고기를 저렇게 많이 처먹나 싶을 정도로 열심히, 잘 먹더군요. 한참을 먹다 보니 기름이 컵에 한가득 고였는데, 글쎄, 고 녀석이 그 기름을 밥에 맙니다.

"너 지금 뭔 짓이냐."

씩 웃더니 그러데요.

"마이처!(맛있어)"

간장을 조금 넣더니 착착 비벼 맛있게 먹더군요. 궁금했습니다. 무슨 맛으로 저걸 먹는지. 그래서 나도 한 숟갈 먹자고 했지요. 아…….

정말 맛있었습니다. 그래서 밥 한 그릇 더 시키고 좀 느끼하다 싶어 기름은 조금만 넣고 생채를 넣어 비벼 먹었습니다. 맛있었습니다. 그걸 먹으며 문득 이런 생각이 났습니다. 비 오는 날 부추전이라도 부치면 온 동네가 꼬소롬했던 이유는 콩기름이 아닌 돼지기름이기 때문이었겠구나 하고요. 멀리 갈 것도 없이 자장면이 고소한 이유는 '라드'라는 돼지기름을 사용하기 때문인데도 우리는 이를 모르거나 잊고 살아갑니다. 그리고 고소한 자장면을 맛있게 먹죠. 돼지기름은 혐오스럽게 생각하면서.

공장식 축산과 농업에 관한 아주 훌륭한 다큐멘터리가 있어 소개합니다. 2006년 EBS 다큐멘터리 영화제에 상영되기도 했던 「우리의 일용할 양식Our Daily Bread」입니다. 대사와 음악 없이 영상으로만 이루어진 다큐멘터리인데, 마치 핑크플로이드의 앨범 아트를 보는 듯한 장면들이 계속 이어지는 영상을 지켜보다 보면 백색공포가 찾아옵니다. 아름답지만 혐오스럽고 적막하지만 소스라칠 것만 같은 「우리의 일용할 양식」을 추천하겠습니다.

외전
外傳

매운맛

무더운 여름이었다. 그녀와 치열하게 싸우고 치열하게 화해했다. 열기가 사그라들지 않은 도시의 해가 뉘엿뉘엿 지고 있었다. 허기가 밀려왔다. 세상에서 가장 매운 짬뽕이 먹고 싶었다. 그녀도 매운 게 당긴다고 했다.

지린성으로 가자.

입은 타들어가고 위는 찢어질 것 같은 고추짬뽕을 국물 한 방울 남기지 않고 모두 들이켰다.

제발 날 이 고통에서 해방시키지 말아주소서. 그대는 어찌하여 이 아름다운 여인의 손바닥과 고추를 만들었단 말입니까?

식물에게 매운맛이란 본디 방어기제였다. 그녀의 매운 손도 방어기제였겠지. 이빨이 달린 짐승들에게 고추나 후추, 겨자의 씨앗은 손쉬운 상대였을 것이다. 아무리 씨앗을 만들어도 우적우적 잘도 씹어 먹잖아. 해서 몸에 독기를 품었을 것이다. 그런데 이게 어떻게 된 일이람. 이상한 족속들이 나타났다. 아무리 매운맛을 보여도, 아무리 싸대기를 후려도 그게 좋단다! 이 일을 도대체 어쩔 셈인가? 계속 때려달란다. 아니, 계속

매운맛을 보여달라고 아우성이다. 매운맛이 없으면 죽기보다 싫다는데. 보들보들 기름진 음식은 느끼해서 못 먹겠다는데?

한국 사람의 하루 평균 고추 섭취량이 1998년 5.2그램에서 2005년 7.2그램으로 증가했다. 이걸 1년으로 계산하면 2.6킬로그램이 되는데 해가 갈수록 소비량이 증가한다고 하니 지금은 1인당 1년에 3킬로그램 정도의 고추를 먹고 있는 셈이다. 이건 평균값이니 적게 먹어도 1킬로그램은 먹는다는 이야기다. 게다가 이건 건고추 통계치다. 아일랜드나 북유럽 사람들에게 이 이야기를 하면 게거품을 물 일이다. 한국은 세계에서 고추를 가장 많이 소비하는 나라다.

매운맛을 통각이라고 한다. 맛보다는 고통에 가깝다는 말이다. 고추를 손으로 만지면 손이 화끈거리고 아프다. 매운 불갈비와 소주 여러 병 마시고 다음 날 화장실에 가면 어김없이 항문이 찢어질 듯 쓰라리다. 고통, 아프긴 아픈데 견딜 만한 고통이다.

그럼 우리는 '맵다'는 것을 어떻게 알 수 있을까? 어릴 때 은단이나 민트 향이 강한 껌을 맵다고 했었다. 할아버지가 은단을 한 알씩 꺼내 먹기에 맛있는 사탕인줄 알고 몰래 몇 알을 꺼내서 먹었더니 입이 화끈거리고 코피가 날 것 같았다. 그래서 이건 맵구나 생각했다. 그렇다면 은단, 민트, 박하가 매운맛일까?

초밥집에 가서 초밥을 한 점 집어 먹었는데 눈물이 나더라. 어질어질할 정도였는데 몇 초 지나니까 괜찮다. 그런 경험들 있지 않나? 맵긴 한데 용두사미다. 항문까지 영향을 미치지는 않는다. 일식집에서 일할 때 새로운 와사비가 산지에서 들어오면 주방에선 와사비 맛을 봤다. 조금 찍어 먹어보는 게 아니다. 잘 갈아서 티스푼으로 한 숟갈씩 먹어본다. 눈물 나고 머리가 띵한데 5초면 사라진다. 이게 매운맛일까?

전에 중국 통마늘 하나를 아작 씹어 먹었더니 정말 죽는 줄 알았다. 입안을 찢어발기는 기분이다. 어떻게 할 수가 없더라. 사탕을 먹어도, 우유를 마셔도, 찬물을 마셔도 한 시간 가까이 고통이 사그라지지 않았다. 고추처럼 화끈거리는 게 아니라 칼로 살을 파내는 것 같은 통증이 느껴졌다. 이게 매운맛일까?

생강은 날로 씹었을 때 매운 건지 향긋한 건지 구분하기 힘들 때가 있다. 음식에 들어갔을 땐 향만 느껴지지만 달콤한 맛과 함께 먹으면 매콤한 맛이 느껴지기도 한다. 이게 매운맛일까?

이러한 맛들을 일반적으로 '맵다'고 말할 수 있지만 매운맛의 정의와는 다소 거리가 멀다. 매운맛을 정의하자면 맛을 봤을 때 통증을 느끼고 몸에서 열과 땀이 나야 한다. 통증, 열, 땀이 따로따로 떨어져 일어나

통마늘(위)과 생강.

는 반응이 아니라 하나의 연결 고리로 묶여지는 것이다. 인체의 어떤 특정한 통증 경로를 자극하면 열이라고 인식하고 열기를 식히기 위해 땀을 배출한다고 한다. 고추에 있는 캡사이신 성분이 이 통증 경로를 자극한다. 사실 고추는 뜨겁지 않다. 푸릇푸릇 신선한 청양고추를 먹었을 뿐인데도 인체는, '아이고 이 양반 오늘 닭백숙 먹는 모양이네. 뜨끈뜨끈하니 몸이 덥구나. 땀 좀 빼줘야겠네' 하며 몸을 식히는 '짓'을 수행하는 것이다.

이와 같은 정의에 은단, 마늘, 생강 등을 대입해보면 합당하지 않다는 결론에 이른다. 열이 나게 하지는 않기 때문이다.

민트류는 사실 몸을 차갑게 하는 성분이 들어 있다. 그래서 매운 음식을 먹었을 때 박하사탕을 먹으면 시원하고 개운한 느낌을 준다. 어린 아이의 입은 순결하여 박하사탕이 맵고 뜨겁다고 느꼈지만 사실 차가웠던 것이다. 그래서 치약이나 가글, 면도 로션에 맨솔 성분은 빠지지 않고 들어간다. 마늘 역시 먹었을 때 지독한 통증이 느껴지지만 마늘이 주는 자극을 받아들이는 통증 경로는 캡사이신이 주는 경로와 다르기 때문에 고통스럽기만 하고 땀은 나지 않는 것이다.

우리 몸은 기본적으로 매운맛을 느끼면 고통을 순화시킬 수 있는 호르몬을 배출하는데 그것이 바로 엔도르핀이다. 이때 엔도르핀은 마취제나 진통제의 역할을 하기 위해 발생하지만 약이란 게 어디 한 가지 용도로만 정해져 있던가. 판피린에프가 감기약으로만 쓰인다고 누가 그러던가? 마찬가지로 이때 발생한 엔도르핀은 황홀경을 선사한다.

나를 포함한 한국인들은 엔도르핀 발생 능력이 매우 뛰어난 모양이다. 매운 고추를 먹고 고통스러워 입을 습습거리고 침을 질질 흘려도 좋아 죽겠다고 뜨거운 짬뽕 국물을 들이마시지 않나.

캡사이신, 세비신 등 아미드류의 산으로 매운맛을 내는 고추, 후추, 산초 등은 엔도르핀을 발생시키지만 황화합물로 매운맛을 내는 마늘, 양파, 와사비, 겨자 등은 엔도르핀을 발생시키지 않는다. 그래서 통마늘은 고통스럽기만 하고 기분이 좋지는 않았던 것이다. 대신 황화합물이 포함되어 있는 마늘, 양파, 와사비, 겨자, 무, 부추 등의 향신료는 열을 가하면 매운맛이 사라지고 단맛이 난다. 겨자는 열을 가하면 향긋하고 달콤한 맛이 나고 양파나 마늘도 기름에 볶으면 설탕보다 수십 배 강한 단맛을 낸다.

여기서 팁. 얼큰하고 개운한 요리에 양파를 넣는 경우가 있다. 특히 생선탕에 양파를 넣으면 들큰해지고 개운하지 않다. 들큰한 맛을 싫어하는 분이라면 양파 대신 파나 달래 등을 넣으시라. 양파는 달달하고 고소한 볶음요리에 적합하다.

생강이나 커리는 방향성을 가진 물질로 매운맛을 낸다. 사실 매운맛이라기보다는 매운 향이 나는 것인데 강하면 맵게, 순하면 향이 좋게 느껴진다. 또한 겨자나 와사비는 열을 가하면 향이 사라지지 않고 그대로 남기 때문에 끓였을 때도 향긋한 맛을 유지해 맛있는 생강차나 오뚜기 삼분카레의 그윽하고 향기로운(?) 맛을 느낄 수 있는 것이다.

진정으로 우리 신체가 맵다고 인식하면서 땀을 내고 엔도르핀을 생성하는, 가학적인 매운맛을 내는 향신료는 고추, 후추, 산초인데 산초는 매운맛보다 그 향에 주목했던 것이니 뒤로한다면 남은 것은 후추와 고추다.

후추에 대한 이야기는 다들 잘 알고 있을 것이다. 미개한 유럽인들이 후추를 처음 맛보고 어떻게 지랄 발광을 했었는지를 말이다. 정복욕을 부추기고, 부유층에서는 후추 반 고기 반의 말도 안 되는 요리를 밥상머리에 올려 부를 과시했고, 금보다 비쌌으며 신대륙을 발견하게 만든 '절대반지'와도 같았던 후추의 마성은 이제 힘을 잃어가고 있다.

본디 중독이란 더욱더 강한 것을 찾아가기 마련이다. 계속적인 통증과 자극은 통증을 접수하는 세포를 죽게 만든다. 이 세포가 죽으면 통증이 덜하긴 하지만 그만큼 엔도르핀 생성도 줄어든다. 매운맛 중독도

위에서부터 순서대로 후추, 산초, 고추.

더욱더 강한 맛을 찾아 나서야만 계속적으로 엔도르핀을 공급받을 수 있는 것이다. 하여 한국뿐만 아니라 전 세계는 지금 고추로 붉게 물들어가고 있다.

자, 그렇다면 고추란 무엇인가?

고추는 어떤 것이기에 이토록 사람을 흥분시키는 매운맛을 갖게 된 것일까? 그토록 매운맛이 좋다면 캡사이신을 짜 마시면 될 것을 왜 고추를 먹겠다고 난리란 말인가? 이 궁금증을 지금부터 풀어보도록 하겠다.

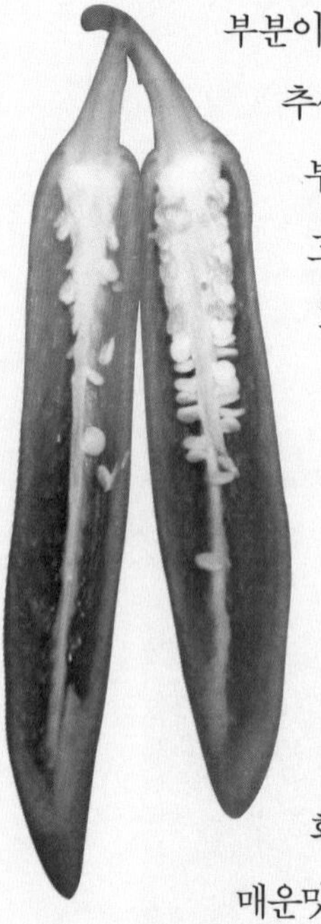

고추를 반으로 자른 단면을 보면 꼭지와 연결되어 있는 하얀 부분이 태좌다. 태좌의 주위로 고추씨가 달라붙어 있고 고추씨와 태좌를 과피가 감싸고 있다. 고추에서 가장 매운 부분이 태좌이고 그다음으로 씨앗, 과피 순이다. 보통 고춧가루를 만들 때 고추씨와 태좌 부분은 덜어내고 과피만으로 만든다. 씨앗을 함께 가루로 만들면 텁텁하고 색도 좋지 않아 특별히 매운맛을 원하는 경우가 아니면 씨는 방앗간에서 털어내준다. 과피에는 매운맛도 있지만 달콤한 맛과 약간 새콤한 맛도 있는데 붉게 익은 고추는 새콤한 맛이 나지 않는다. 털어낸 고추씨와 태좌는 고추씨기름을 짜는 데 쓰이거나 캡사이신의 원료가 된다. 많은 사람이 캡사이신을 어떤 화학제품쯤으로 생각하는데 그도 그럴 것이 순수하게 매운맛만 추출한 엑스트라 버진 캡사이신이니 사람을 죽이고도 남을 물질임은 분명하다.

개인적으로 캡사이신을 싫어하는 이유는 따로 있다. 과피의 달콤하고 풋풋한 맛이라든지 고추씨의 고소한 맛은 온데간데없고 오롯이 매운맛만 추출한 것이므로 의약품의 원료로 사용되어야 함에도 음식에 첨가함으로써 고추 본연의 다양한 맛을 표현해내지 못하기 때문이다.

한국에서 가장 매운 고추는 청양고추로 알려져 있다. 청양고추는 충남 청양에서 재배를 시작한 고추로 알려져 있지만 청양고추를 처음 재배하기 시작한 곳은 경북 청송과 영양이었다. 두 지역의 글자를 따 청양고추로 불리게 된 것이다.

청양고추는 사천고추나 멕시코의 할라피뇨처럼 매운맛만 강하지 않고 적당한 단맛이 어우러져 고추장을 좋아하는 한국 사람의 입맛에 가장 잘 맞다. 청양고추와 가장 유사한 맛을 내는 고추는 핫소스로 유명한 타바스코 고추와 칠리소스로 유명한 칠리고추다. 견딜 수 있을 만큼 매콤하고 적당히 달콤한 맛을 내는 타바스코는 칠리와 함께 매운맛의 평균으로 자리해가고 있다.

고추는 기름에 볶으면 더욱 강한 매운맛을 낸다. 기름에 볶았기 때문에 고소한 맛도 더할 수 있고 과피에 있는 단맛도 한층 더 끌어낼 수 있다. 건물은 허름하지만 얼큰한 굴짬뽕으로 유명한 맛집을 처음 찾아가 받아든 짬뽕은 하얀 국물에 가까웠다. 짬뽕에 고춧가루를 사용하지 않고 건고추를 굵직굵직하게 썰어 넣었는데 국물이 얼큰하고 개운해서 주방을 유심히 들여다봤더니 건고추를 기름에 볶은 뒤 육수를 넣고 짬뽕을 끓여내고 있었다. 나는 이 집의 짬뽕을 맛본 이후 요리법을 수정했다. 보통 볶음요리의 시작은 마늘을 볶아 마늘 향을 내는 것인데 마늘과 함

께 고추를 넣고 볶아 마늘의 달콤하고 고소한 향과 고추의 매콤한 향을 한층 강화시켰다.

고추장이 들어가는 낙지볶음이나 불고기도 이와 같은 방법으로 조리하면 한층 깔끔하게 매콤한 맛을 낼 수 있다. 기름기가 없는 국물요리는 뜨겁게 달군 솥에 기름을 두르지 않고 고추나 고춧가루를 볶은 후 육수를 넣어 끓여내니 텁텁하지 않고 시원하게 만들 수 있었다. 요리는 결국 타이밍이라는 사실을 다시 한번 확인하게 된 경험이었다.

매운 음식은 위에 안 좋다, 암을 유발한다는 등 잡설이 난무한다. 담배가 건강에 안 좋다? 그래, 안 좋긴 하더라. 술이 건강에 안 좋다? 이것도 안 좋긴 하더라. 그럼 땅콩이 건강에 안 좋다? 내 몸에 두드러기를 일으킨다. 안 좋다. 병원에서는 나에게 모든 곡물 섭취를 하지 말라고 했다. 건강에 안 좋다고. 그럼 뭘 먹냐고? 오이, 브로콜리, 사과⋯⋯ 의사도 말을 흐린다. 내가 스티브 잡스냐고 물었다. 웃더라.

안 그래도 여러 번 죽을 고비를 넘겼다. 죽을 고비를 한두 번 넘기면 살고 싶다는 욕망이 샘솟지만 죽을 고비를 여러 번 넘기면 내 맘대로 살고 싶다는 욕망이 생긴다. 하지 말라는 것 안 하고 죽느니 세상에 있는 모든 걸 다 먹어보고 피울 건 다 피워보고 마실 건 다 마셔보고 읽을 건 다 읽어보고 들을 건 다 들어보고 볼 건 다 보고 죽고 싶다. 이미 여러 번 죽은 것이나 마찬가지이니 남은 삶은 공짜로 사는 거다.

나는 고등학생 때 데이비드 크로넌버그의 영화 「크래시」를 온전하게 이해할 수 있었다. 오토바이와 승용차의 정면 충돌사고. 물론 내가 오토바이다. 피칠갑이 되고 오른쪽 무릎의 모든 인대가 떨어져나가 발뒤꿈치가 앞을 향하고 있었지만 나는 땅을 딛고 서 있었다. 사태가 한눈에 명확하게 보이면서 맑은 기분이 들었고 나도 모르는 어떤 힘이 솟아났다. 충돌한 승용차가 움직이지 않아 그 몸을 해서 갓길로 차를 밀어내기까지 했다.

당시에는 깨닫지 못했지만 내 몸 어디에서 그런 힘이 나왔고 내 정신 어디에서 그런 차분함이 나왔는지 시간이 지나면서 궁금해졌다. 그러면서 다시 한번 교통사고를 겪고 싶다는 욕망이 꿈틀댔다. 매일 밤 꿈속에서 교통사고 당시의 상황이 느린 화면으로 보였고 야릇한 기분이 되어 잠에서 깨어났다. 사고가 나고 이듬해 「크래시」를 극장에서 관람하며 어떤 안도감 같은 것을 느낄 수 있었다.

나만 그런 게 아니구나.

난 '또라이'가 아닌 거구나.

두 번째 교통사고도, 세 번째 교통사고도 강력한 각성제를 복용한 듯 신선하고 상쾌했다. 차가 뒤집혀 옆으로 데굴데굴 굴러가는 상황에서 희열이 느껴졌다. 죽지 않고 살아 있다는 것에 온몸을 부들부들 떨며 쾌감을 느꼈다.

어떤 임계점을 지나쳐버린 극한의 상황에 돌입하면, 마하를 뛰어넘고 펼쳐지는 신세계가 도래하듯 시간은 느려지고 시야가 명료해지는 놀라운 경험을 하게 된다. 그런 경험을 죽기 전에 한 번쯤 해보고 싶지 않은가? 매운맛의 임계점을 뚫고 아드레날린과 엔도르핀의 무한 생성을 경험해보시라.

맛에도 'crash'가 있다.

여덟. 향신료

"뽕잎 하나라도 그것이 다 목숨 있는 것이니 함부로 상허게 허지 마라"
_『혼불』 1권 '사월령' 중에서

아이들은 입에 뭔가를 자꾸 집어넣으려고 하죠. 요즘 아이들은 장난감이라든지 과자라든지 동화책을 입에 넣으려고 하지만 저는 풀을 입에 달고 자랐습니다.

제 기억은 6살 무렵부터 있지만 제가 그 이전에도 줄곧 밖으로 나돌았다고 엄마는 이야기합니다. 지금도 엄마의 하소연곡 10절 중 3절쯤에 이런 말이 있습니다.

"학교만 댕겨오면 책 한 자 볼 생각은 안 하고 가방은 마루캉에 탁! 내던지고 어딜 그렇게 쏘다녀. 진작에 공부라는 것은 글렀구나 생각했었어."

학교 공부야 진작에 글렀다지만 산과 들, 바다와 강을 쏘다니며 배운 것들은 무척이나 많았습니다. 지천에 놀 것과 먹을 것이 그리도 많은데 책은 무슨.

어릴 때 전방에 먹을 것이 없었던 것은 아닙니다. 50원짜리 아폴로라든지 쫀쫀이라든지 싸구려 젤리 같은 것이 많기는 했지만 돈도 없었을 뿐더러 입맛에 영 맞질 않아서 좋아하지 않았습니다. 4학년쯤이던가, 치

향신료로 사용되는 다양한 풀과 열매.
위에서부터 깻잎, 제피, 치자.

토스가 나오기 전까진 전방 군것질을 그다지 많이 하진 않았던 것 같군요. 치토스에 완전히 꽂혀서 차비를 털어 치토스를 사 먹고 걸어 다녔던 기억도 납니다.

그전까지는 계절마다 다채로운 풀과 야생 열매들을 입에 달고 살았는데요, 지금 생각해보니 그것들이 대부분 향초, 즉 허브였습니다. 많은 사람이 허브라 하면 애플민트, 페퍼민트, 레몬밤, 라벤더, 로즈마리, 바질 등 서양에서 들여온 상큼 향기로운 풀들을 떠올리지만 허브를 향초라고 넓게 정의한다면 이 땅의 산과 들에도 수많은 허브가 자생하고 있으며 그와 비슷한 용도로도 활용할 수 있으니 시야를 넓혀보는 것도 좋을 듯합니다.

봄이 되면 지천에 피어나는 모든 새순은 먹어도 무방합니다. 독초라 하는 것들도 새순에는 독이 없습니다. 풀숲에 들어갔을 때 몸에 가장 많은 상처를 내고 다 자랐을 때 독을 품는 한삼덩굴도 어린 순은 연하고 상큼합니다.

한삼덩굴.

삘기.

한 선배의 아버지는 봄이 되면 새순으로 올라오는 풀들을 가리지 않고 뜯어다 솥에 넣고 삶아 그 물을 마셨다너군요. 없는 사람들이 할 수 있는 몸보신이겠지만 인삼, 산삼보다 더 좋은, 순하디순한 양기이지 않을까 싶네요.

어린 것들 입맛에는 달고 신 것이 좋기 마련이죠. 한삼덩굴 같은 것을 찾아 먹고 다니지는 않았습니다. 대신 봄이면 삘기를 찾아다녔죠.

삘기는 띠의 새순입니다. 제사 지낼 때 사용하는 그 띠풀 말이죠. 대단한 촌놈이 아니더라도 봄날 촌놈들과 어울려본 기억이 있는 분들은 대부분 이 삘기를 뽑아 먹어봤을 겁니다. 부드럽고 오래 씹으면 쫀득쫀득한 데다 달착지근해서 아이이고 어른이고 모두 삘기 먹는 것을 좋아했었죠. 봄철 샐러드에 몇 가닥 뽑아 넣으면 색도 예쁘고 맛도 좋으니 훌륭한 식재료로 활용할 수 있을 것입니다.

어릴 때 그저 신풀이라고 불렀던 소루쟁이는 어딜 가나 피어 있는 흔하디흔한 풀입니다. 여기서 잠깐 옆길로 새자면 저는 풀의 이름을 잘 몰랐습니다. 글을 쓰려니 이름을 알아야 해서 식물도감을 찾아보고 나서야 알게 되었습니다. 한삼덩굴도 그저 다치는 풀이라고 불렀습니다. 가령 친구와 이야기를 할 때,

"그 다치는 풀 있잖냐."

"다치는 풀. 억새?"

"아니. 넝쿨. 쓸리는 그거."

"아, 거시기 그거."

"그려. 그거."

뭐 이런 식이었습니다.

소루쟁이는 신풀이라고 부르거나 '방죽 두렁에 난 씨 많은 그 풀'이라

소루쟁이와 아카시아 꽃.

불렀고 앞으로 이야기할 까마중은 먹딸기, 꺼멍열매라고 불렀습니다. 이도 저도 이름을 모르면 '봄에 느그집 변소 옆에 피던 그거'(산수유) '은실이 누나네 집 앞에 열린 열매'(무화과) 등으로 불러왔고 명칭을 알게된 지금도 이런 식의 이름이 먼저 머리에 떠오릅니다.

다시 소루쟁이로 돌아가서 한국 사람은 시큼한 풀보다는 쌉싸름한 풀을 좋아해서 그런지 소루쟁이 같은 풀로 나물을 해 먹진 않았던 것 같습니다. 시큼한 나물, 별로 어울리진 않네요. 하지만 시간이 흘러 이런 새콤한 풀을 사람들이 맛있다고 하는 시절이 되었습니다.

레몬밤이나 애플민트처럼 조금 단맛이 나고 신맛도 나는 소루쟁이를 맛나다고 물고 다니면 염생이 새끼냐는 핀잔을 듣기도 했죠. 소루쟁이는 근대 잎보다 조금 작을 때 뜯어와 샐러드에 활용해본다면 좋을 것 같습니다. 너무 어린 것은 풋내만 나니 어느 정도 자란 것이 좋습니다. 너무 자란 것은 억새고요. 『그 많던 싱아는 누가 다 먹었을까』의 싱아도 씹으면 새콤한 맛이 쪽쪽 나오는 새콤이의 대표 선수죠. 이른 봄에 나는 궁궁이, 쑥, 개구리밥, 보리 싹, 냉이 등도 생으로 먹기에 아주 좋은 야생 향초들입니다.

봄이 짙어지면 꽃이 피기 시작합니다. 꽃을 따 먹어야죠. 매화, 살구꽃, 이화 등을 맛있게 먹었던 기억이 나네요. 무엇보다 가장 맛있었던 것은 아카시아 꽃이죠. 아카시아 꽃은 만화에서 생선을 먹듯이 끝을 잡고 후루룩 훑어 먹었는데, 꽃에 꿀이 많은 아카시아는 정말 달고 맛있어서 하루 종일 기린처럼 입에 물고 다녔습니다. 그런데 지금은 왜 맛이 없을까요.

텔레비전이나 책을 보면 진달래나 매화로 화전을 해 먹었다고 하잖아

찔레 열매.

요? 어불성설. 농사짓느라 정신없이 바쁜데 그런 짓 하고 있을 사람은 없었습니다. 말 그대로 양반들이나 하던 고매한 화전놀이였죠.

꽃이 필 무렵이 되면 할머니와 엄마 아빠는 철쭉은 절대로 따 먹지 말라는 주의를 주며 들로 내보냈습니다. 은방울꽃 같은 것은 주변에 피지 않았기 때문에 주의시킬 꽃은 철쭉뿐이었죠. 철쭉꽃은 배탈과 구토를 일으키는 독성이 있기 때문에 주의하라는 것이었고 나머지는 모두 따 먹어도 무방했습니다.

개인적으로 찔레꽃 향기를 무척 좋아하는데 찔레 순은 두릅과 비슷한 맛이 나고 꽃은 매화와 비슷해서 가니시Garnish(음식을 꾸미는 장식)로 활용하거나 말려 차로 활용하기도 좋습니다. 가을이 되면 찔레 열매가 열리는데 새콤달콤하니 그냥저냥 먹을 만하지만 가을에는 찔레 열매 말고도 먹을 열매들이 지천이어서 잘 먹지는 않았습니다.

이 무렵은 고사리도 나고 달래도 나고 미나리도 맛이 좋을 때입니다.

비가 오면 죽순이 고개를 들기도 하죠. 씀바귀, 고들빼기, 민들레, 질경이 등 쌉쌀한 나물거리도 풍부할 때입니다. 이런 새순들은 삶아 나물을 해 먹어도 좋고 생으로 먹어도 쌉쌀하니 입맛을 돋우기 좋습니다.

초여름이 되면 풀들은 웃자라고 억새지고 독을 품습니다. 이즈음부터 마을 저수지로 물놀이를 하러 가기 시작합니다. 저수지 주변에 클로버 꽃들이 피기 시작하네요. 그 꽃으로 은실이 누나에게 반지도 만들어 끼워주고 목걸이도 만들어줬건만. 젠장. 연하는 눈에 들지도 않았던 거야? 엉?

토끼풀이라고 불렀던 클로버는 사람도 먹을 수 있는 풀입니다. 클로버밭에 앉아 네잎클로버를 찾으며 사랑만 꽃피우지 말고 뜯어서 샐러드로도 드셔보세요. 입맛 까다롭기로 유명한 토끼도 맛있게 먹는 클로버, 믿을 만합니다. 보기에도 보들보들하게 생겼잖습니까. 매우 부드럽고 연해서 식감이 아주 좋습니다.

수영을 하고 나면 배도 고프고 기운도 달립니다. 무언가를 찾아 먹어

까마중.

야죠. 물속에는 마름이 있고 물 밖에는 까마중이 있습니다. 마름은 도통 먹을거리가 없다 싶을 때 까먹었고 보통은 까마중을 따 먹었죠. 삘기처럼 대표적인 어린이 식품이었죠. 이거 한 번 안 먹어본 촌놈은 없을 겁니다.

어릴 때도 그랬고 지금도 간혹 까마중은 분명 토마토의 아주 먼 조상일지도 모른다는 생각을 합니다. 매끈매끈한 표면과 툭툭 터지는 식감, 씨를 감싸고 있는 미끈거리는 과육과 새콤달콤한 맛이 토마토와 매우 비슷합니다.

인터넷을 뒤져보니 이 까마중을 재배하는 분도 계시더군요. 지금껏 이 위대한 열매를 재배하지 않았던 것이 더 이상한 일이죠. 열매가 작고 수확량이 적은 데다 잘 물러서 보관과 유통이 어려울 듯한데 어떻게 극복했을지 궁금합니다. 앵두, 딸기와 더불어 초여름의 가장 달콤한 열매인 까마중을 음식에 활용해보는 것도 좋을 듯합니다.

초여름이 되면 밭에는 오이, 토마토, 풋고추, 머위, 비름 등 열거할 수 없이 많은 향초가 싱싱하게 자라납니다.

바로 이때 '마늘'이 나옵니다. 향신료계의 마에스트로, 커멘드센터이자 마이클 조던, 무하마드 알리, 케인 벨라스케즈, 그리고 김어준인 마늘은 우리들이 가장 많이 먹는 향신료인 생강, 파, 갓, 양파 등과 함께 다음 편에서 구체적으로 알아보겠습니다.

장마가 지나고 한여름이 되면 어린아이들의 보릿고개가 됩니다. 산과 들에는 먹을 것이 없습니다. 밭에만 있지요. 엄마가 주는 수박이나 참외, 옥수수를 먹든지 서리를 해야겠지요. 네, 서리의 계절입니다.

어둠이 내리면 수박밭, 참외밭을 닭새끼마냥 허적거리고 다녀 밭 주인들로부터 "제발 낮에 와서 그냥 달라고 해라. 밟아 이까려 수박이고 참외고 다 죽이지 말고"라는 말을 듣는 게릴라로 돌변하게 되지요. 그런 소리를 들었다고 낮에 가서 뻘쭘하게 "수박 주세요"라고 말하겠습니까. 사자가 배고프다고 풀 뜯어 먹는 거 봤어요?

이즈음은 육식의 계절이기도 합니다. 뜯어 먹을 풀이 없으니 고기를 먹어야죠. 수영하기 전에 운동 삼아 뱀, 개구리를 잡아 껍질을 벗기고 말려둡니다. 수영을 하고 돌아와보면 꼬들꼬들하게 말라 있죠. 불을 피우고 이것들을 구워 소금에 찍어 먹었습니다. 아, 이런 짓도 어릴 때나 했지 머리가 크고 나서는 수영을 마치고 닭과 개를 잡아먹었습니다. 여름은 육식을 강요하는 계절입니다.

가을이 되면 다시 순한 초식동물이 됩니다. 가장 신나는 계절이죠. 아마도 모든 이에게 그러했을 겁니다. 논과 밭에선 추수가 한창이고 어린아이들은 산을 누빕니다. 달고 고소하고 새콤한 열매가 산에 가득하고 맛있는 버섯도 많이 피어납니다. 이때는 엄마도 밖으로 나도는 걸 나무라지 않았는데요, 산에서 밤과 도토리, 호두를 주워오고 버섯도 한 부대씩 따왔으니 나무랄 일이 아니었죠.

산에는 맛있는 열매도 많았습니다. 시고 떫었지만 어쩐지 자꾸 손이 가는 똘배, 밍숭맹숭 달착지근한 개불알, 늦가을이 되면 더없이 맛있는 고욤(고욤이란 말도 이제야 알았습니다. 우리끼리 부를 때는 니불알이었습니다), 블루베리를 맛보고 가소롭다 여기며 떠올렸던 정금나무 열매(이것도 이름을 몰랐습니다. 꿩밥이라고 불렀는데) 등이 지천에 널려 있었습니다.

그중 가장 맛있었던 것이 정금나무 열매였습니다. 꿩밥. 블루베리와 모양이 매우 흡사하죠. 맛도 비슷하지만 블루베리는 정금에 비해 맛이

정금나무 열매.

밍숭맹숭해서 가소롭다 여겼던 것입니다. 정금은 시고 단맛이 매우 강해서 아로니아진에 버금가지 않을까 싶기도 합니다.

작은 씨앗이 과일 안에 들어 있지만 딸기 씨 정도의 느낌이어서 먹는데 이물감은 없습니다. 잼으로 만들긴 어렵겠지만 블루베리 대용으로 제과, 제빵에 사용해본다거나 샐러드의 고명으로 이용하면 풍부한 맛을 낼 수 있으리라 생각합니다.

지금까지 독특한 향기와 맛을 가진 야생 산야초에 대한 기억을 더듬어 풀어보았습니다. 어린아이의 입맛이어서 달고 새콤한 것들 위주였지만 매콤한 구기자나 도저히 시어서 먹지 못했던 탱자, 떫었던 산사열매, 나름 괜찮았던 솔잎 등도 좋은 식재료가 될 수 있을 것입니다.

저는 해안가의 낮은 산지에서 유년 시절을 보내 더덕이나 산삼을 찾는 방법이나 고산 지역에 자생하는 다양한 야생초에 대해서는 알지 못합니다.

사실 이런 이야기 백날 해봐야 씨도 안 먹히는 소리라는 거 잘 압니다. 어려서 먹어봤거나 어렴풋이나마 알고 있는 사람들이나 '그래, 그렇지' 하고 고개라도 끄덕일 것입니다. 이런 이야기는 바로 내 옆에 있거나 시장과 마트에 나와야 그제서야 어느 정도 관심을 보일 수 있는 종류의 것이지 산과 들에 지천이라도 뭐가 뭔지 몰라서 못 먹고 마는 것이죠.

『한국의 허브』 『한국의 산야초』 『우리 몸에 좋은 나물 대사전』 등의 책을 보면서 '이런 책들은 백과사전적 의미에서 벗어나지 못하겠구나' 하는 생각이 들었습니다. 실용서가 아닌 기록물. 책을 못 써서가 아니라 책에 나와 있는 풀들을 찾아 나서서 직접 입에 넣어 맛볼 사람이 몇이나 될까 하는 생각에서였습니다. 계속해서 우려가 되면서도 이 글을 써나가는 이유는 '그래도 알고는 있어야 하지 않을까'라는 생각에서입니다.

얼마든지 활용하고 키워볼 만한 풀들이 산과 들에 천지인데 이런 것들에 대해서 까막눈이어서야 되겠나 싶은 마음입니다. 농업의 미래를 걱정하면서 그 대안으로 유기농을 많이들 이야기하는데요, 농지가 아닌 산과 들, 강가로 시선을 조금만 돌리면 농업의 미래가 보인다고 생각합니다.

마당 한 귀퉁이에 궁궁이가 올라와 있어 엄마에게 물었습니다.

"엄마, 이거 뭔지 알어?"

"몰라."

"왜 몰라. 이런 거 안 먹고 살았어?"

"그전이야 숱해 그런 것만 먹고 살었지. 왜 안 먹어."

"근데 왜 몰라."

"그런 거 이름 알고 먹나. 때 되면 나는 거 뜯어 먹고 살었지. 궁둥이라든가 뭐시라든가."

"궁둥이가 아니라 궁궁이 흐흐흐."

"흐흐흐, 그려 궁궁이. 배고프고 먹을 것 없을 때나 그런 것 먹었지. 지금이야 천지가 먹을 것인디 뭣허러 그런 것을 먹겄냐."

그렇습니다. 천지가 먹을 것인 세상입니다. 근천 떨며 이런 것을 찾아 먹지 않아도 먹을 것이 차고 넘치는 세상이죠. 그런데도 새로운 먹을거리가 계속해서 등장합니다. 라임, 허브, 망고, 키위, 탱자(유자), 으름, 다래.

어쩐지 수상하지 않나요? 물론 라임과 허브가 반드시 필요한 칵테일이나 음식이 있죠. 인정은 합니다만 마트의 값비싼 신선 야채 코너에 납득이 가지 않는 가격이 매겨져 자리해 있는 이런 풀들의 값어치를 도저히 인정하고 싶지 않아서 주정 부리듯 구시렁대봅니다.

허브에 대한 좋은 기억도 꺼내볼까요? 후배가 술 한잔 산다면서 서울에 한번 오라기에 어디로 갈까 했더니 가로수길로 오랍디다. 가로수길이라고 해서 가로수가 울창한 줄 알았죠! 아무튼 가로수길에 갔더니 어디 이상한 클럽으로 데리고 가더군요.

제가 생긴 것부터 입는 것까지 상당히 촌스럽습니다. 클럽은 매우 세련된 일렉트로니카 음악을 트는 곳이었는데 물이 아주 좋더군요. 조명이 밝아서 물이 좋아야지만 그곳에 얼굴을 들이밀 수 있겠다 싶었습니다. 후배 말로는 유명한 클럽이라는데 이름을 모르겠어요. 알 만한 사람은 알 것도 같습니다. 음악도 물론 좋았지만 유명한 진짜 이유는 물이 좋아서이지 않겠나 싶습니다. 뻘쭘하게 앉아 있는데 후배 놈이 칵테일을 하나 시켜줍니다.

모히토. 매우 맛있더라고요. 유리컵 바닥에 애플민트를 넉넉하게 깔고 술과 음료를 부은 뒤 숟가락으로 꾹꾹 눌러대더니 사과를 얇게 썰어 위에 올리고는 얼음을 몇 개 띄워주더군요. 너무 맛있어서 석 잔을 맥주 마시듯 꿀꺽꿀꺽 마셨습니다. 주위를 휙 둘러봤더니 남들은 새 물 마시듯 홀짝거리데요. 그래서 "이거 비싸냐? 홀짝거리는 이유가 비싸서냐?"라고 물었다 잠깐 부끄러워지고 말았습니다. 석 잔 비우고 밖으로 나와 개고기집에 가서 소주를 마셨습니다.

아무리 생각해도 별로 좋은 기억은 아닌데도 그 칵테일의 맛이 굉장히 훌륭했기 때문에 좋았던 기억으로 남아 있습니다. 허브를 비아냥거릴 일만은 아니라는 생각과 동시에 들풀로도 멋진 칵테일을 만들 수 있지 않을까 하는 생각도 하게 됩니다. 가령 괭이풀은 애플민트에 버금가는 향기와 새콤한 맛을 지닌 근사한 풀입니다. 괭이풀과 라임을 이용해 칵테일을 만든다면 멋진 맛을 낼 수 있지 않을까 그 맛을 그려봅니다.

앞에서 샐러드를 많이 언급했으니 샐러드드레싱으로 이야기를 마무리하겠습니다. 드레싱을 레시피 그대로 만들어야 한다는 강박을 갖지 말고, 시중에 유통되는 상품의 맛으로만 인식하지 말자는 취지에서 짚고 넘어가겠습니다.

드레싱은 자신이 가지고 있는 재료, 자신이 좋아하는 맛과 향으로 만들면 됩니다. 저는 고소하면서 새콤하고 짭짜름하면서 매콤하고 단맛이 뒤에 남는 드레싱을 좋아합니다.

고소, 새콤, 짭짤, 매콤, 달달.

이 맛을 만들어내는 방법은 다양합니다. 믹서기에 땅콩이 들어 있는 땅콩버터를 한 숟갈 넣고 버터를 녹일 수 있는 올리브유를 조금 넣습니다. 거기에 사과 식초나 발사믹 식초를 약간 넣습니다. 진간장을 첨가해 간과 향을 더하고 소량의 꿀을 넣고 돌립니다. 좀 더 걸쭉했으면 좋겠다 싶으면 계란 노른자를 한 알 분량 넣고 다시 믹서기를 돌립니다. 계란 노른자는 올리브유와 만나 마요네즈처럼 됩니다. 걸쭉해진 드레싱에 매콤한 맛을 더하기 위해 매우 거칠게 간 후추를 넉넉히 넣고 잘 저어줍니다. 뿌려 먹기보다는 오이, 소시지, 구운 고기, 토마토 등을 찍어 먹기에 좋은 드레싱입니다.

이 맛 그대로 깔끔하게 뿌려 먹을 수 있는 드레싱으로도 만들 수 있습니다. 국그릇 크기의 그릇에 레몬즙, 와사비, 꿀, 조개젓국을 조금씩 넣고 잘 저어줍니다. 고소한 맛을 더하기 위해 참기름을 넣거나, 참기름의 향이 너무 강해서 모든 맛을 잡아먹는다 싶으면 해바라기유를 넣어 고소한 맛을 더해주세요. 기름은 다른 재료와 잘 섞이지 않기 때문에 잘 섞이는 재료들을 먼저 섞어주고 마지막에 넣습니다. 여기에 박하 잎을 잘게 다져 넣어주면 박하향이 향긋한 드레싱이 완성됩니다.

이외에도 얼마든지 다양한 재료로 고소, 새콤, 짭짤, 매콤, 달달한 드레싱을 만들 수 있습니다. 들깨, 참깨를 넣거나 탱자즙을 넣거나 까나리

박하.

액젓을 넣거나, 달래나 고춧가루를 넣는 등 본인이 좋아하는 다양한 과일의 즙을 혼합하면 원하는 맛의 드레싱을 만들 수 있습니다.

엄마들이 양념장 만들 때 무슨 공식이 있던가요? 달래 나올 때는 달래를 넣고, 부추 나올 때는 부추를 다져 넣고, 맵게 먹고 싶으면 청양고추를 넣는 식이지 않던가요? 오리엔탈 드레싱이니, 할라피뇨 드레싱이니, 와사비페퍼 드레싱이니 하는 아리송한 이름에 쫄거나 반하지 마시길 바랍니다. 음식은 이름이 아니라 맛입니다.

이 글을 통해 한 가지 당부의 말을 전하고 싶습니다. 요즘은 여가 시간도 많아지고 먹는 것에 대한 인식도 바뀌면서 많은 사람이 산과 들을 찾아 산야초를 채취해갑니다. 이때 한 가지 유념해주셨으면 하는 점이 있습니다. 각자가 먹을 수 있을 정도만 채취해가시길 바랍니다.

아무리 네 것 내 것 구분 없이 산과 들에 피어난 것이라지만 현지에서 코를 박고 살아가는 주민들에겐 그것들이 하나의 생계수단일 수 있습니다. 노인네들이 고사리를 꺾거나 버섯을 따러 산에 올라갔다가 허탕치고 내려와 헛웃음을 짓는 경우를 종종 보게 됩니다.

밤이나 도토리를 주워가지 말라는 말에서 시작해 싸움으로 번지는 경우도 봅니다. 아무리 좋게 보려 해도 근천 떠는 짓입니다. 적당한 양을 고려하시길 바랍니다.

아홉. 마늘

맵고 단단한 마늘씨 한 알

이제부터는 대표적인 향신료인 마늘, 파, 생강에 대해 이야기해보겠습니다. 고추는 고추장 편에서 이야기했으니 그것으로 갈음하겠습니다.

지난주에 시골집에 가서 늦은 마늘을 수확했습니다. 늦은 마늘은 한지형 마늘 혹은 육쪽마늘이라 부릅니다. 군산은 그다지 춥지도, 그렇다고 따뜻하지도 않은 지역이어서 한지형 마늘과 난지형 마늘을 모두 재배합니다. 난지형 마늘은 수확이 빨라 '이른 마늘', 한지형 마늘은 수확이 늦어 '늦은 마늘'이라고 부릅니다.

군위, 의성, 안동을 연결하는 중앙고속도로변에는 넓디넓은 마늘밭이 펼쳐지는데 이곳에서 생산되는 마늘이 한지형 마늘, 즉 '의성육쪽마늘'입니다.

한지형 마늘은 말 그대로 추운 곳에서 자라는 마늘입니다. 내륙 산간의 추위에서도 겨울을 이겨낼 수 있는 녀석이지만 겨울이 되기 전에 싹을 틔우면 얼어 죽을 수도 있습니다. 그래서 싹을 틔우지 못하게 10~11월경에 마늘을

육쪽마늘의 단면.

심고 볏짚을 덮고 왕골겨를 뿌려 얼지 않고 월동하도록 도와줍니다.

마늘은 월동해야만 생장이 촉진되어 씨앗을 맺는 특성이 있습니다. 그래서 한지형이든 난지형이든 일단 추위를 타게 만듭니다. 이런 유의 작물이 몇 가지 있는데, 대표적으로 보리와 밤이 그렇습니다.

보리는 벼를 수확하고 늦가을에 파종합니다. 겨울이 되기 전에 꽁알꽁알 손가락 한 마디만 한 보리 싹이 올라오는데 눈 맞고 찬바람 맞아도 이 어린 것이 죽지 않고 겨울을 견뎌내죠. 섣달 보름이 지나 봄기운이 어설피 보일 때 보리밟기라는 것을 했습니다. 땅이 얼면서 부풀어 올라 보리 뿌리가 땅에 닿지 못해 쩔쩔매니 그것을 밟아 뿌리가 땅에 닿게 해주는 것이었죠.

어린 마음에 이것들을 밟으면 죽지 않으려나 하고 밟으면서도 할매한테 "안 죽어? 안 죽어?" 물으면 "보리는 작신작신 밟어줘야 좋다고 헌단다"라며 피식피식 웃었던 기억도 나네요. 이렇듯 보리는 모진 추위도 견

보리밭.

디고 발매도 견뎌내어 봄이 되면 뭉클한 초록바다를 만들어 냅니다.

밤도 나무로 키워내려면 추위를 타야 합니다. 이런 경우를 본 적이 있을 겁니다. 마늘이나 밤을 따뜻한 곳에 그대로 두면 싹이 나지 않고 우두커니 잘 있는데 냉장고에 들어갔다 나오기만 하면 이것들이 꼼지락꼼지락 싹을 틔워내거든요. 이들 유전자에 그러라고 새겨져 있나 봅니다. 싹이 났어도 독성도 없고 상한 것도 아니니 버리지 말고 잘 다져서 드시길 바랍니다. 마늘 싹 맛이 의외로 괜찮습니다.

마늘밭.

다시 육쪽마늘로 돌아와서, 이렇게 늦가을, 초겨울에 마늘을 심어두면 이듬해 봄에 싹이 올라옵니다. 4월경이 되면 대파는 뻣뻣해지고 마늘대(풋마늘)는 보들보들하니 맛있을 때여서 이즈음 시장에 나가면 마늘대를 만날 수 있습니다. 마늘대는 된장, 고추장에 찍어 먹어도 맛이 좋지만 큼직큼직하게 썰어 회무침에 넣어 무쳐 먹으면 아삭하게 씹히는 맛이 일품입니다. 마늘대는 봄철 외에는 맛볼 수 없으니 4월경에는 잊지 말고 마늘대를 드시길 바랍니다.

난지형 마늘은 4월부터 마늘종이 나오기 시작하고 한지형 마늘은 5월경에 마늘종이 나오기 시작합니다. 마늘종은 마늘의 꽃대입니다.

싹이 난 마늘과 마늘대.

마늘에도 꽃이 핍니다. 보통 꽃이 피기 전에 마늘종을 뽑아내기 때문에 마늘 꽃을 보기 어렵습니다만 마늘종을 뽑지 않고 그대로 두면 꽃을 피워내고 얼마 후에 열매를 맺습니다.

이 열매를 '마늘씨'와 구분하기 쉽게 '마늘 씨앗'이라고 부르겠습니다. 마늘종을 뽑는 이유는 땅 아래 마늘을 더욱 살찌우기 위해서입니다. 어떤 식물이든 꽃을 피우고 열매를 맺게 하는 데 온 정성을 쏟기 마련입니다. 마늘도 꽃대를 올려 꽃을 피우고 열매를 맺게 하려고 모든 에너지를 그곳에 쏟아붓기 때문에 마늘종을 뽑아주지 않으면 마늘이 크게 영글지 못합니다. 간장에 볶은 마늘종과 마늘종장아찌는 봄철 흔하게 맛볼 수 있는 좋은 반찬입니다.

마늘이 크게 영글지 않는다고 해서 모든 마늘의 마늘종을 뽑아내는

장아찌로 많이 해 먹는 마늘종과 마늘종에서 맺은 열매인 마늘 씨앗.

것은 아닙니다. 튼실한 몇 대의 마늘은 꽃을 피워 열매를 맺도록 내버려 두죠. 그러면 40~50알 정도의 마늘 씨앗이 맺힙니다.

사진은 마늘종에서 맺은 마늘 씨앗과 그 씨앗을 털어낸 모습입니다. 크기는 보리알보다 조금 큽니다. 이 낱알 하나하나가 전부 마늘입니다. 맛도 마늘과 전혀 다르지 않습니다. 하지만 이 작은 마늘의 껍질을 벗겨 먹기는 좀 곤란하겠죠.

이것은 말 그대로 씨앗입니다. 이 작은 씨앗을 심으면 이듬해 외마늘이 생겨납니다. 쪽이 나뉘지 않고 마늘 하나만 맺기 때문에 외마늘이라고 부릅니다. 혹은 알밤처럼 생겼다고 해서 알마늘이라고도 부릅니다. 참 귀엽게 생겼죠.

외마늘은 모양도 예쁘고 까먹기도 편리합니다. 게다가 맛도 좋습니다.

외마늘은 씨앗에서만 나오는 것이 아니라 생장 환경이 좋지 않거나 땅에 심은 마늘씨가 작을 때 쪽을 나누지 않고 자라나서 생기기도 합니다.

이렇게 자라난 외마늘을 가을에 다시 심습니다. 그러면 이듬해 쪽을 나눈 마늘로 자랍니다. 이렇게 마늘 씨앗을 심어 육쪽마늘로 키워내려면 2~3년의 시간이 필요합니다. 더디고 수확량도 적어서 마늘 씨앗을 심기보다는 다 자란 마늘씨를 심어 바로 육쪽마늘로 키워내는 경우가 대부분입니다.

하지만 종을 오랫동안 보전하고 싶다면 튼실한 마늘 몇 대 정도는 마늘종을 뽑지 않고 씨앗을 받아 그것을 2~3년에 걸쳐 길러내는 것이 옳은 방법입니다. 저희 엄마는 그런 식으로 오랫동안 마늘을 재배해왔습니다. 마늘 종자를 사다 심은 기억은 없는 것으로 봐서 적어도 30년 이상은 종을 유지해온 듯합니다. 그래서 그런지 마늘이 독하지 않고 약간의 단맛을 내기도 합니다. 그래서 엄마의 마늘은 날것으로 먹기에 좋습니다. 김치, 물김치를 담갔을 때도 감칠맛을 더해주고 냉국에 넣어도 향긋하게 먹을 수 있습니다. 고기를 먹을 때 한 알씩 얹어 먹어도 부담스럽지 않지요.

종종 식당에서 통마늘을 씹었다 죽을 고비를 넘긴 경험이 몇 번 있는데 이는 중국산 마늘이었습니다. 중국 마늘은 씨알이 굵고 매운맛과 향이 강합니다. 날로 먹기에는 좋지 않지만 조리를 할 때는 좋은 향과 맛을 냅니다. 특히 고기 요리를 할 때나 볶음 요리를 할 때 누린내를 잡고 싶다면 중국 마늘이 좋습니다.

껍질이 붙어 있는 것과 껍질을 깐 외마늘.

중국산 마늘이라고 타박만 하지 말고 용도에 맞게 사용한다면 좋은 식재료가 될 수 있습니다. 비난의 대상이 되는 이유는 얄팍한 돈 욕심 때문일테고, 그 중심에는 한국 수입업자들이 있다는 것은 공공연한 비밀입니다. 중국산은 무조건 '맛없다'가 아니라 중국산은 '우리 입맛에 맞지 않는다'고 말하는 게 옳은 표현일 듯싶습니다.

중국에서 농사짓다 한국으로 건너온 아주머니가 가슴을 치고 언성을 높이며 했던 말이 귓가에 맴돕니다.

"중궈 농민들, 얼마나 고생해서 농사짓는지 아나. 땅도 이 조선 땅하곤 달라서 얼마나 검고 좋은데. 그 땅에서 난 배추는 어린 아새끼만 해. 얼마나 알차고 아삭아삭한데. 무는 또 어떻고. 저저저 총각 허벅지만은 할 것이네.(나를 보고 한 말임.) 고것도 얼마나 달고 맛있는데. 아니, 고론데 이놈들이 뭔 지랄을 하는지 그 좋은 배추가 요기로 오기만 하면 퍼석퍼석하니 누리끼리해. 고 지랄하는 아새끼들은 중국 같았으면 바로 사형이라.(조선족이나 중국 사람들하고 지내다 보면 사형 이야기를 상당히 많이 합니다.) 중국산, 중국산 하지 말고 당신네 놈들부터 잡어서 모가지를 따란 말이오!"

식겁하기도 했고 틀린 말도 아니어서 고개만 주억거렸습니다.

어쨌든 한지형 마늘은 위와 같은 생장 과정을 거쳐 수확하고 난지형 마늘은 한지형 마늘에 비해 한 달 정도 미리 심고 한 달 정도 미리 수확합니다. 지난주에 육쪽마늘을 수확했으니 한 달 전에는 난지형 마늘을 수확했겠죠. 난지형 마늘은 따뜻한 곳에서 잘 자라는 마늘입니다. 그래서 전라, 경남 지역과 서해안 일대에서 많이 재배됩니다.

난지형 마늘은 한지형 마늘에 비해 쪽수도 많고 크기도 커서 우리나라 마늘 생산의 80퍼센트 이상을 차지한다는군요. 하지만 확실히 맛에서는 육쪽마늘에 뒤처지는 것이 사실입니다. 난지형 마늘은 10월경에 땅에 심으면 밤에는 춥고 낮에는 따뜻하니 겨울이 되기 전에 싹을 틔웁니다. 이렇게 싹을 틔운 상태로 보리처럼 겨울을 나고 봄이 되면 줄기를 뻗어나가 마늘을 키워냅니다.

사진에서 보듯 난지형 마늘은 육쪽마늘에 비해 통이 큽니다. 수확량에서 확실한 차이를 보이기 때문에 우리 집에서는 육쪽마늘은 조금 심고 난지형 마늘은 많이 심습니다.

여기서 한 가지, 육쪽마늘이라고 모두 여섯 쪽인 것은 아닙니다. 다섯도 있고 일곱도 있지요. 한지형과 난지형은 배열을 확인하면 금세 구분할 수 있습니다. 한지형 마늘은 마늘대를 중심으로 빙 둘러 하나의 배열로 되어 있지만, 난지형 마늘은 틈틈이 제멋대로 박혀 있습니다. 육쪽이라고 샀다가 다섯 개만 들어 있는 것을 보고 너무 서운해하진 마세요.

수확한 마늘은 잘 말려야 상품이 됩니다. 마늘, 양파, 락교를 만드는

한지형 마늘(육쪽마늘)과 난지형 마늘 단면 비교.

난지형 마늘.

파씨는 말리는 과정에서 단단히 여뭅니다. 막 밭에서 캐낸 마늘을 까보면 양파처럼 겹겹이 나눠지지만 말리는 과정에서 하나로 단단히 합쳐집니다.

마늘을 막 수확해 말리기 시작할 때는 햇볕에 널어 줄기가 바삭바삭해질 때까지 말려줘야 합니다. 그렇지 않고 대충 말려 마늘 사이에 박혀 있는 마늘대가 마르지 않으면 아까운 마늘을 썩히는 거죠.

그렇다고 계속 햇볕에만 널어둬도 곤란합니다. 너무 오래 볕을 쪼이면 마늘이 익고 시간이 지나 김장철에 마늘을 까보면 누렇게 말라 있는 것을 볼 수 있습니다.

그러니 5일에서 7일 정도 볕에 말린 마늘을 그늘지고 바람 잘 통하는 처마 밑에 걸어두고 보관하는 것이 가장 좋은 방법입니다. 처마가 없는 집은 마늘대는 잘라내고 마늘만 양파망에 담아 대롱대롱 매달아두면 김장철까지는 무난히 보관할 수 있습니다. 앞에서도 말했듯이 마늘은 추위를 타고 나면 싹을 틔우기 때문에 냉장고에 보관하는 것은 좋지

마늘을 말리는 모습.

않습니다.

마늘이 한창 출하되는 5월, 시장에 나가면 말리지 않은 마늘을 구입할 수 있습니다. 말리는 수고를 덜었기 때문에 값은 저렴합니다. 이 마늘을 구입해 잘 말려서 응달에 걸어두면 잡것도 물리치고 신선한 마늘도 1년 내내 맛볼 수 있을 것입니다.

열. 파

"핫따, 맵쌀허고 달착지근허니 맛나다"

봄기운이 콧잔등에 묻는다 싶을 무렵 남도에 내려가면 훈훈함이 느껴지고 춥지 않은 바람을 맞을 수 있습니다. 그래서 남도구나! 이 바람을 맞으며 남도의 끄트머리 진도에 들어서면 넓은 초록 들판을 만나는데, 바로 파밭입니다.

언제부터 진도의 대파가 유명세를 타게 되었는지는 모르겠지만 제가 진도의 겨울 대파를 반드시 맛봐야겠다고 다짐했던 이유는 김훈 선생의

글에서 읽은 몇 마디 글귀 때문이었습니다.

"이 무렵 진도의 대파는 날로 먹어도 달고 맛있다."

달랑 이 말 하나를 들고 진도를 찾았습니다. 아무런 정보도 없이 진도에 들어서 파밭 인근 식당에 무턱대고 들어갔습니다.

"밥 주세요."

"혼자?"

"네. 혼자."

왜 혼자냐고 묻는지 알겠더군요. 둘이 먹어도 다 못 먹을 만큼 차려 내주는데 허튼 반찬 없이 입에 잘 맞고 맛이 아주 좋았습니다. 그 밥상 한 켠에 생대파가 있었습니다. 엄지손가락 굵기만 한 대파의 하얀 밑동을 잘라 접시에 담아 내주더군요. 몇 가지 젓갈과 된장이 함께 나왔는데 갈치속젓에 대파를 찍어 먹으니 알싸하게 맵고 달달한 뒷맛이 향긋하니 좋았습니다.

이것 맛보러 진도에 왔다고 주인 아주머니에게 말했더니, 사실 막걸리 먹을 때 안주 없이 먹기 뭐해 술안주로나 먹었던 것인데 육지 사람들이 그것을 좋아해서 밥상에도 올리기 시작했다고 이야기해주었습니다. 밥 잘 먹고 나와 진도를 그냥 빠져나올 수 없어 운림산방에 들렀지만 기억에 남는 건 운림산방의 초가집 한 채와 대파의 맛뿐이었습니다.

이렇게 진도에 다녀와 저의 대표작이라고 할 수 있는 대파전이 탄생했습니다. 생으로 먹어도 이리 달고 맛난데 전을 하면 또 얼마나 맛날까 만들어봤지요.

진도에 다녀오기 얼마 전 전주의 유명한 한정식집에서 철질(지짐)을 담당하며 오랫동안 일을 했습니다. 밤 시간에 술안주로 파전 주문이 많

이 들어오는 곳이었는데 하룻밤 사오십 장의 파전을 부쳐내는 일을 오래 하다 보니 파전의 달인이 되어 있었던 거죠.

가을, 겨울에는 중파, 봄에는 쪽파, 여름에는 실파로 파전을 만들었는데 얇은 파보다는 두꺼운 파로 하는 것이 맛이 좋았고 겨울에 나는 파로 파전을 할 때 가장 맛이 좋다는 것도 알게 되었습니다. 한정식집에서 배운 반죽법과 진도에서 맛본 겨울 대파의 단맛이 어우러진 대파전은 겨울철 가장 맛있고 훌륭한 술안주입니다.

계절에 따라 활용 방법이 달라지는 파는 재배 과정을 이해해야 철에 따라 제대로 음식에 활용할 수 있으니 재배 과정을 통해 파를 알아봅시다.

겨울을 이겨낸 파는 4월이 되면 꽃을 피웁니다. 이때 파는 겨울을 이겨낸 힘으로 몸집을 불리는데, 두껍고 단단합니다. 파 안에 액즙이 많이 담겨 있긴 하지만 이때의 파는 질기고 맛도 독해서 대파로서의 가치를 잃은 하품下品입니다. 하지만 꽃만 잘라내면 보기에는 매우 좋아 보입니다.

1미터 가까이 되는 억세고 단단한 대파는 주로 어디에 쓰일까요?

바로 파 후레이크입니다. 소출량으로 봤을 때 가장 많은 양을 만들어내기 때문에 다져서 냉동 건조시켰을 때 가장 많은 양을 만들어낼 수 있는 파가 후레이크를 만들기에 최고인 것이죠!

간혹 라면을 먹다 파를 씹었는데 이게 나뭇잎인가 하고 뱉어볼 때가 있습니다. 파이긴 파더군요. 4월 말, 5월 초의 파는 그냥 꽃을 피우게 내버려두는 것이 상책입니다. 마늘 편에서 말했듯이 이때는 마늘대(풋마늘)를 드시면 됩니다.

꽃을 피우고 한 달여가 지나면 파씨가 생깁니다. 파씨도 마늘처럼 쪽파의 '파씨'와 구분짓기 위해 '대파씨'라고 부르겠습니다. 파 꽃봉오리에 대파 씨앗 200여 개가 맺힙니다. 깨알보다 작은 까만색 대파 씨앗을 잘 말려 털어내면 마치 흑임자처럼 보이지만 모양은 흑임자와 달리 납작하고 동그랗습니다.

영화 「아멜리에」를 보면 아멜리에가 주인 없는 야채가게에서 콩주머

대파씨(왼쪽)와 참깨 비교.

니에 손을 밀어 넣는 놀이를 하잖아요.

이 장면을 보면서 '저것들도 저러고 노는구나' 하고 키득키득 웃었던 기억이 나는데 곡물이나 씨앗을 탈곡해 모아두면 이상하게 꼭 손을 넣어보고 싶어집니다. 혹시 안 해보신 분이 있다면 꼭 해보시길. 곡물마다 그 느낌이 다른데, 당장 할 게 없다면 쌀통에 손을 밀어 넣어보세요. 대파씨의 느낌은 여느 곡물들하고는 사뭇 다릅니다. 열매가 납작해서 손가락 사이로 비집고 들어오는 느낌이 간질간질합니다.

대파씨를 꽃에서 털어내 잘 말리고 나면 바로 파종할 수 있습니다. 시기도 파종하기에 좋은 5월 중순이죠. 파종할 때는 좁은 밭에 씨를 촘촘히 흩뿌리고 그 위에 얇게 흙을 덮어줍니다. 이렇게 하면 얼마 지나지 않아 '토토로'의 밭처럼 빼곡하게 실파들이 자라 올라옵니다.

올봄에 사진을 찍어두지 않아 보여드리지 못해 아쉽지만 매해 파밭을 보면 토토로의 밭을 떠올리지 않을 수 없더군요. 정말 귀엽고 예쁜 파순이 파릇파릇 올라옵니다.

일본에서는 이렇게 자란 어린 실파를 많이 사용합니다. 살짝 데쳐 초밥에 얹거나 구이요리의 바닥에 깔아 모양도 살리고 구이와 함께 먹으면 맛과 향을 더하기도 합니다.

한국에서는 이렇게 어린 실파는 별로 사용하지 않고 조금 더 자란 실파로 김치를 담가 먹거나 여러 가지 양념에 사용합니다. 이때 담근 파김치는 라면 먹을 때 절대적인 존재죠. 어떤 영문인지는 모르겠지만 파와 밀가루는 환상적인 궁합을 자랑하지요. 파김치만 있으면 라면이 주식이 됩니다.

5월에 파종한 파는 6월에 이식합니다. 빼곡하게 심은 파를 옮겨 심지 않으면 모두 말라 죽거나 쭉정이가 되고 맙니다. 벼나 마찬가지죠. 말하자면 '파 모내기'입니다.

마늘 편에서 한지형 마늘을 6월에 수확한다고 했습니다. 마늘을 수확한 자리에 파를 옮겨 심습니다. 5월에 수확한 난지형 마늘 자리에는 참깨가 한창 기를 펴고 있습니다. 마늘을 캐내고 쇠스랑으로 땅을 파고 이랑을 돋워 올립니다. 고추, 감자, 가지 등 대부분의 작물은 이랑의 봉우리를

파고 그곳에 묘목을 이식하는 반면 파는 이랑과 이랑 사이에 이식합니다.

이랑의 오목한 곳에 파를 심는 이유는 한여름 동안 바람을 피하려는 이유도 있지만 겨울나기를 준비할 때 이랑을 헐어 파의 줄기를 덮어주기 위함입니다. 이랑 사이사이에 파 묘목을 4~5개 정도 한 묶음으로 가지런히 심어줍니다.

이렇게 파를 이식하고 나면 고민에 빠지게 됩니다. 6월 말부터 가을에 이르는 기간에는 병충해가 극심합니다. 파도 병충해를 피해갈 수 없죠. 파는 고추 다음으로 병충해를 많이 입는 작물입니다. 살충제를 뿌리지 않으면 한 줄기도 빠짐없이 파밤나방이 알을 낳거나 진딧물이 진을 칩니다. 가장 큰 문제는 파밤나방의 알입니다. 파 표면에 나방이 알을 낳으면 알을 까고 나온 파밤나방의 유충이 파를 뚫고 들어가 성충이 될 때까지 먹고 마시고 까불다 보니 잎마름병에 걸려버립니다. 이렇게 되면 상품으로서의 가치를 잃게 됩니다. 그렇다고 파가 죽는 것도 아닙니다. 겉으로 보기에는 먹을 수 있어 보입니다. 단지 상품성이 떨어지는 것이죠.

그렇다면 어떻게 해야 할까요. 안으로 들어간 유충은 잡아낼 길이 없으니 말입니다. 색깔도 파와 같은 초록색 애벌레이니 파와 구분하기 어렵기도 하고, 뭐 그냥 잘 다져 국에 넣고 먹어야 할까요? 먹는 방법이야 소비자에게 달려 있지만 농작물을 생산해서 판매하는 농민들에게는 생계의 문제입니다.

완주군 용진면은 상추로 유명한 곳입니다. 상추를 곱게 따서 박스에 담아 가락동으로 올려 보내면 다음 날 새벽 경매가 이뤄집니다. 아침 6시면 경매가를 알리는 전화가 걸려오죠. A급 한 상자에 3만 원이라고 할 때 B급은 2만 원입니다. 그런데 A급과 B급을 판정하는 기준이 오묘합니다.

이른 아침부터 아저씨와 아주머니의 언성이 높아집니다.

"아니, 상추 딸 때 그렇게 흙 좀 잘 털어서 따라고 말을 혀도 왜 그렇게 말을 안 들어!"

"뭔 흙이 묻었다고 그런댜?"

"흙 묻었다고 B 받았다잖여. B! 니미럴. 그노메 흙 좀 묻었다고 B가 뭐여 B가!"

최상품으로 올려보낸 상추에 흙이 묻어 B급을 받은 겁니다. 경매할 때 전량을 개봉하는 것이 아니라 생산자별로 한 박스씩만 개봉해 경매에 붙이기 때문에 나머지 박스에 흙이 묻었든 말든 모두 B입니다. 일은 손에 안 잡히고 막걸리는 당기고 개하고 시비 붙고 싶은 마음이 생기기 마련입니다. 상추에 흙 좀 묻었다고 B인데 잎마름병에 걸린 파는 어떨까요? C? D?

무엇을 개선해야 올바른 농업이 될지 모를 일입니다. 최근에 판매되는 농약은 중금속 성분도 덜 들어가고 친환경적으로 만든다지만 신뢰 수준은 미약합니다. 신뢰의 문제만도 아닙니다. '친환경'이라니요, '친인간'이겠지요.

살충제는 잎마름병을 일으키는 파밤나방의 유충만 죽이는 것이 아닙니다. 그 일대에 살아 있는 모든 벌레를 죽이는 것이죠. 파에 아무런 해를 입히지 않는 지렁이, 쥐며느리까지 죽입니다. 어떻게 해야 할까요? 모순의 극치입니다.

유기농 제품을 고집하자니 소비자는 가난합니다. 많은 사람이 유기농을 대안으로 제시하지만 서민들에게 유기농은 사치품에 불과합니다. 생산자인 농민의 입장은 어떨까요. 유기농법으로 농사를 지으라굽쇼? 젊은이 하나 없는 시골에서 20킬로그램 퇴비 한 포대도 들마시 하기 힘들어 주말에 자식들 오기만 눈 빠지게 기다립니다. 땅에 코를 박고 잡초를 매는 일이야 평생을 해온 일이라 치더라도 지심을 길러 작물의 면역력을 높이자는 말은 늙은 농민들에게는 공염불에 지나지 않습니다.

이런 와중에 의미 있는 변화도 일어나고는 있습니다. 몇 해 전까지만 해도 화학비료와 생석회를 밭에 뿌려 농사를 지었지만 최근에는 음식물 발효퇴비나 닭똥퇴비를 많이 사용합니다. 특히 농민들 사이에서 닭똥이 최고라는 말이 입에서 입으로 전해지면서 봄철에는 대부분의 농가에서 닭똥을 밭에 미리 뿌리고 농사를 시작합니다.

조류는 기본적으로 석회질을 섭취해야 건강한 알을 낳고 깃털과 뼈를 튼튼히 할 수 있습니다. 그래서 닭 사료에는 조개껍데기와 같은 석회질이 포함되어 있고 따라서 그것을 소화시킨 닭똥에는 석회질이 풍부합니다. 그렇기에 독성이 강한 생석회 대신 닭똥을 뿌리면 토양을 온전하게 알칼리성으로 바꿀 수 있는 것이죠. 게다가 닭의 분뇨는 인과 질소가 다량 함유되어 있어 화학비료를 따로 주지 않아도 자연히 그 역할을 하게 됩니다.

닭똥이 훌륭한 퇴비라는 이야기는 1990년대 중반부터 많이 있어왔지만 일반적으로 사용되기 시작한 것은 2000년대 후반부터입니다. 이미 1990년대부터 농업진흥청은 닭똥을 퇴비로 활용하기 위한 노력을 했었는데 처음에는 농민들에게 씨알도 먹히지 않았습니다. 왜일까요?

농민들이 그들의 말을 신뢰하지 않았기 때문이지 않을까요? 새로 만든 좋은 씨앗이라고 홍보는 유별나게 했지만 막상 논에 심어놨더니 별것도 아닌 바람에 픽픽 넘어져 농사를 망쳤는데도 보상은커녕 잘못했다

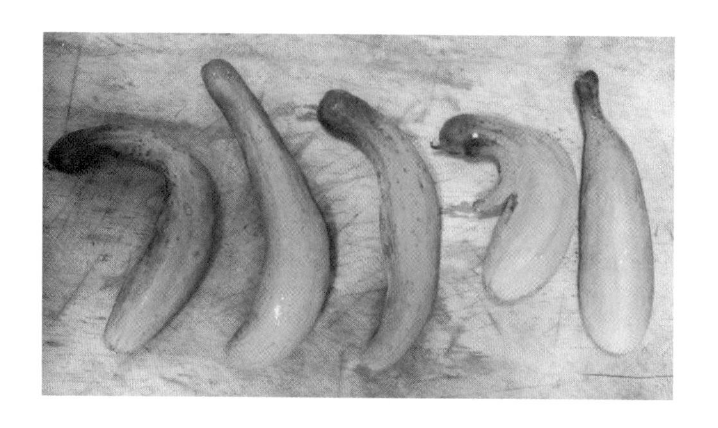

는 소리 한마디 없었습니다.

지금이라고 다를까요? 지난주에 시골집 오이밭에 갔더니 열려 있는 백오이가 하나같이 형편없었습니다. 오이가 왜 다 이 모양이냐고 엄마에게 물었더니 같은 묘목 사다 심은 집들은 하나같이 그 모양이라더군요. 오이 묘목이 10개 정도라면 잘났네 못났네 할 것 없이 뽑아내고 다시 심으면 그만이지만 오이 농사를 전업으로 삼고 100개, 1000개씩 사다 심는 전업농들에게는 불벼락이 떨어질 일입니다.

"어매, 살다 이런 꼴 얼매나 봤소?"

"오이뿐이냐. 고추가 그 모양인 해도 있었고, 옥수수가 그런 해도 있고, 어느 해인가는 메주콩 종자를 죄다 쥐가 파먹어서 사다 심었더니 깡탱이뿐인 해도 있었어."

"그렇게 됐을 때 누가 와서 미안하단 소리 한마디라도 하던가?"

"어느 시래비 아덜놈이 와서 미안하단 소릴 하냐. 그거 사다 심은 나나 폭폭하고(속상하고) 말지."

농사가 무슨 베타테스트도 아니고 농민들이 실험 대상도 아닌데 매번 이런 일을 겪고도 사과의 말 하나 없는 그들을 어떻게 신뢰할 수 있을까요. 농림부나 농진청의 관리들은 농민들의 신뢰를 더 이상 잃지 않길 바랍니다. 투명성을 강조하는 이유는 서로 간의 신뢰를 쌓아 그들이 주장하는 선진화된 정책을 시민들이 따르고 공감하게 하기 위함일 텐데 그토록 불투명하고 불공정해서야 누가 그 말을 믿고 새로운 시도를 모색할 수 있겠습니까. 아직 시도되지 않았지만 눈에 띄는 성과를 보일지도 모를 연구 결과가 그들 책상 위 A4 용지 더미에 가득할 것입니다.

그들이 노력한 연구에 대한 결실은 결국 신뢰가 쌓여야 가능할 것입니다. 그렇지 않고서야 '시래비 아덜놈' 소리를 내일도 듣게 될 것입니다. 새로운 농법을 받아들이는 것은 1년 농사를 건 도박입니다. 따라서 농사는 보수적일 수밖에 없습니다. 실천적인 자세로 몸소 신뢰를 쌓으십시오.

다시 파로 돌아가서 이야기하겠습니다.

농약을 주고 풀을 매주고 이랑에 거름을 주고 키우면 추석 무렵에 중파로 자랍니다. 중파는 추석에 산적용으로 많이 팔리기 때문에 이 시기를 목표로 파를 키워온 것입니다. 파는 생장 환경에 크게 제약을 받지 않는 작물이기 때문에 봄철에 일찍 씨를 뿌려 여름에 대파를 키워내기도 하지만 중파의 소비 시기를 고려해 5월에 파종하는 것입니다. 추석 이후 대파의 수요가 많아지는 김장철까지 중파를 대파로 키워냅니다.

음력 7월 초가 되면 쪽파를 심습니다. 마늘과 비슷한 모양을 하고 있는 파씨를 심어 쪽파를 얻습니다. 파씨를 심으면 마늘처럼 쪽을 나누면서 자라는데, 파씨 하나를 심었을 때 7~10개의 쪽으로 나뉩니다. 12월 김장철이 되면 쪽파도 20~30센티미터 정도로 자라납니다. 쪽파는 대파와 함께 김장 김치의 맛을 살리는 데 주요한 역할을 합니다.

일본에서는 쪽파보다는 실파를 많이 먹고 쪽파의 잎보다는 파씨를 락교로 만들어 먹습니다. 락교는 한마디로 '파씨 피클'입니다. 피클을 담글 때처럼 피클링 스파이스를 넣어 만들어도 좋고 전통적인 방식으로 식초와 설탕, 소금으로만 만들어도 맛이 좋습니다. 일식집에 가면 가장 흔히 볼 수 있는 반찬이죠. 피클과 초절임에 대해서는 기회가 되면 다시 이야기하겠습니다.

쪽파 또한 대파와 마찬가지로 어느 때 심어도 잘 자라지만, 음력 7월에 심는 이유는 김장철의 수요를 예상하기 때문입니다. 시장에 나가보면 대파, 쪽파는 사철 만날 수 있습니다. 특히 11~12월에는 많은 농가에서 김장철에 대비해 재배하기 때문에 가장 많이 출하되고 값도 저렴합니다.

한국에서 주로 사용하는 파는 대파와 쪽파 두 가지입니다만, 우리가 차이브라고 부르는 허브도 파의 일종입니다. 우리말로 '산파'입니다. 파는 주로 동아시아 3국에서 식용된다고 알려져 있지만 대파와 쪽파를 이

쪽파씨.

쪽파는 대파와 달리 가늘고 뿌리 부분이 뭉툭합니다.
뭉툭한 뿌리는 봄이 되면 마늘처럼 하나의 파씨가 됩니다.

차이브(산파).

르는 말이지 동아시아 3국을 제외한 나라들에서는 차이브를 파 대신에 사용합니다. 차이브는 우리 정서와 입맛에 맞지 않아 먹지 않았던 것뿐이지 산에서 종종 만날 수 있는 산채 중 하나입니다.

저는 달래와 차이브의 맛이 비슷하다고 생각하면서도 달래는 좋아하고 차이브는 싫어하는 제 입맛이 이상하다 싶을 때가 많았습니다.

파는 주로 줄기와 잎만을 식용으로 사용하지만 파뿌리도 버리지 않고 모아두면 고기의 누린내나 생선의 비린내를 잡는 데 탁월합니다. 고기 삶을 때나 멸치 다시 국물을 낼 때 생파 뿌리를 바로 넣으면 잡내를 잡는 데 탁월하고 파뿌리를 잘 말려 가루로 만들어 고기를 요리할 때 넣어도 좋습니다.

김장철에 대파를 사용하고 나면 이랑의 흙을 내려 파의 줄기를 덮어줍니다. 겨울을 나며 얼어 죽지 않게 하기 위해서죠. 한겨울에 파밭을 보면 땅이 꽁꽁 얼었는데도 흙 밖으로 손가락만 한 초록 잎을 건사하고, 흙 아래로는 하얗고 건실한 줄기를 동토에 묻고 추위를 견뎌내고 있습니다.

동토를 견뎌내고 봄을 기다리는 녀석으로 파만 있는 것은 아닙니다. 김장철 포기가 잘 든 배추는 김장 김치를 담그는 데 사용하지만 포기가 차지 않고 잎이 벌어진 녀석들은 버림받습니다. 대파도 마찬가지로 굵고 실한 놈들은 초겨울에 김장 김치로 활용되지만 별 볼 일 없는 녀석들은 밭에 남겨지게 됩니다. 배추와 파 옆에서 버림받은 시금치도 땅에 찰싹 달라붙어 온몸으로 겨울을 견뎌냅니다. 바로 이 배추가 봄동이고, 알싸한 겨울파이고 달달한 노지시금치입니다.

겨울철 노지파, 노지배추, 노지시금치는 생긴 것부터가 비닐하우스에서 재배되어나온 녀석들과는 확연히 다릅니다. 노지파는 파란 잎이 짧고 하얀 줄기가 길고 굵습니다. 노지배추인 봄동은 하우스 봄동에 비해 붉은빛을 띱니다. 노지시금치는 땅바닥에 낮게 깔려 자라 넓고 동그랗게 잎을 펼치고 있고, 색은 봄동과 비슷하게 붉은빛을 띱니다.

이렇게 추위를 견딘 녀석들은 달고 아삭합니다. 이럴 때 사람의 혓바닥은 참으로 간사하다는 생각이 듭니다. 어찌 그렇게 독하게 견뎌낸 녀

위에서부터 순서대로 노지파, 노지시금치, 봄동(노지배추).

석들을 달게 먹는 것인지 하고 말입니다. 이 달고 맛있는 것들은 설날이 되면 전과 나물, 겉절이로 밥상에 오릅니다.

어찌어찌 알게 된 탈북자 형을 볼 때마다 겨울파가 생각나서 "형은 겨울파나 봄동 같은 사람이오"라고 말할 때가 있습니다. 그러면 그 형은 "나는 자유를 찾아 목숨을 걸고 눈 덮인 백두산을 넘어왔으니 이제는 야자수라 불러다오"라나 뭐라나. 눈빛만 봐도 독기가 넘쳐흘러 범접하기조차 힘든 사람이, 겨우 술이나 한잔 주고받아야 달달하다 싶은 사람이 무슨 야자수? 겨울파처럼 굳건히 이 땅에서 살아가시라.

늦가을부터 초봄까지 생산되는 노지채소들은 농약 걱정을 하지 않아도 되니 안심하고 드셔도 좋습니다. 날것을 거리낌 없이 먹을 수 있는 겨울은 이 시대를 사는 사람들에게 풍요의 계절인가 봅니다. 눈이 시리게 푸른 여름에 겨울을 찬미하는 몽매한 시절입니다.

외전外傳

알레르기와 식재료

어느 날 잠에서 깨어났을 때 밝히기 곤란한 신체의 특정 부위가 부풀어 올라 있었습니다. 남자든 여자든 어느 시기가 되면 누구나 한 번쯤 겪게 되는 일쯤으로 여기면 정말 곤란합니다.

저는 당황했습니다.

이 뭉툭한 느낌. 단단한 그 무엇. 내 피부 같지 않은 이물감. 부풀어 올랐음에도 통증도 없고 감촉도 느껴지지 않는, 내 몸에 붙어 있으나 내가 아닌 듯한 그 어떤 것.

에이리언이 이곳에 알을 낳고 간 건가? 정말 느낌이 이상하더군요. 그 날 하루 종일 그렇게 부풀어 있었습니다. 15살 때를 이야기하는 게 아닙니다. 34살, 나이도 먹을 만큼 먹어서 이게 무슨 일이람? 자고 일어나면 괜찮아지겠지 했습니다.

그런데 다음 날도 부풀어 있더군요. 이거 병인가? 아무리 내 몸이라지만 창피하기까지 했습니다. 그렇게 하루 종일 부풀어 있는 것은 상당히 신경에 거슬리는 일입니다. 앉으나 서나 부풀어 있지 않습니까.

사흘이 지나도, 나흘이 지나도, 일주일이 지나도 가라앉지 않았습니다. 너 도대체 언제까지 이럴 건데! 별수 없이 병원에 갔습니다.

"언제부터 이랬나요?"

"일주일째입니다."

"일주일 동안 가라앉지 않았다구요?"

"네."

"상당히 거슬리시죠. 통증은 없나요?"

"네. 통증은 없습니다."

"통증은 없다……. 그럼 일단 약을 처방해드릴 테니 며칠 드셔보시고 다시 내원해보세요."

며칠 약을 먹었더니 부풀어 오른 곳이 조금 가라앉아 병원에 가지 않았습니다. 약을 끊고 이틀 후 아침, 다시 부풀어 있더군요. 점심에도, 저녁에도 가라앉지 않아서 다시 병원에 갔습니다.

"흠, 약을 먹었더니 가라앉더란 말이죠. 일단 알레르기 검사부터 해봅시다."

단순한 피검사인데, 42가지 알레르기의 주요 원인에 대한 기본 검사를 했습니다. 피를 뽑고 일주일 후에 의사에게서 직접 연락이 왔습니다.

"당장 내원해주세요. 심각합니다."

병원에 갔습니다.

"의사 생활 15년 만에 이런 환자는 처음입니다. 42가지 알레르기 원인 중 23가지에서 심각한 알레르기 반응이 나왔네요. 환자에게 알레르기를 일으킬 가능성이 전혀 없는 것은 고양이와 곰팡이류와 치즈뿐입니다."

고양이? 곰팡이? 치즈?

"아! 효모도 있군요. 이것도 뭐 곰팡이라면 곰팡이지만."

치즈도 뭐 엎어치나 매치나.

병명은 식품성 알레르기였습니다. 원인은 밝혀지지 않았습니다.

"원인은 여러 가지일 수 있으니 당장 정밀 건강검진부터 받아보셔야겠습니다. 이 정도의 알레르기 반응은 신체에 매우 심각한 질환이 있기 전에는 발생하기 어렵습니다. 하루빨리 건강검진을 받으시죠."

의사가 '내일 죽어도 서운하다 소리 하지 말라'는 표정으로 말했기 때문에 저는 하루바삐 건강검진을 받았습니다. 돈도 많이 들고 별 이상한 검사도 많았습니다. 일주일 후에 결과가 나와 검진센터를 찾았습니다. 그동안 '갈 때가 되었구나' 하고 담담히 기다리고 있었는데 아니 웬걸, 열혈 청춘 저리 가라잖아!

"담배나 좀 줄이세요. 그렇게 담배 많이 피우면 빨리 죽어요!"

지금 건강하면 건강하지 않을 때까지 필 테니 그런 걱정일랑 마시고 의사선생님이나 건강하시라고 말하고 돌아왔습니다. 검진센터 앞에서 담배를 한 대 피운 다음, 검진 결과를 들고 다시 병원을 찾았습니다.

"허허. 이럴 리가 없는데. 건강하시다니 다행이긴 합니다."

돈이 얼마나 들었는데, 고작 한다는 소리가.

"그렇다면 정밀 알레르기 검사를 받아보시겠습니까?"

"그건 얼만데요?"

"이건 좀 비쌉니다. 50만 원."

"지금 먹지 말라는 것만 안 먹어도 영양실조로 죽겠습니다."

"그러게요. 이런 경우는 처음이라. 하하하."

• 먹지마라!

대두, 돼지고기, 레몬, 라임, 오렌지, 복숭아, 밀, 쌀, 보리, 마늘, 양파, 땅콩, 쑥, 메밀, 토마토

• 가까이 가지 마라!

자작나무, 참나무, 호밀풀, 쑥, 돼지풀, 바퀴벌레, 집먼지, 미국 집먼지 진드기, 유럽 집먼지 진드기, 메밀, 토마토, 수중다리, 가루 진드기, 환삼덩굴

• 조심해라!

게, 소고기, 대구, 연어

• 먹어라!

우유, 치즈, 계란 흰자, 새우, 참치, 닭고기

먹지 말라는 건 그렇다 칩시다. 집 안의 먼지 옆에 가지 말라고? 우리 집이 무슨 인큐베이터인 줄 아나. 그 후로 특정 부위의 발기 현상은 계속되었습니다. 벌써 1년이 훌쩍 지났는데도 여전히 분기탱천하고 있네요.

보기 민망하다 싶을 때마다 약을 먹습니다. 그 약을 먹으면 땅이 꺼지는 것 같고 온몸에 기운이 하나도 없어져 자꾸 주저앉고만 싶어집니다.

'나으려고 먹는 약이 사람을 더 죽이려고 하네.'

약을 먹고 나면 몸은 가라앉고 특정 부위도 조금은 가라앉습니다. 현재 제 상태가 이러합니다. 의사는 원인을 밝히긴 어렵다고 했습니다. 너

무나 많은 변수가 있는데 자라온 환경이나 현재 직업의 특성, 식습관, 흡연, 음주 습관 등이 원인일 수 있지만 단정적으로 말할 수는 없다 하더군요. 게다가 알레르기는 한번 발생하면 완치가 어렵답니다. 치료가 되어도 어떤 환경이나 식품에 영향을 받으면 다시 발생할 가능성이 있다고 대놓고 말했습니다.

그래서 개인적으로 원인이 될 만한 것들을 의사의 설명을 참조해 찾아보았습니다.

첫째, 지난 글에서도 이야기했지만 농약에 오랫동안 노출되어 있었습니다. 촌에서 자랐다고 모두 건강할 리 없어요. 농약 먹은 우렁, 붕어, 메기를 열심히 잡아먹었습니다. '싸이나' 먹고 죽은 참새도 많이 먹었구요. 논이고 밭이고 농약을 뿌릴 때 농약으로 목욕을 합니다. 내가 농약을 안 줘도 옆 논에서 농약을 주면 바람이 농약 목욕을 시켜줍니다. 그렇다고 농사짓는 사람들이 모두 알레르기 환자냐? 그렇지도 않잖아요. 농약이 문제인가? 내가 문제겠죠.

둘째, 문제의 특정 부위가 부풀어 오르기 시작하던 당시, 일렉트릭 케미칼 제품을 운송했었습니다. PNP, PM/EL, PMA 등으로 불리던 반도체 세정제들과 LCD, LED 판넬 안에 들어가는 발광제들을 운송하는 일이었습니다. 멍청한 저는 그게 뭔지도 모르고 코팅장갑만 끼고 만지고 손에 묻으면 바지에 쓱쓱 닦고 그랬습니다. 그 손으로 밥도 먹었겠지. 젠장.

이 제품들을 반도체 생산 공장에 납품하면 반도체를 세정하고 나서 폐기물이 됩니다. 그럼 그 폐기물을 다시 폐기물 운반차에 실어 정제 공장으로 운송합니다. 두세 번 정제해서 사용하고 나면 완벽한 폐기물이 됩니다. 정제 불가. 이 세상에 존재해서는 안 될 어떤 물질이 생겨납니다.

이 물질은 수분이 70퍼센트 이상이지만 높은 열량을 가지고 있습니다. 고압으로 분사해 불을 붙이면 엄청난 열을 냅니다. 그래서 시멘트 공장에서 연료로 사용됩니다.

시멘트 생산 공장은 화력발전소 저리 가라 할 만큼 거대한 보일러가 돌아갑니다. 최종 폐기물은 더욱 안전에 신경 쓰지 않습니다. 최종 단계의 쓰레기 처리에 누가 신경이나 쓰겠습니까? 손에 묻고, 몸에 튀고, 신발에 묻고 때로는 파이프가 터져 온몸에 뒤집어쓰고. 아마도 열을 낼 수 있는 모든 폐기물의 대부분은 시멘트 공장으로 모여들 것입니다. 예전에는 폐타이어를 태워 시멘트 생산을 했었는데 폐타이어가 수출하기 괜찮았나 봅니다. 폐타이어 값이 올라가니 유류 폐기물들을 연료로 사용하게 되었고 반도체 세척제도 연료가 되었습니다. 제가 일하던 곳에서만 1일 150톤에서 200톤 가까이가 시멘트 공장으로 팔려나갔습니다. 그 폐기물을 파냐고요?

팝니다. 얼마에 파는지는 모르지만 어쨌든 팔아서 누이 좋고 매부 좋은 장사를 합니다. 단양, 제천, 삼척에 있는 시멘트 공장들이 주요 거래처였습니다. 그렇다고 이 일을 하는 모든 사람이 알레르기로 고생을 한다거나 특정 부위가 발기하지는 않았습니다. 언젠가 그 약품을 뒤집어쓴 아저씨 얼굴이 올록볼록 부풀어 오르는 걸 본 적은 있습니다만. 이 약품들이 문제일까요? 내가 문제겠죠. 이 썩어빠진 몸뚱이에서 어떻게 원인을 찾아낼 수 있단 말입니까!

셋째, GMO. 유전자 변형 농·축·수산물입니다. 식품 알레르기의 가장 큰 원인 중 하나로 GMO를 이야기합니다. 우리 유전자는 그동안 먹어왔던 단백질을 기억하고 있다더군요. 그런데 낯선 단백질이 몸에 들어

오면 거부반응을 일으킨다네요. 말하자면 바이러스나 세균으로 인식한다는 겁니다. 유전자 변형 식품들에는 낯선 단백질이 포함되어 있을 수 있다고 합니다.

게다가 GMO 농산물은 다음과 같은 대단한 장점도 있다더군요.

"유기농 농산물은 재배 과정에서 동물 배설물을 사용하기 때문에 대장균에 더 취약하다. GMO 옥수수가 옥수수 해충인 조명충나방을 죽일 뿐만 아니라 부수 효과로 평갈 톡신까지 파괴한다. 유전자 조작 식량을 통해 지구상에 기아를 종식시키고 세계 인구를 먹여 살릴 수 있다. 유전자 조작을 통해 알레르기 식품을 비알레르기 식품으로 만들 수 있다. 유전자 조작으로 바나나 같은 과일에 의약 성분 백신 폴리오 등을 넣을 수 있다. 유전자 조작으로 만들어진 골든라이스의 경우처럼 쌀에 비타민 A를 첨가함으로써 더 영양가 있고 매력적인 쌀로 만들 수 있다."(김종덕, 『먹을거리 위기와 로컬 푸드』, 이후, 2009 중에서)

넷째, 세계 식량정책과 식품 산업이 알레르기의 원인일지도 모릅니다. "100리 밖에 나가서는 그곳의 물도 먹지 않았다"고 옛 선비들은 말씀하셨는데, 지금은 집 밖을 나가지 않았는데도 아르헨티나산 땅콩과 중국산 땅콩, 미국산 밀, 호주산 밀, 말레이시아산 쇼트닝으로 만든 국희언니 땅콩과자를 먹을 수 있습니다. 그밖에 이 과자에 들어간 국적을 표기하지 않는 재료들을 열거해볼까요.

땅콩분말, 쇼트닝 2, 갈색 설탕, 백설탕, 기타 설탕, 덱스트린, 땅콩버터, 포도당, 가공유장분, 전란액, 땅콩분태, 산도조절제, 유청분말, 물엿, 레시틴, 정제소금, 합성착향료, 비타민 E.

과자, 라면, 음료, 분말스프, 각종 차·장류를 가리지 않고 시중에 유통되는 가공식품 중 이와 유사하지 않은 제품은 사실상 없습니다. 그래도 그들은 표기라도 합니다.

롯데리아에서 판매하는 음식들 중 원산지를 표시한 식재료는 어떨까요. 버거만 볼까요. 고기야 무려 청정호주산이라고 대문짝만 하게 써놨으니 그렇다 치고 그렇다면 빵은? 빵에 들어간 우유, 소금, 설탕은? 빵 표면에 고소한 참깨는? 패티에 들어간 간장과 착향료는? 설탕은? 소금은? 양상추와 피망과 양배추의 생산지는? 생산 과정은? 새우버거의 새우는?

너무 대중적이고 소박한 곳만 붙잡고 늘어진다고요? 그럼 호텔이나 조금 값나가는 패밀리 레스토랑은 어떨까요?

제가 일했던 방법을 이야기해보죠. 제가 일했던 곳은 값나가는 케이터링 회사였습니다. 해썹HACCP 기준에 맞춰 조리실을 설비하고 그 기준에 맞는 식재료만 사용했습니다. 대단하죠? 위생검사에서 단 한 번도 지적을 당한 적이 없습니다. 지적하는 위생과 사람들도 해썹을 기준으로 하기 때문입니다.

자, 봅시다.

냉장고는 매일 비우고 냉동고는 선입선출을 엄수합니다. 매우 훌륭합니다. 칼, 도마, 조리기구는 조리를 마치면 자외선 살균기에 넣고 살균합니다. 이 역시 훌륭합니다.

조리실은 매일 락스로 물청소를 합니다. 이게 무척 힘듭니다. 언제나 커다란 물통에 락스 물을 준비해둡니다. 왜? 칼도마를 아무리 자외선 살균기에 넣고 소독을 해도 밖으로 노출됨과 동시에 세균에 오염됩니다.

칼도마 한 꺼풀만 벗겨내고 면봉으로 긁으면 세균이 나옵니다.

그래서! 위생과에서 급습함과 동시에 락스 물이 담겨 있는 커다란 물통에 모든 조리 도구를 집어넣습니다. 냉장고도 락스로 청소하기 때문에 세균이 검출되지 않습니다.

세균 없는 깨끗한 주방이로군요. 향기로운 락스 향이 청결한 분위기를 더해줍니다. 매우 훌륭한 업체입니다. 합격!

이제 검사도 끝났는데 물로 대충 헹궈 쓰죠, 뭐. 음식 맛이 매우 신선합니다.

언젠가 이런 일도 있었습니다. 야채를 납품하는 업체에서 유기농 배추라면서 함박웃음을 지으며 들고 왔습니다. 벌레 먹은 잎도 있고, 간혹 애벌레 똥으로 보이는 물질도 보였습니다. '고것 좋구나' 하고 받았다가 부장에게 혼나고 반품했습니다.

"위생! 맛이 아니라 위생! 건강이 아니라 위생! 회사 문 닫는 거 한순간이다. 위험한 건 받지마."

또한 납품받는 식재료의 국적은 참으로 다종다양합니다. 여러분은 스테이크 한 덩어리를 먹으면서 그것이 단순히 한우와 국내산 야채로 만들어진 스테이크 한 접시라고 생각해서는 곤란합니다. 케첩, 간장, 우스터소스, 밀가루, 올리브유, 사과, 오렌지, 토마토, 견과류 등 국적을 알 수 없거나 생산 방식을 알 수 없는 식재료가 한데 모여 스테이크 한 접시가 됩니다.

국내산 한우는 어떻게 키워졌으며 야채는 어떤 과정을 거쳐 그 접시에 담겨 있는지 짐작이나 가십니까? 저는 제가 먹고 사는 것이 무엇인지 짐작조차 할 수 없어서 병의 원인이 딱 집어 이것이라고 말할 수 없습니다. 천 리 만 리 밖에서 배 타고 비행기 타고 왔는데 내 몸이 기억하지 못하는 것이 분명할 테죠.

식품은 산업입니다. 최소한의 투자로 최대의 이익을 남기는 산업입니다.

식품이란 말 뒤에 산업이란 말이 붙게 된 것은 오래지 않습니다. 식품에 산업이란 말이 붙기 시작하면서 먹을 것은 돈이 되었습니다. 지구 반대편에서 잡힌 새우도 값이 저렴하면 우리 입에 들어오게 되고 유전자 조작 식재료 수입을 금지해도 WTO의 제재와 으름장 앞에서는 호구가 될 수밖에 없습니다.

또한 도시화는 식품의 산업화를 부추겼습니다. 도시는 빨아들이고 소비하지만 돌려주는 것이 없습니다. 아주 단순히 생각해서 여러분이 먹고 싼 것들이 어떻게 처리되는지 알지 못하지 않습니까. 변기에 빨려 들어가고 나면 유기물이 아니라 폐수가 됩니다. 환원이 아니라 분해시켜 재생산의 고리를 단절시키는 것입니다.

일본 후쿠시마 원전사고 이후 수산물 소비가 감소한 것은 당연한 결과이지만 그 저변에 깔려 있는 대중의 심리가 과연 올바른 것인가 하는 의문이 들었습니다. 귀를 막은 정부는 이 이야기에서 제쳐두고 우리 자신에 대해 생각해보자는 겁니다.

반도체가 사용되는 깨끗한 전자 제품을 늘상 사용하지만 전자 제품이 어떻게 생산되는지, 제품에 들어가는 재료들이 어떻게 유통되고 활용되는지 모르고 살아가는 것처럼, 우리는 우리가 먹는 것이 무엇이고 어떻게 유통되는지도 모른 채 그것을 먹고 목숨을 부지하며 살아갑니다.

우리는 원전에서 생산한 에너지로 아름답고 우아한 삶을 살아가지만 원전에서 발생한 오염 물질로 인해 삶을 위협받습니다. 우리에게는 아직까지 위험이 직접적으로 다가오지 않았다지만 바다의 생물들에게는 엄습했습니다.

안전하고 깨끗하다는 믿음은 도대체 어디에서 온 것일까요? 안전하고 깨끗한 원전 아래서 호사를 누리는 동시에 위험하고 더러운 원전 폐기물 앞에서 벌벌 떨고 있는 우리의 모습이 바보같아 보이진 않나요?

이 마당에 영국산 고등어가 목으로 넘어가나요? 노르웨이산 연어의 가시가 목에 걸리지나 않을까 모르겠습니다. 안전하고 편리하고 깨끗한 것에 대한 대가를 누군가(사람이 아니더라도 말입니다) 치르고 있는 것입니다.

사람을 대신해 그 대가를 치르고 있는 바다 생물들을 혐오스럽게 바라보는 우리의 마음을 한 번쯤 되돌아보고 피눈물을 흘리며 근본적 해결 방법을 고민해야 할 때입니다. 2, 3차로 대가를 치를 누군가는 분명 우리이거나 우리의 후손들일 것입니다.

제 몸에는 알레르기가 생겨났고 원인은 밝힐 수 없습니다. 어쩌면 앞에서 이야기한 모든 것이 원인일 수도 있겠죠. 원인을 알게 되더라도 저는 치료가 불가능할 것이라 생각합니다.

이 병을 치료하거나 완화시킬 수 있는 경제적 여유도 없을뿐더러 우유와 치즈와 닭고기만 먹고 살 생각도 없습니다. 우유와 치즈와 닭고기 중에서도 친환경 유기농 제품이라 불리는 것들로만 먹어야 하는데 그렇게 할 재력도 당연히 없고 말이죠.

그저 내 앞에 놓인 먹거리를 먹고 살아갈 것입니다. 그것들을 먹고 힘을 얻어 내 앞에 그런 것을 내놓지 말라고, 나 다음에 이곳에서 살아갈 누군가에게 내가 받은 것과 같은 치욕을 주지 말라고 소리치다 때가 되면 죽겠습니다.

열하나. 생강

"화합할 줄 알며 자기 색을 잃지 않는 생강이 되어라"
_율곡 이이

생강은 약재와 식재 어느 쪽으로도 기울지 않고 정확하게 가운데 서 있다는 생각이 듭니다. 앞에서 이야기한 마늘이나 파도 때로는 약재로 쓰이지만 채소라고 하는 것이 옳을 듯합니다. 하지만 생강은 약이라고 말해도 옳고 채소라고 말해도 옳습니다. 향신료라 해도 정확한 표현입니다.

생강은 감초와 더불어 약재로 가장 많이 쓰이고 수많은 음식에 감미

밭에 심어져 있는 생강.

료로 사용됩니다. 또한 생강편, 생강주, 생강차처럼 그 자체로 음식이 되기도 합니다.

화이부동和而不同.

율곡 이이는 제자들에게 "화합할 줄 알며 자기 색을 잃지 않는 생강이 되어라"라고 말씀하셨다는데 '언론이란 무릇 생강과 같아야 하지 않을까' 하는 생각이 문득 스칩니다.

시장에 가면 다양한 모양의 생강이 있습니다. 쪽 하나가 어린아이 손보다 큰 것도 있고 꼬불꼬불 까먹기 곤란하게 생긴 것도 있지요. 붉은빛이 도는 것도 있고 하얗거나 회색, 흑회색의 생강도 있습니다.

어떤 생강이 나에게 필요한 생강일까요? 생강이 그저 생강일 테지만 종류에 따라 조금씩 맛도 다르고 쓰임도 다릅니다. 생강의 다양한 종류에 대해서 알아보고 그 쓰임에 대해서도 살펴보겠습니다.

생강은 고려시대에 처음 들어왔다더군요. 어떤 할배가 중국에서 생강 몇 쪽을 들여와 이곳저곳에 심어봤지만 잘 자라지 않았는데 완주 봉동에 심었더니 잘 자랐다더라, 그래서 이 나라에서 처음으로 생강이 재배된 곳이 완주 봉동이고, 지금까지도 봉동 생강을 최고로 알아줍니다.

봉동 생강.

현재 생강이 가장 많이 생산되는 곳은 충남 서산과 태안 일대입니다. 서산 부석사로 가는 길가에는 생강 한과를 판매하는 상점들이 줄지어 있고 길옆으로 댓잎처럼 푸른 잎이 쭉쭉 뻗어 있는 넓은 생강 밭을 구경할 수 있습니다.

서산시와 태안군은 생강을 특화 상품으로 키워냈고 전국적으로 유명세를 타게 되었지만 완주 봉동은 20여 년 전 공단이 조성되고는 그 명맥만 유지하고 있습니다.

본디 생강은 열대 지방에서 자생하는 식물입니다. 뿌리를 내리고 2년이 지나면 꽃을 피우고 열매를 맺어 종의 변형을 이루는데 한국은 겨울이 있어 꽃을 피우기 전에 수확합니다. 매년 땅속줄기만 길러내고 그 줄기의 쪽을 나눠 다시 심으면서 또다시 땅속줄기를 길러내는 식이죠.

이런 식으로 고려시대 초기부터 지금까지 번식해왔기 때문에 종의 변형은 0.1퍼센트도 진행되지 않았습니다. 말하자면 전국에서 자생하고 있는 생강은 고려시대에 처음 들여온 생강의 조각이라는 것입니다. 고려시대부터 무성생식하는 그렘린Gremlins 생강이라고나 할까요?

그러니 이 땅에서 생강은 토종이란 단어가 어울리지 않습니다. 차라리 봉동 생강, 서산 생강, 나주 생강 같은 이름을 붙이는 것이 옳겠지요. 이렇게 종은 하나일지 모르지만 그 맛은 지역마다 다른데, 그 이유는 토질에 있다고 봅니다.

전주에서 차를 타고 20여 분 가면 봉동이 나옵니다. 봉동공단 주변으로 아직도 많은 농가에서 생강을 재배하고 있는데 이곳의 토양은 황토가 주를 이룹니다. 봉동에서부터 김제 백구까지 붉은 황토가 주요 토양인데 봉동은 분지를 이루고 있고 바람이 적게 불어 생강 농사에 적합했고, 김제 백구는 바람이 잘 통하는 들판이 있어 포도 농사에 적합했습니다. 그래서 백구는 여전히 포도로 유명합니다.

황토는 영양분은 적지만 작물을 길러내면 단맛을 냅니다. 그래서 황토에 퇴비를 많이 주고 농사를 지으면 어떤 작물이건 맛이 좋지요. 봉동 생강도 이런 이유로 향이 좋고 단맛이 많아 사람들의 입에 오르내린 것입니다.

생강은 병충해는 적지만 재배하기 까다로운 작물 중 하나입니다. 알칼리성 토양에 토질이 매우 비옥해야 하고 물을 좋아하긴 하지만 물 빠짐도 좋아야 잘 자랍니다. 이런 까탈쟁이가 또 있을까요. 물을 좋아하는데 물 빠짐이 좋아야 한다는 것은 물을 자주 줘야 한다는 말인데, 물을 자주 주면 퇴비와 석회질이 그만큼 씻겨나간다는 이야기가 됩니다.

그래서 생강은 계속해서 웃거름을 줘야 합니다. 온도에도 매우 민감해서 조금이라도 추위를 타면 얼어 죽거나 땅속줄기를 키워내지 않습니다. 그러니 파종과 수확 시기도 매우 신중하게 선택해야 하고 또 바람이 타는 곳에서는 생장이 느리기 때문에 바람이 적은 곳에서 키워야 합니다.

봉동이 이런 생장 조건을 모두 충족시키는 지역은 아니었습니다. 황토질에 영양분도 적은 토양이었지만 물 빠짐이 좋았고 바람을 타지 않으며 기후의 변화 폭이 좁은 지역이었던 것이죠. 말하자면 죽지 않을 만큼 갈구기 좋은 지역이죠. 살긴 사는데 얼마나 살기가 괴롭겠어요. 그러니 쭈글쭈글 결구가 많이 생기고 작게 자라는 것이죠. 이렇게 작고 볼품없긴 해도 황토에서 자라 깊은 향과 단맛을 갖게 된 것입니다. 그래서 봉동 생강이 (보기는 흉해도) 맛은 좋다고들 하는 것이죠.

이 봉동 생강은 이강주(배와 생강으로 빚은 술)의 재료가 되었고 생강차

이강주를 빚는 데 사용되는 재료들.

를 끓여 마실 때 그 향이 매우 깊습니다. 또한 김치 양념으로 넣으면 여러 재료의 잡내를 잡아주고 젓갈의 비린내를 물리치는 데도 적합합니다.

서산에 갔을 때 그곳의 토질을 유심히 관찰해보진 않았지만 만만찮은 황토질의 토양이었던 것으로 기억됩니다. 울창한 소나무 숲이 장관이었던 것으로 미루어보아도 그럴 것으로 추정됩니다. 그런데 봉동보다는

서산 생강.

토양이 비옥한 듯합니다. 봉동 생강보다 크기가 크고 결구가 적었습니다. 단맛은 봉동 생강에 미치지 못하지만 향이 매우 좋고 섬유질이 부드러워 한과나 생강편을 만들기에 적합하겠다는 생각이 들더군요. 서산의 한과가 유명세를 탈 때는 그만한 이유가 있는 것이죠.

최근에는 개량종 생강을 많이 재배합니다. 국내산이긴 한데 크기가 크고 하얀빛이 많이 나는 생강이 개량종 생강입니다. 이 개량종 생강은 새로운 종자를 중국이나 동남아, 인도 등지에서 들여와 국내의 토양과 기후에 맞게 개량해(몇 해를 키워내 적응시켜) 농가에 보급한 종입니다. 맛과 향에서는 봉동, 서산 생강에 뒤지지만 크기가 크고 잘 자라 소출량이 많습니다. 농가의 입장에서 봤을 때 재배가 까다로운 토종 생강보다 개량종 생강을 재배하는 것이 위험을 줄이고 수입도 늘리는 일석이조인 셈이죠. 그러나 개량종 생강은 토종 생강에 비해 맛과 향이 덜합니다.

개량종 이전에 중국에서 많은 양의 생강이 수입되었습니다. 일부에선 이 수입된 생강을 종자로 이용해 재배를 시도해보았지만 성공적으로 토

중국산 생강과 서산 생강 비교.

착화시키지 못한 것으로 알고 있습니다. 이 중국산 생강은 엄청난 크기를 자랑합니다. 최홍만 손바닥보다도 크고 두꺼울 것입니다. 그래서 업자들 사이에서는 곰 발바닥이라는 이름으로 불립니다. 국내산 생강에 비해 단맛과 향이 덜하고 섬유질이 질기지만 수분이 많아 생강즙을 많이 얻을 수 있습니다. 생강즙이 많이 나오기 때문에 진저에일, 짜이 같은 음료를 만들거나 적당한 향을 낼 수 있는 제과에 주로 이용됩니다.

몇 차례 중국산 생강으로 김치도 담가보고 요리에도 사용해봤지만 향도 덜하고 다져 넣었을 때 씹히는 맛이 좋지 않아서 사용하지 않았던 기억이 있습니다. 중국산이나 미국산 생강은 생강즙이 필요한 요리나 생강의 옅은 향을 필요로 하는 요리에 즙으로만 이용하는 것이 좋겠다는 생각이 들더군요.

1990년대 초반에 전북과 충남 일대에서 생강 재배 붐이 일었던 적이 있었습니다. 어떤 이유에서 그런 붐이 인 것인지는 모르겠지만 어느 해에 냉해를 입고 생강 값이 폭등했던 것이 아닌가 짐작해봅니다. 어쨌든 그 붐에 편승해 우리 집도 생강 농사를 지었습니다. 사실 생강 농사는 매년 조금씩 지어왔지만 그해는 유난히 많이 지었다고 할 수 있지요.

이렇게 농사를 많이 지었으니 어린 것의 손도 필요했을 겁니다. 그때 배웠던 재배 방법은 여전히 유효한 듯 보입니다. 생강은 작은 화단이나 화분에서 재배해도 한 해 동안 먹을 양을 키워낼 수 있으니 지금부터 이야기할 재배 방법으로 각 가정에서 조금씩 재배해본다면 김장철은 물론이고 겨울철 생강차로도 두루 사용할 수 있으리라 생각됩니다.

봄이 되면 재래시장에 씨생강이 나옵니다. 뾰족하게 새순이 올라온 씨생강으로 시장에 나온 것들은 5도 이상의 장소에서 적당한 습도를 유지하며 지켜낸 것들입니다. 생강은 5도 이하에서 2~3일이 경과되면 이듬해 싹을 잘 틔워내질 않습니다. 0도 이하로 내려간 곳에서 1시간만 있어도 그대로 조직이 파괴되고 썩어버립니다.

시골에서는 보통 가을에 수확한 생강을 단지에 담고 흙을 덮어 아랫목에 잘 모셔둡니다. 흙에 수분이 많으면 썩어버리고 수분이 없으면 말라버리죠. 적당한 수분을 유지시켜줘야 하는데 말이 쉽지 봄이 될 때까지 3분의 1도 건사하기 어렵습니다. 그래서 아빠는 곡괭이로 동굴을 파곤 했습니다. 5미터 정도의 동굴을 파는 데 한 달이 걸리더군요.

그렇게 판 동굴에 생강을 넣고 흙으로 잘 덮어두면 온도와 습도를 유지하면서 이듬해 봄까지 싱싱하게 보관할 수 있었습니다.

요즘 엄마는 가을이 되면 씨생강이 될 생강을 제가 사는 집으로 가져갔다 봄이 되면 가지고 오라고 합니다. 노인네가 겨울 동안 기름값 아깝다고 전기장판으로 연명하고 며칠씩 집을 비우기라도 하면 아무리 아랫목이어도 생강이 배겨내질 못하더군요. 추위를 피해 겨울 내내 우리 집

씨생강.

에 와 있던 생강은 봄이 되면 다시 시골집으로 돌아갑니다.

새순이 나지 않은 생강을 바로 밭에 심으면 새순이 올라올 때까지 한 달 이상의 시간이 걸립니다. 그래서 새순을 미리 틔우는 작업을 합니다. 땅을 30센티미터 정도 파고 그 안에 생강을 덩어리로 넣습니다. 그 위에 흙과 볏짚을 덮고 담요를 덮어줍니다. 일주일 정도 시간이 지나면 뾰족한 새순이 올라와 있습니다. 이렇게 새순이 나온 생강을 마디마디 자른 것이 씨생강입니다.

씨생강이 나오기 1~2주 전에 밭에 닭똥퇴비를 넉넉히 뿌리고 땅을 갈아줍니다. 밭에 닭똥을 뿌리고 바로 생강을 심으면 생강이 썩을 수 있으므로 1~2주 전에 생강 심을 밭을 미리 준비해두는 것이죠. 도시에서 화단이나 화분에 생강을 심을 때는 물 빠짐이 좋은 사질 토양에 황토흙을 조금 넣고 퇴비를 넉넉하게 섞어 준비해두는 것이 좋습니다.

이렇게 준비한 밭에 씨생강을 사방 한 뼘 정도의 간격으로 심어줍니다. 생강을 심고 그 위에 볏짚을 덮어두는데 이는 혹시 모를 추위에 대비하고 퇴비가 물에 씻겨나가는 것을 방지하기 위함입니다. 생강은 이식하는 봄철에 추위만 주의하면 병충해도 적고 여름 동안 발육도 좋아서 큰 어려움 없이 키워낼 수 있습니다. 단지 가뭄이 심할 때 종종 물을 한 번씩 줘야 하지만 향이 강하고 단맛이 강한 생강을 원한다면 생강을 괴롭히세요. 물도 죽기 직전에 한 번씩만 주고 웃거름도 주지 마세요. 그러면 가을에 매우 작지만 맛있는 생강을 얻을 수 있습니다.

가을에 생강을 캐다 보면 신강과 함께 구강을 볼 수 있습니다. 구강은 봄에 심었던 씨생강이 그대로 남아 있는 것입니다. 뒷장 사진을 보면 하얀색 신강 위에 짙은 회색의 구강이 붙어 있습니다. 이 작은 구강이 커다란 신강의 어미인 것이죠.

구강은 거무튀튀하고 뭉툭한데 껍질을 벗겨보면 노란 생강이 들어 있습니다. 구강은 약재로 가장 많이 사용되지만 차로 끓였을 때 향이 굉장히 좋아 개인적으로는 구강으로 생강차를 끓여 마십니다. 구강은 향이 너무 강해 음식의 맛을 저해하는 원인이 될 수 있으므로 차를 끓이거나 찍어 먹는 양념 간장에 활용하는 것이 가장 적절합니다.

신강에 붙어 있는 구강.

한국에서 생강은 김치에 가장 많이 사용되지만 생선과 육류 요리에도 빠질 수 없는 재료입니다. 특히 생선 요리를 할 때 비린내를 잡는 최고의 향신료인데 김치에 사용하는 주요한 이유 중의 하나도 젓갈의 비린내를 잡기 위함이지요.

일반적으로 육류 요리에서는 마늘로 대체하거나 아주 소량만 넣지만 생선 요리는 마늘과 생강의 비율을 1대 1 혹은 2대 1 정도로 많이 첨가합니다. 사실 이렇게 생강을 많이 넣으면 생선의 맛있는 비린내까지 모두 날려버리는 짓일 수 있지만 갯가에 살던 사람들이나 비린내를 좋아하지 않는 사람들은 비린내가 심하면 음식점을 찾지 않으니 생강을 많이 사용할 수밖에 없더군요. 개인적으로는 대단히 아쉬운 일이지만 요즘 순대에도 생강을 많이 사용해 뒷맛에 생강 향이 느껴집니다. 깔끔해서 좋기도 합니다만 순대의 누린내가 밥맛과 술맛을 높여주기도 하는 것이 사실이죠.

전주 모래내시장에는 끝내 그 누린내를 고수하는 순대국밥집이 남아 있습니다. 아주 가끔 그 누린내가 그리워질 때 한 번씩 들러 맛을 보는데 모든 맛은 버려질 이유가 없음을 갈 때마다 깨닫게 만들어줍니다. 그 국밥의 누린내를 가시게 하는 최고의 방법은 역시 소주만 한 것이 없겠죠.

감기에 걸렸을 때나 몸이 추울 때 보통 많이들 생강차를 끓여 먹는데 몸에 열이 많은 사람에게는 독이 될 수 있습니다. 생강은 몸이 차가운 사람에게는 만병통치의 약효를 발휘하지만 몸에 열이 많은 사람의 경우 오히려 시력이 나빠진다거나 기관지 질환에 걸릴 수 있습니다. 저는 몸에 열이 많은 편인데 감기에 걸렸을 때 생강차를 마시면 목이 따끔거리고 온몸에 열꽃이 피기까지 하더군요. 생강의 향과 맛을 좋아해서 평소에는 생강편도 자주 먹고 생강차도 종종 끓여 먹지만 감기에 걸렸을 때나 컨디션이 좋지 않을 때는 생강차를 마시지 않습니다. 그래서 저는 감기에 걸렸을 때 생강차 대신에 무즙을 따뜻하게 해서 먹는데, 발군의 효과를 발휘하더군요. 몸에 열이 많은 분들은 감기에 걸렸을 때 생강차 대신에 무즙을 드십시오.

생강까지 왔으니 간단한 요리 팁 한 가지를 전하고 마무리하겠습니다. 집에서 국 좀 끓이고 밥 좀 해 먹는다는 사람들은 아마도 이 이름을 들어보셨을 것입니다. 심영순.

요리연구가이고 최근 시중에 유통되고 있는 향신즙, 향신간장, 향신기름 등을 개발하고 브랜드화해 판매하고 있는데 상당한 인기를 끌고 있는 모양입니다. 특히 향신즙은 아주 간단한 조합으로 음식의 맛을 획기

향신즙 만들기.

적으로 변화시킬 수 있으니 꼭 한번 사용해보세요.

무, 배, 마늘, 양파 1에 생강을 0.2의 비율로 믹서기에 넣고 갈아줍니다. 생강을 좋아하거나 생선 요리를 한다면 조금 더 넣어도 좋습니다. 이를 오랫동안 갈면 죽처럼 변합니다. 조금 지저분해도 괜찮은 음식에는 그대로 넣어도 상관없지만 나물이나 맑은 국에 넣으면 탁해지니 면보에 맑은 즙을 걸러 사용하면 좋습니다. 향신즙 자체는 상당히 역한 맛을 내지만 일단 음식에 조미료로 사용되면 대부분의 음식 맛을 살리는 데 훌륭한 역할을 해냅니다. 지금까지 맛본 대체 조미료 중 가장 훌륭한 맛을 낸다고 여겨 추천해드립니다.

생강 잎도 요리에 사용됩니다. 장아찌를 담글 때 장아찌 항아리 위에 생강 잎을 덮어주면 군내가 나지 않고 발효가 되면서 향을 더하기도 합니다. 가을철 생강 출하 시기에 시장에 가보면 생강 잎도 함께 나와 있습니다. 생강 잎을 버리지 말고 장아찌나 짠지를 담글 때 사용하면 장아찌의 맛을 살리는 데 도움이 될 것입니다.

열둘. 갓

식물계의 자유 영혼

어떤 면에서 보자면 갓과 생강은 정반대의 성질을 가진 작물입니다. 갓도 생강처럼 종을 분류하기가 대단히 어려운데, 그 이유는 너무나도 많은 변종이 전국적으로 흩어져 있기 때문입니다. 번식력이 좋아 전국 어디서든 씨만 떨어지면 잘 자라고 꽃을 피우기 때문에 지방마다 변종이 생겨납니다. 우리 집 갓과 이웃집 갓이 다른 모양을 하고 있기도 합니다.

들에 자생하는 갓도 여러 종류인데, 종 안에서 교배가 자유롭게 이뤄지기 때문에 다양한 종류의 갓을 볼 수 있게 됩니다. 편의상 김장철에 주로 사용하는 얼청갓, 여수 갓김치로 유명한 청색갓, 봄철 겉절이로 활

얼청갓 청색갓(돌산갓) 적색갓

용되는 적색갓으로 이름을 나누어 부르지만 청색갓인데 길이가 짧은 것도 있고, 적색갓이 얼청갓처럼 두툼하게 옆으로 퍼져 자라는 경우도 있습니다.

따라서 갓은 식물계의 자유 영혼이요, 길냥이라고 할 수 있겠습니다.

종을 구분하기가 매우 힘들고 생강처럼 애지중지 키우지 않아도 저 알아서 잘 자라는 녀석입니다. 황화합물로 매운맛을 내기 때문에 병충해도 적고 추위에도 강해 서리 맞고 눈 맞아도 야무지게 잘 버티죠. 생강이 외동딸, 외아들 같다면 갓은 4남 7녀 중 여덟째 정도라고나 할까요?

이렇게 흔해 빠진 갓이라지만 그 맛과 실용성의 측면에서는 생강에 버금갑니다. 어쩌면 식재료로서는 생강보다 더 우위에 있다고도 볼 수 있는데, 바로 우리가 일반적으로 머스터드라고 알고 있는 겨자는 갓의 씨앗입니다.

머스터드소스가 맵지 않고 달콤하면서 부드러운 맛을 내는 이유는 겨자를 60도 이상으로 가열했을 때 매운맛이 사라지기 때문입니다. 겨

겨자씨.

잣가루를 60도 이상의 따뜻한 물에 개고 마요네즈와 벌꿀 등을 넣어 만들기 때문에 매운맛을 느낄 수 없는 것입니다.

냉채를 만들 때 사용되는 겨자소스는 미지근한 물에 갠 것이어서 매운맛을 유지합니다. 이런 이유로 겨자소스는 차가운 음식에서 매콤한 맛을 낼 때 주로 사용됩니다. 한국에서는 겨자를 많이 사용하지 않고 갓의 잎과 줄기를 식용으로 사용하지만 서양에서는 겨자씨를 더 선호하는 듯합니다.

최근에는 다양한 머스터드소스가 수입되고 있는데 홀그레인 머스터드나 디종 머스터드도 심심찮게 눈에 띄더군요. 이런 제품들은 겨자씨 본연의 톡 쏘는 맛을 유지하면서 부드럽고 달콤한 맛을 가미했기 때문에 다양한 요리에 활용할 수 있습니다. 대형마트를 기웃거리다 홀그레인 머스터드가 눈에 띄면 한 병 사뒀다 여러 요리에 매콤한 맛을 더하고 싶을 때 활용해보세요. 씹히는 맛이 후추나 고추와는 사뭇 다른 매콤함을 맛볼 수 있을 것입니다.

한국에서 갓은 김장 김치를 담글 때 빼놓을 수 없는 양념일 뿐만 아니라 갓김치 자체로도 큰 사랑을 받고 있습니다. 특히 여수 돌산 갓김치는 김치계의 스테디셀러가 된 지 오래죠. 여수의 어떤 식당을 가든지 맛있는 갓김치와 물갓김치의 맛을 볼 수 있으니 올여름은 여수 밤바다를 즐기며 갓김치를 맛보시길 바랍니다.

갓을 끝으로 김장 김치에 들어가는 모든 양념을 알아봤습니다. 여기까지 김장로드를 걸어온 셈이죠. 김치에 들어가는 각종 젓갈과 향신료를 알아봤으니 다음 편에선 배추·무와 함께 김장 김치·동치미 등 각종 김치의 종류와 담그는 법을 알아보겠습니다.

열셋. 김장

'움'을 건사하기 위해 추위를 견디며
김장을 담그다

가을이 코앞입니다. 해는 짧아져 저녁 8시만 되면 어둠이 내려앉습니다.

참깨는 열흘 안에 거둬들여야 할 만큼 꽉차게 여물었고, 굵직굵직한 호박들도 하나둘 눈에 띕니다. 가을에 먹을 단감도, 한겨울 항아리에서 하나둘 꺼내 먹을 대봉시도 모양을 다잡고 떫은맛이 단맛이 되도록 키워가고 있습니다. 모양 없는 사과이지만 벌써 단맛이 들어 두어 개를 따서 엄마와 나눠 먹었네요.

이렇게 하나둘씩 수확이 시작될 무렵에야 뒤늦게 씨를 뿌리는 작물이 있습니다. 김장을 준비하기 위해 배추와 무와 갓의 씨앗을 뿌리는 것이죠. 8월 말 선선한 바람이 분다 싶으면 배추는 포트에서 씨앗을 발아시키고 무와 갓의 씨앗은 밭에 흩어뿌립니다. 배추와 무와 갓을 키워내는 것은 김장의 화룡점정이랄까요? 잘 찍은 점 하나와 같습니다.

봄부터 고추를 심어 한여름 내내 고추를 따고 말렸습니다. 마늘을 거둬들이고 말려 처마 아래 잘 걸어뒀죠. 추석이 지나면 마늘 심을 준비도 해야겠네요. 마늘을 수확한 자리에 심어놓은 파는 중파가 되어가고 겨

배추밭.

울이 되면 건실한 대파로 자라날 것입니다.

엄마들은 관광버스 타고 놀러가서 이런저런 액젓과 김장에 들어갈 새우젓도 미리미리 준비해두었을 겁니다. 저희 엄마는 작년에 담가둔 잡젓으로 올해 김장을 담근다는군요. 진정한 슬로푸드란 음식을 기다리는 긴 시간이 아니라 음식을 만들어가는 바쁜 하루하루의 합산이란 생각이 듭니다.

김장이라는 말의 유래는 다양하지만 저는 진장이란 말에서 유래되었다는 설을 좋아합니다.

무와 발아배추.

보배 진珍, 저장할 장藏.

보배스러운 것을 저장한다는 뜻인데 겨울나기에 김치만큼 보배스러운 것이 또 있을까 싶은 생각입니다.

서리가 내리고 눈발이 날리기 시작할 무렵 집집마다 김장 김치를 담급니다. 저희 마을은 농사일뿐만 아니라 김장, 된장 담글 때도 품앗이를 합니다. 자식들이 내려와 함께 김장을 하는 집들은 일손이 필요치 않지만 혼자 사는 노인이 많은 마을이라 할매들끼리 서로서로 도와가며 김장을 하곤 합니다.

무는 눈을 맞고 얼면 바람이 들고 맛이 없어지기 때문에 서릿발이 칠 무렵 뽑아서 땅에 묻어뒀던 것을 꺼내 사용하고 배추는 바로 밭에서 뽑아 소금에 절입니다.

김장 김치는 조금 따뜻할 때 담가도 될 것 같지만 김치는 담가두고 시간이 지나면서 온도가 내려가야 군내도 나지 않고 무르지도 않습니다. 초겨울 날씨는 조금 추워졌다가도 금세 날이 풀려버리기 때문에 밖에 두면 김치 맛을 버리게 됩니다. 요즘은 김치냉장고가 있어서 미리미리 담가두는 집들도 있지만 서릿발, 눈발 맞은 배추로 김치를 담가야 아삭하고 단맛이 깊이 나기 때문에 어찌되었건 추위를 견디며 김장을 담가야 함은 불변의 사실입니다.

지금이야 아빠가 돌아가셨으니 그럴 일도 없지만 김장철 즈음이면 날마다 김장을 '일찍 담그자' '늦게 담가야 한다'로 가족들이 옥신각신했었습니다. '노인네들 참 할 일 없이 평생을 저러고 싸운다' 싶은 생각도 들었지만 한쪽이 없어진 지금에서는 무엇이 옳은 건지 모르겠다는 생각도 듭니다.

"어매는 서방 없는 게 안 서운허요?"

"서운허긴 뭘 서운혀. 나는 하나 서운헌 거 없다. 한평생을 왜 이렇게 못 살았나 허는 게 서운허지. 느그들 아녔으면 벌써 요러고 살았어. 느그들 눈에 밟혀 그런 맘 먹었다가도 그만두고 그만두고, 그랬지 뭐!"

"차암 나. 그럼서 왜 나보고 날이믄 날마다 장가가라고 난리다요. 자식 핑계를 대질 말던가. 그렇게 좋은 세상 나도 한번 살아봅시다."

"뭐여?! 그려도 사람이 자식 낳고 가정을 꾸려야 움이 생기는 거여,

움이. 나야 움이 생긴 사람이고 너는 움이고 나발이고 없는, 꾀 홀닥 벗은 홀몸이잖여! 평생 너 잘났다고 혼자 살아봐라. 늙어 장작불 때봐야 방바닥이 얼음장이여, 이것아. 지 애비 못된 건 죄다 골라 닮아서는."

뭐, 그렇습니다. 좋다는 건지 서운하다는 건지 모를 말인거죠.

사실 김장은 이런 느낌입니다. 단순히 김치를 준비해놓는 것이라기보다는 엄마가 말한 '움'을 한겨울 동안 따뜻하게 건사하기 위한 준비라는 생각이 듭니다. 혼자 밥해 먹고 사는 집에 무슨 김장이겠습니까. 시어머니 죽고, 서방 죽고, 자식들은 천리만리 뿔뿔이 흩어지고 홀로 남은 늙은 할매의 장독대는 허전합니다. 할매가 바지런을 안 떠는 사람도 아닌데 젓갈 장독 수도 줄고 간장도 3년에 한 번 담글까 말까 합니다. 움이

늦가을, 양반네 집안에서 김장을 합니다.
장독대 규모로 볼 때 대가大家임을 알 수 있습니다.

줄어든 것이죠. 먹을 사람이 없으니 자연히 장독에 거미가 붙기 마련입니다. 다만 김장철이 되면 새끼들 죄다 모여 복작거리며 지 새끼, 지 서방 입에 생김치에 삶은 돼지고기 싸서 넣어주는 본새가 좋아 봄날부터 무더위 마다하지 않고 준비했던 것이겠죠.

'내 움이로구나.'

자, 이렇게 움을 건사하겠다는 마음으로 김장을 담가보도록 합시다.

고추, 젓갈, 소금, 마늘, 파, 생강, 갓 등 양념으로 쓰일 재료는 앞에서 알아보았습니다. 이런 양념들을 준비해두고 배추와 무를 선별하는 방법을 알아봅시다.

김장철에 시장에 나가면 어마어마한 양의 배추와 무를 볼 수 있습니다. 전주 농산물 시장에만 나가봐도 턱이 돌아갈 지경인데 경기, 서울권은 전국에서 모여든 배추와 무로 파묻힐 상황일 겁니다. 이 수많은 배추와 무 가운데 어떤 것을 선택해야 할까요.

배추는 같은 크기라면 무게가 많이 나가는 것을 고르는 것이 좋습니다. 하지만 김장을 담글 때는 속이 차지 않고 푸른 잎만 무성한 배추도 하나둘 끼워넣는 것이 좋습니다. 김장을 하고 한 달 정도 후에는 하얀 포기김치의 맛이 좋지만 이듬해 여름, 묵은지를 먹을 때는 억세고 질겼

던 푸른 배추가 무르지 않고 아삭한 게 맛이 좋습니다. 그리고 포기 배추를 고를 때는 몇 포기 정도 하얀 속을 열어보세요. 노랗고 하얗게 속이 차 있으면 좋지만 흑반병에 걸린 배추들도 눈에 띌 것입니다. 흑반병은 배추에 있는 당을 소모하는 병입니다. 흑반병에 걸린 배추를 날로 먹어보면 밍숭맹숭하고 단맛도 덜해서 김치를 담가도 맛이 없습니다.

무는 바람이 들지 않은 무를 고르는 것이 중요한데 바람이 들었는지 아닌지 알아내기는 참으로 어려운 일입니다. 시들지 않은 무청이 달려 있는 무라면 믿고 살 수 있겠지만 요즘은 무청을 잘라낸 세척무가 대부분이더군요. 이럴 때는 무를 빙 둘러봐서 색이 일정한지를 보고 얼었던 흔적이 보이거나 껍질이 벗겨진 무는 가급적 피하는 것이 좋습니다.

또한 무는 종류가 다양하기 때문에 만드는 김치의 종류에 따라 선택을 달리해야 합니다. 깍두기나 배추김치의 속으로 쓰일 무는 단단하고 커다란 제주무가 좋습니다.

제주무.

제주무는 육질이 치밀하고 단맛이 많아서 깍두기가 익었을 때도 물렁해지지 않고 아삭한 식감을 유지합니다. 하지만 동치미를 담글 때는 좋지 않습니다. 동치미는 통무를 사용해야 하는데 제주무는 너무 크고 단단해서 맛이 들지 않기 때문이죠. 따라서 동치미에는 작고 단단한 조선무가 좋습니다.

혹시나 해서 하는 말인데, 길고 가느다란 무가 예뻐 보인다고 그걸로 김장할 생각은 마세요. 그건 단무지용입니다. 요걸로 담갔다가는 아마 크게 후회하실 겁니다.

좋은 재료들이 모아졌다면 이제 본격적으로 김장을 해보겠습니다.

위에서부터 순서대로 총각무, 제주무와 조선무, 자색무.

우선 배추와 무를 소금에 절여야 합니다. 간수의 농도는 13퍼센트 정도의 소금물로 하는 것이 정석이지만 어떻게 농도를 정확히 알 수 있겠습니까. 바닷물 정도의 농도로, 아오, 짜다 싶은 정도면 되겠습니다. 배추 잎 사이사이 소금을 뿌려주기도 하고 절여지는 동안 뒤집어도 주고 배추 상태를 확인하면서 숨이 죽지 않으면 간수를 더해주는 과정도 거쳐야 합니다.

그러므로 소금물의 농도를 너무 신경 쓰지는 마십시오. 정말 신경 써야 하는 부분은 통배추를 가를 때입니다. 작은 배추나 속이 차지 않은 배추는 통으로 절여도 되지만 통이 꽉 찬 커다란 배추는 반으로 가르거나 4등분을 해줘야 하는데, 이때 배추 밑동 부분에 칼집을 10센티미터 정도 내고 손으로 갈라줘야 합니다.

손으로 가르지 않고 처음부터 끝까지 칼로 자르게 되면 배추 잎이 단면으로 잘리게 되고 잎이 조각조각 나눠지게 됩니다. 절여진 배추를 맑은 물에 씻다 보면 배추 잎 조각이 많이 떨어져 나오는 경우가 있는데, 배추에 칼을 너무 깊이 넣었거나 완전히 칼로 갈랐을 때 이런 일이 생기게 됩니다.(무슨 말인지 이해가 되시나요?)

손으로 가른 배추를 간수에 한 번 적셔내고 배추 사이사이에 굵은 소금을 흩뿌려줍니다. 그렇게 간을 한 배추를 커다란 통에 차곡차곡 담고 그 위에 무거운 돌이나 물 담은 대야를 올려주세요. 이렇게 12시간 이상 간을 들이면 숨이 죽습니다. 동치미나 백김치용 배추도 이와 같이 절여 사용하면 됩니다.

동치미 무는 작고 단단한 조선무를 선택하고, 뿌리를 손으로 떼어내고 물에 깨끗이 씻어주기만 하면 됩니다. 일부에서는 반으로 가르거나 껍질을 벗겨내는 경우를 보기도 하는데 이렇게 하면 무가 쉽게 무르고 국물이 탁해집니다.

잘 씻은 무를 물기가 마르기 전에 굵은소금에 굴려줍니다. 앞에서 이런 방법을 이야기한 적이 있죠? 네, 우메보시를 만들던 방법 그대로입니다. 물 묻은 무를 소금에 굴리면 '물 묻은 바가지에 깨 엉겨 붙듯' 소금이 달라붙겠죠. 이렇게 소금을 묻혀 항아리에 차곡차곡 담아둡니다. 하룻밤 정도 재워두면 무에 있던 쓴 물이 빠지고 조직이 탄탄해집니다.

고전적인 방식의 김장은 이렇게 야채를 소금에 절이면서 사이사이에 누룩을 넣었다고 합니다. 누룩균이 만든 당을 젖산균이 먹고 젖산을 만들어 발효시켰던 것이죠. 지금은 절인 배추와 무를 맑은 물에 헹궈내는 과정을 거치지만 조선시대 이전 딤채 방식은 한 번의 절임으로 끝났는데, 이렇게 채소를 소금이나 식초에 절여 먹는 식문화는 전 세계적으로 다양하지만 소금에 절였다 헹궈내고 다시 양념을 무쳐 담그는 절임방법은 김치가 유일하다더군요.

김치를 담글 때 야채를 소금에 절이는 이유는 간을 하기 위함이 아닙니다. 야채의 숨을 죽이고 조직을 탄탄하게 만들고 야채에 담겨 있는 물을 빼내 시간이 지나도 맛을 잃지 않게 하기 위함입니다. 또한 물이 빠지면서 쓴 물을 빼내기도 하고 소금으로 야채에 달라붙어 있는 여러 가지 세균을 죽여 김치가 상하지 않게 하는 역할도 합니다.

이렇게 많은 역할을 하고 나면 맑은 물에 헹궈 소금기를 빼냅니다. 여러 번 씻어 쓰고 짠맛을 헹궈내고 소쿠리에 담아 물기도 빼냅니다. 배추가 짜고 양념이 싱거우면 김치에서 군내가 나므로 배추를 잘 씻어줘야 합니다. 또한 물기를 잘 빼내지 않은 김치는 간이 싱거워져 잘 익지도 않고 맛도 없을뿐더러 나중에는 상하게 되므로 물기가 완전히 빠지도록 서너 시간은 기다려야 합니다.

이 시간 동안 해야 할 일이 많습니다. 김치를 항아리에 담아 땅에 묻을 생각이라면 항아리에 연기를 쏘이던지 아니면 알코올로 잘 닦아낸 깨끗한 항아리를 준비해야 하고, 김치냉장고에 저장해두려면 플라스틱 용기를 70도 이상의 뜨거운 물로 헹궈 잘 말려둬야 합니다. 특히 동치미를 담을 항아리나 통은 세심하게 신경을 써야만 군내가 나지 않는 동치미를 오랫동안 맛볼 수 있습니다. 장이든 김치든 담는 그릇이 깨끗해야 함은 불문율입니다.

물기가 빠지는 동안 김치 양념을 만듭니다. 찹쌀가루로 풀을 쒀 식혀 둡니다. 찹쌀풀은 젖산균에게 당을 제공하여 발효를 촉진시킬 것입니다. 집에서 만든 액젓은 한 번 끓여 잡균을 제거해야 합니다. 액젓에는 젖산균도 많지만 여러 호기성 세균도 함께 담겨 있기 때문에 자칫 김치를 썩게 만들 수 있으므로 끓여주는 것이 좋습니다. 나중에 첨가하는 새우젓에 있는 젖산균으로도 충분히 발효시킬 수 있습니다.

젓갈을 따로 넣지 않아도 젖산균은 여러 채소와 양념, 여러분의 손을 통해서도 김치로 들어오게 되고 여기에 누룩을 조금 첨가하면 발효를 촉진할 수도 있으니 비린내를 싫어한다면 누룩을 사용해보세요.(누룩균이 김치의 발효를 일으키는 것이 아닙니다. 누룩균이 만든 당분을 젖산균이 먹이로 삼아 젖산을 만들어내는 것입니다. 따라서 누룩을 많이 넣으면 김치 술이 될 수도 있으니 조금만 넣으세요.)

멸치육수도 끓여서 식혀두세요. 멸치육수는 감칠맛을 더하는 김치 국물을 만들어줍니다. 김치 국물이 자작한 걸 좋아하면 육수를 많이 넣고,

된 것을 좋아하면 육수를 진하게 끓여 조금만 넣어주세요. 옛날에는 설렁탕을 넣기도 하고 꿩을 삶아 기름을 걷어낸 국물을 김치 국물로 사용하고 고기는 쪽쪽 찢어 김치 사이사이에 넣었다가 삭혀 먹기도 했다네요. 어떤 맛인지 꼭 맛보고 싶은 음식 중 하나가 꿩김치입니다.

무는 곱게 채를 썰어놓고 갓은 얼청갓으로 넉넉히 준비해두세요. 무는 냄새와 맛을 다스리는 식재료입니다. 모든 맛을 품을 수 있고 모든 냄새를 흡수합니다. 그래서 회 접시에 무채를 깔고 그 위에 생선을 올리는 것이죠. 회 접시의 무채는 장식용이 아닙니다. 회 한 점을 먹고 무채로 입을 닦아내는 용도이니 무채를 홀대하지 마시고 입을 행궈내는 데 사용하세요. 회와 함께 먹어도 맛이 좋습니다.

갓은 발효를 억제하는 성질을 가지고 있습니다. 갓김치는 잘 익지 않지만 익고 나면 톡 쏘는 맛이 일품인데 김치에 갓을 넉넉하게 넣으면 긴 시간 동안 신선한 김치를 맛볼 수 있고 묵은지가 되었을 때 시원한 맛을 더하는 역할을 하게 됩니다.

마늘은 항균작용을 해 유해균을 다스리는 역할을 하지만 많이 넣으면 누린내가 나니 적당한 양을 맞추는 것이 중요합니다. 생강은 향을 더하고 비린내를 다스리지만 많이 넣으면 쓴맛의 원인이 될 수 있습니다. 파는 대파와 쪽파를 반씩 넣는데 오래두고 먹을 김치라면 조금만 넣는 것이 좋습니다. 파가 많이 들어가면 오래 묵혔을 때 군내의 원인이 됩니다.

김치에 약간의 단맛을 더하면 발효에도 도움이 되고 맛도 좋아집니다. 보통 설탕이나 뉴슈가를 넣는데 과일을 갈아 넣는 것이 가장 좋습니다. 언젠가 텔레비전에서 임지호씨가 김치 담그는 모습을 보았는데 바나나를 갈아 넣더군요. 단맛이 풍부한 과일이라면 어떤 과일이든 김치에 넣을 수 있습니다. 키위도 좋고 사과, 배도 좋습니다. 홍시는 두말할 것 없고요.

젓갈은 액젓과 새우젓을 준비하는 것이 좋은데 새우젓 같은 경우 맛도 좋지만 새우껍질에 있는 키토산이 발효를 억제합니다. 따라서 액젓은 원하는 것으로 준비하되 새우젓을 함께 첨가하는 것이 좋습니다.

고춧가루는 취향에 따라 준비하세요. 매운 것을 좋아하면 청양고추를, 덜 매운 것을 좋아하면 일반 고춧가루를, '이것도 저것도 난 상관없다' 하시면 고추장 편에서 소개했던 방법대로 해보세요.

깍두기나 나박김치를 담글 때 붉은 물이 곱게 들게 하고 싶다면 곱게 빻은 고춧가루를 미지근한 물에 잘 개서 30분 정도 두세요. 이걸로 김치를 담그면 고춧물이 무를 붉게 물들입니다.

뭐 이 정도면 김치 양념으로는 충분하지만 남도에서는 몇 가지를 더 준비합니다. 생굴을 넉넉히 마련하고 신선한 갈치 토막도 실한 놈으로 몇 마리 준비합니다. 가자미 살이나 싱싱한 대하를 껍질 벗겨 준비하는 집도 있습니다. 실한 꽃게를 준비하기도 하고 펄펄 뛰는 토하를 준비하기도 합니다. 언젠가 진부령 근처에 갔더니 김치에 황태가 달려나오기도 하더군요. 고것, 맛이 일품이었습니다.

이런 재료의 준비는 나중에 있을 즐거운 놀이를 위한 것입니다. 바로 보물찾기죠. 갈치나 가자미, 꽃게는 가장 나중에 꺼내 먹을 김치에 넣는데 이듬해 묵은지에서 발견된 갈치 토막이나 꽃게의 맛은 아오, 죽음이죠.

반면 생굴은 바로 먹을 겉절이나 생채에 넣기 위함입니다. 오래 묵힐 김치에 생굴을 넣으면 김치 맛을 버립니다. 한 달 안에 먹을 김치에만 생굴을 넣으세요.

이렇게 준비한 양념들을 커다란 대야에 모두 쏟아 넣고 붉디붉은 김치 양념을 만듭니다. 김치 양념은 남을 만큼 넉넉하게 만드세요. 김장을 다 담고 양념을 남겨 냉동실에 보관해뒀다가 봄동이 나오면 봄동에 무쳐 먹고 입맛 없는 봄날 달래를 이 양념에 무쳐 먹으면 밥이 꿀떡꿀떡 넘어갈 겁니다.

절인 배추의 물도 빠지고 양념도 다 만들어졌네요. 백김치 양념을 이야기하지 않았는데 백김치는 다음 편 '다양한 김치'에서 다루겠습니다.

우선 동치미부터 담가보죠. 소금에 절여뒀던 무를 잘 씻어줍니다. 동치미는 처음부터 끝까지 정갈해야만 시원한 맛을 낼 수 있습니다. 무를 씻을 때도 깨끗한 물로 씻고 물기도 잘 빼줘야 합니다. 무를 항아리에 담고 절인 배추도 함께 넣어주세요. 갓도 듬성듬성 썰어 넣고 쪽파도 큼직큼직하게 썰어 넣어줍니다. 마늘과 생강은 적당한 크기로 썰어 베주머니에 담아서 넣어주세요. 배는 껍질을 벗기지 않고 통째로 넣어주세요. 고추는 절인 고추를 넣어줍니다. 고추장아찌 말이죠.

늦가을 서리가 내리기 직전에 고추와 고춧잎을 따서 소금물로 고추장아찌를 담가두세요. 고추는 염도가 높은 소금물로 절여야 간이 잘 배기 때문에 싱싱한 고추를 동치미에 넣으면 잘 익지 않고 썩게 됩니다.

이렇게 재료를 차곡차곡 넣고 여기에 간수를 넣어주세요. 조금 짜다 싶을 정도의 간수를 넣어야 배추와 무에 스며들고 나중에 간이 맞게 됩니다. 여기에 대나무 잎을 항아리 속이 보이지 않을 만큼 가득 올려주세요. 댓잎 향이 배기도 하지만 대나무 잎이 항균작용을 해 동치미를 상하지 않게 합니다. 댓잎 위에 대나무 발을 치고 그 위에 무거운 돌을 눌러 모든 재료가 물에 잠기게 하고 밀봉하여 공기가 들어가지 않도록 합니다.

동치미는 담글 때도 신경을 써야 하지만 담고 나서도 신경을 많이 써야 합니다. 온도 변화가 10도 이상 나지 않게 주의해야 하고 절대로 손으로 내용물을 꺼내서는 안 됩니다. 손에 묻어 있던 세균에 아주 쉽게 감염되기 때문이죠. 염도는 낮고 국물에 산소가 풍부하고 발효과정에서 여러 가지 당분들이 생겨나기 때문에 손끝에 묻어 있는 세균만으로도 동치미 한 통을 상하게 할 수 있습니다. 이때 스테인리스로 만든 사발, 국자 등이 매우 유용합니다.

이렇게 주의를 기울여 한 달 정도 시간이 지나면 상큼하고 알싸한 동치미를 맛볼 수 있습니다.

일반적으로 동치미 국수는 이렇게 만들어진 동치미에 국수를 말아 먹는 것으로 알려져 있는데 오리지널 동치미 국수는 여기에 아주 중요한 한 가지를 더 첨가합니다. 바로 꿩을 끓인 국물과 꿩고기 고명입니다. 맑게 끓여 식힌 꿩 국물과 동치미 국물을 1대 2의 비율로 넣고 배추와 무, 갓, 절인 배를 올리고 꿩고기를 찢어 고명으로 올려야만 진정한 동치미

동치미.

국수가 되는 것입니다.

1915년 빙허각 이씨가 저술한 『부인필지』에서는 이를 '명월 생치침채'라 일컬었습니다. 맛있냐고요? 네! 지금까지 먹었던 동치미 국수는 전부 가짜로 여겨질 정도입니다.

또한 같은 책에서 "동치미국에 국수를 말고 무와 배와 유자를 얇게 저며 넣고 제육 썰고 계란 부쳐 채쳐 넣고 후추를 넣으면 이름하야 명월관 냉면이라 하니라"라고 서술하고 있는데 명월관 냉면이 이렇던가? 내 올겨울 명월관 냉면을 만들어 먹어보고 기존 명월관 냉면보다 맛이 좋다면 적극 추천해보도록 하겠습니다.

아빠가 돌아가시고 나선 어매가 동치미를 담그지 않습니다. 그래서 얼마 전에 물어봤죠.

"왜 요새 어매는 동치미를 안 담는댜?"

"그것을 누가 먹는다고 담어?"

"누가 먹기는. 안 담으니까 안 먹지!"

생치침채.

"담으믄 먹을래?"

"암만! 먹고 잚어도 담어야 먹지!"

"내가 이가 시려서 안 담었어.(배시시)"

"엄마! 어매 이 시렵다고 안 담는다요. 참나. 내 이빨은 삶은 무라도 씹었능가?"

"그려. 올해는 담자. 그까이꺼 못 담겄냐."

그래서 올해는 동치미를 먹을 수 있게 되었습니다. 오리지널 명월관 냉면을 선보이리라!

자, 이제 배추김치를 담가보겠습니다. 배추김치 담그는 것은 수없이 많이 봤을 것입니다. 잘 절여진 배추의 잎을 한 장씩 들어 올리며 사이사이에 양념을 넣고 겉잎으로 잘 오므려 차곡차곡 단지에 담는 것이죠. 이렇게 담을 때 미리 먹을 김치는 포기가 찬 하얀 배추에 굴을 넣어 담고, 나중에 개봉할 김치는 푸른 잎이 많은 배추에 갈치나 가자미를 넣어 담습니다.

토하 같은 경우는 양념에 바로 넣고 버무려 김칫소로 사용하지요. 꽃게는 김칫독 중간에 덩그러니 한 마리씩 넣어주세요. 꽃게 껍질에 있는 키토산이 발효를 억제합니다. 그러나 의외로 비린내가 많이 납니다. 발효되면서 여타 생선들보다 비린내를 많이 내기 때문에 비린 것을 싫어하는 분들은 꽃게를 넣지 말고 게 껍질 분말을 베보자기에 싸 김칫독 중간중간에 넣어두면 발효를 억제할 수 있습니다.

이렇게 김칫독에 김치를 담고 꾹꾹 눌러주세요. 김치 사이사이에 있는 공기를 빼줘야 호기성 세균들이 오래 살아남지 않습니다. 그리고 비닐이든 한지든 뭐든 밀봉할 수 있는 것으로 단단히 단지를 밀봉해주세

배추김치 담그는 모습.

요. 밀봉한 단지가 1~10도의 온도로 유지될 수 있도록 땅을 파고 묻어줍니다. 이렇게 묻어주면 김치가 숨을 쉬기 시작합니다.

김치에게 호기성 세균들은 적일 수 있지만 김장 초기에는 김치 발효에 크나큰 공을 세웁니다. 김장하고 열흘 정도가 지난 김치를 미친 김치라고 부릅니다. 부풀어 오르고 국물은 질질 흐르고, 쓰고, 맛은 더럽게 없지요. 이때가 호기성 세균들이 득세를 하고 젖산균들은 숨을 죽이고 있는 시기입니다. 공기도 충분하고 찹쌀풀을 넣어줘서 먹을 것도 풍부하니 살판난 겁니다. 배추가 상해가는 시기죠. 부풀어 오르고 쓴맛을 내게 됩니다. 그러다 공기가 점점 줄어들면서 호기성 세균들이 죽게 됩니다. 이때부터 젖산균이 슬금슬금 기어 나옵니다. 호기성 세균들의 시체를 먹기 위해서입니다. 호기성 세균들의 시체를 야금야금 주워 먹고 찹쌀풀에서 나온 당분도 먹습니다. 그러곤 젖산 똥을 싸댑니다. 젖산균들은 온도가 낮으면 활동이 느려지기 때문에 김치는 서서히 발효가 됩니다. 김장을 했는데 갑자기 온도가 올라간다? 시어터지는 이유가 바로 젖산균이 활발하게 활동하기 때문이죠. 그래서 갓도 넣고 키토산도 넣고 댓잎도 넣고 새우젓도 넣어 발효를 억제시키는 것입니다.

또한 '어느 김치든 김이 나가면 못쓴다'고 했습니다. 작은 항아리에 여러 개로 나눠 저장하고 개봉한 김치는 빨리 먹는 것이 좋습니다.

김치는 참 이상한 음식입니다. 식초, 설탕, 소금에 절이는 음식들은 절대적으로 발효를 억제시켜 식재료를 보전하려는 노력에서 나온 음식들인 데 반해 김치는 발효를 촉진하는 식재료와 발효를 억제하는 식재료를 한데 몰아넣고 에헴 하고 기다리잖습니까? 익기를 바라면서 익지 않기를 바라는, 아슬아슬한 작두날 위에서 김치는 널을 뜁니다. 이렇게 널뛰는 김치를 다스리고 맛을 내게 해서 밥상에 올렸던 할매와 어매들은 위대했습니다.

김장 김치만 김치인 것은 아니죠. 김장 김치는 빙산의 일각입니다. 다음 편에서는 계절마다, 절기마다 만들어 먹던 수많은 김치에 대해 간략하게 알아보도록 하겠습니다.

열넷. 다양한 김치

가장 자유로운 음식, 김치

여러분은 김치 하면 어떤 김치가 떠오르나요? 보기도 좋고 맛도 좋은 배추김치? 동치미? 경상도 분들은 방아잎장아찌가 떠오르나요? 경북, 강원 해안가에 살았던 분들은 생선식해가 떠오를까요? 강원도 산간 지방에 살았던 분들은 어떤가요?

저는 김치 하면 5월에 부드럽게 자라난 열무로 담근 물김치가 떠오릅니다. 전라도 인근에서는 물김치를 '싱건지'라고 부릅니다. 대부분의 사람은 어머니가 만들어주셨던 특별했던 김치가 떠오를 겁니다. 저도 엄마가 만들어주던 싱건지가 김치 하면 제일 먼저 떠오릅니다. 엄마의 싱건지는 마을에서도 으뜸이어서 대소사가 있을 때 꼭 싱건지를 담갔습니다.

대부분의 엄마들이 그렇겠지만 저희 엄마도 레시피가 없습니다. 매번 재료의 양이 달라지고 들어가는 재료의 종류도 다르지만 그 맛이 변하지 않는 것을 보면 레시피란 결국 참고 자료일 뿐이라는 생각이 듭니다.

김장 편에서도 잠깐 언급했지만 김치는 너무도 많은 변수를 가지고 있는 음식이어서 통제가 쉽지 않습니다. 온도, 소금의 종류, 채소의 발육 상태, 젓갈의 종류 및 숙성 상태, 물의 특성, 김치에 들어가는 재료의

양과 질, 특성 등이 결정적으로 맛을 좌우하기 때문에 통제를 목적으로 하는 레시피는 참고 자료에 국한될 수밖에 없습니다. 달리 말하면 자유롭게 변형이 가능하다는 뜻이기도 합니다.

1995년에 조사한 바에 의하면 김치류 및 절임류의 종류는 총 336종이라고 하는데, 이는 학술용으로 만들어진 자료로, 근거를 제시할 수 있는 것들로만 모아진 것이기 때문에 실제로는 이보다 곱절은 더 많은 종류의 김치가 있을 것으로 생각됩니다.

쉽게 말해 모든 채소류를 열거하고 거기에 김치라는 이름을 붙여도 큰 하자는 없다는 뜻이죠. 종류도 많고 할 이야기도 많지만 논문이 아닌 이상 어느 계절에 어떤 김치가 맛있고 그 김치를 어떻게 만들 수 있는지 정도만 이야기하겠습니다.

일반적으로 김치 하면 발효식품으로 알고 있지만 발효를 거치지 않고 단순히 소금에 절이거나 양념에 무쳐 바로 먹는 김치도 많습니다. 짠지와 겉절이를 말하는 것이죠. 짠지는 명쾌합니다. 순수한 염장입니다. 소금과 채소로만 만들어지는 짠지는 저장이라는 목적에 충실합니다.(수입되어 들어오는 단무지, 연근, 송이, 죽순 등은 먹을 수 없을 만큼 짭니다.)

깻잎장아찌와 무짠지.

당진항에 가면 이런 염장된 채소들이 엄청나게 들어옵니다. 이를 가공업자들이 사들여 물에 우려내 짠맛을 빼내고 향신료와 감미료를 첨가해 시중에 유통시킵니다. 이런 염장 제품들을 김치라고 말하긴 어렵겠죠. 어느 시대부터 염장을 하던 것이 짠지로 변하게 된 것인지는 알 수 없지만 소금의 양을 줄여 오랜 시간 발효시킨 것으로 보입니다.

순수한 염장은 상태를 온전하게 유지시키는 것이지만 짠지는 염도를 줄여 발효시킵니다. 소금보다 염도가 낮은 간장으로 염장하는 무짠지나 깻잎짠지, 마늘종짠지는 염장이라는 이름에서 완전히 벗어나 김치의 형태를 띱니다. 간장의 짠맛으로 신선도를 유지함과 동시에 간장의 맛과 향이 배어 채소의 성질을 변화시킵니다.

전주의 유명한 매운탕집에선 독특한 시래기를 사용합니다. 김장철 시래기가 흔할 때 사들여 소금으로 염장합니다. 다른 양념은 넣지 않고 소금으로만 너무 짜지 않을 정도로 염장하죠. 느린 속도로 발효되게 만드는 것입니다. 이렇게 염장하고 1년 후에 물에 담가 염분을 빼내고 사용한다더군요. 이렇게 염장한 시래기는 쫄깃하고 아삭합니다. 쫄깃하면 아삭하지 말아야 하거늘, 너는 어찌 쫄깃하면서 아삭할 수 있단 말이더냐!

염장한 시래기와 겉절이.

발효를 통해 시래기의 성질을 변화시킨 것입니다.

소금을 많이 넣어 신선도를 유지시키는 염장은 채소의 성질 변화가 거의 없습니다. 하지만 소금의 양을 적당히 조절하고 기다리면 독특한 맛이 난다는 것을 할매들은 알았던 것이죠. 이것이 김치의 기본 되겠습니다.

이와 반대에는 겉절이가 있습니다. 겉절이는 말 그대로 겉만 절여 먹는 김치입니다. 샐러드와 전혀 다르지 않습니다. 짠지와는 정반대의 입장에 서 있죠. 겉절이는 무쳐서 바로 먹지 않으면 맛이 없습니다. 상추 겉절이를 먹다 남기면 참 난감합니다. 상추 간장이라 하는 편이 나을 것입니다. 상추에서 물이 나와 간장도 맛이 없거니와 숨 죽은 상추는 혐오 그 자체입니다.

겉절이는 신선한 야채를 맛있게 먹고 싶다는 마음에서 만들어진 김치입니다. 이 또한 발효와는 무관합니다. 발효되면 안 됩니다. 설탕을 넣고 달게 무친 겉절이가 시간이 지나 발효되면 먹자니 속이 울렁거리고 버리자니 아까운, 곤란한 상황에 직면하게 됩니다. 겉절이는 만들자마자 바로 먹는 것이 진리죠. 남으면 밥을 비벼서라도 입에 구겨 넣으시라. 남기면 남는 것은 후회뿐이로다!

겉절이는 거의 대부분의 채소로 만드는 게 가능하다 보시면 됩니다. 간장으로 맛을 낼 수도 있고 김치 양념으로 매콤하게 맛을 낼 수도 있습니다. 샐러드 야채를 김치 양념에 버무려 드셔보셨나요? 김치 양념을 덜 짜고 달달하게 만들어서 다양한 허브를 조합해 버무려 먹으면 독특한 겉절이(샐러드라 불러야 할까요)를 맛볼 수 있습니다. 한국에서는 아주 다양한 야채로 겉절이를 해 먹어왔기 때문에 생경하고 거부감 드는 맛으로 느껴지지 않습니다. 한번 시도해보세요. 이러한 겉절이도 김치의 기본 되겠습니다.

김치는 이 두 가지 기본이 되는 요리 방법을 조합해 만들어집니다. 장아찌는 짠지의 변형이고 생채는 겉절이의 변형입니다. 외형적으로 조금 다른 물김치와 동치미는 짠지를 만드는 과정의 변형으로 보시면 되겠습니다.

김치는 어떤 기준이냐에 따라 아주 다양한 분류가 가능합니다. 재료나 담그는 방법, 모양에 따라 분류할 수도 있고 지역별로 분류할 수도 있습니다. 저는 담그는 방법으로 분류해서 이야기를 진행하겠습니다.

겨울파 이야기를 하면서 봄동을 말했었죠. 가을에는 못난 배추라 밭에 남겨져 외롭게 겨울을 났지만 초봄이 되면 이만한 먹거리도 없습니다. 봄동뿐 아니라 초봄에 산과 들에 나는 것들은 연하고 부드러워서 겉절이를 하기에 매우 좋습니다. 쑥, 달래, 냉이, 머위, 미나리순, 노지시금치 등은 국을 끓이거나 나물을 무쳐도 맛이 좋지요.

초봄에는 적당히 잘 익은 김장 김치의 맛이 좋을 때이기 때문에 겉절이는 김치라기보다는 신선한 야채를 먹는다 생각하고 무심하게 무쳐 새순의 신선함을 최대한 살리는 것이 좋습니다. 간도 무심하게 하고 향신료도 되도록 적게 넣어 무쳐내거나, 옅게 만든 초간장에 참기름만 조금 넣고 조물조물 무쳐내는 것도 상큼한 봄나물을 맛있게 먹을 수 있는 방법 중 하나입니다. 또한 초고추장을 묽게 만들어 샐러드에 드레싱을 올리듯 뿌려 먹는 것도 좋은 방법이죠.

이같이 겉절이는 재료 본연의 맛을 살리는 데 목적이 있기 때문에 묵직하게 양념하지 않고 간장이나 옅은 멸치액젓으로 간을 하는 것이 좋습니다. 땅이 녹기 시작할 즈음에 캐낸 도라지는 쓴맛이 덜하고 단맛이 물씬 나며 향도 엄청 좋아요. 이 도라지를 아삭한 미나리와 함께 초고추장에 무쳐 먹으면……. 이렇게 겉절이를 해 먹을 수 있는 시간은 그리 길지 않습니다.

4월 중순을 넘어서면 채소들이 억새지고 풋내가 나기 시작하므로 이때는 겉절이보다는 소금에 절여 숨을 죽이고 풋내를 빼낸 양념김치를 주로 먹게 됩니다.

물김치는 여리고 신선한 채소면 무엇으로든 담글 수 있는 김치입니다. 5월이 되면 묵은지는 먹기에 질리고 봄철 연한 산채들은 쇠고 여름에 나올 오이나 가지 등은 아직 밭에 나지 않을 때입니다. 특별히 눈에 띄는 채소가 없는 이때 가장 맛있는 것이 열무와 돌미나리입니다.

제가 좋아하는 열무 물김치는 4월 중순부터 만들어 먹기 시작하는데, 이때의 열무는 겉절이를 해 먹기에는 크게 자랐지만 새순들보다 훨씬 아삭한 식감을 가지고 있기 때문에 물김치를 담기에 알맞습니다. 이 시기는 총각무도 함께 나오는 철인데 총각김치를 담가도 좋고 물김치로 만들어도 맛이 좋습니다. 물김치는 오이, 배추, 무, 미나리, 가지, 고구마순, 여러 과일 등 식감이 아삭하고 부드러운 채소라면 무엇으로든 만들 수 있는데 이 글에서는 열무와 돌미나리로 물김치를 만드는 방법을 알아보겠습니다.

봄에서 늦여름까지 나는 채소들은 기운은 좋지만 인내력이 부족합니다. 김장 배추는 하루는 소금에 절여야 숨이 죽지만 여름 채소는 소금을 뿌리고 30분만 지나면 쉽게 숨이 죽습니다. 그만큼 연하다는 이야기겠죠. 열무로 양념김치를 담글 때는 소금으로 숨을 죽이고 물에 씻어 양념에 버무리지만 물김치는 다른 방법으로 만듭니다.

우선 물김치에 들어갈 채소들을 적당한 크기로 잘라 통에 바로 넣습니다. 열무와 미나리를 썰어 넣고 양파도 한두 개 썰어 넣으세요. 매콤한 맛이 좋다면 고추도 서너 개 어슷 썰어 넣으시고요. 쪽파가 좋은 계절이죠. 쪽파도 한 움큼 넣으세요. 마지막으로 생강과 마늘을 곱게 다져 넣으면 얼추 다 들어간 것입니다. 여기에 원하는 다른 채소를 더 첨가해도 좋습니다.

이렇게 재료가 준비되면 멸치육수에 찹쌀가루를 넣어 찹쌀풀을 만듭니다. 찹쌀풀을 만들 때 소금간을 짜다 싶을 정도로 해서 식힌 후에 준비한 야채에 끼얹고 뒤적뒤적 버무려주세요. 짭짤한 찹쌀풀로 숨을 죽이는 과정입니다. 잘 버무리고 꾹꾹 눌러 하룻밤 정도 재워두면 야채의 숨이 죽고 자박하게 물이 나와 있을 것입니다. 여기에 소금간을 한 생수를 부어주는데 김치의 염도를 봐가며 물을 넣어주세요. 이미 간은 다 배었기 때문에 이때의 간이 계속 유지됩니다. 채소의 풋내를 좋아하면 하루 이틀 지나 바로 먹을 수 있고 익은 김치를 좋아하면 4~5일이면 맛있는 물김치를 맛볼 수 있습니다.

보통 김치는 야채를 소금에 절여 풋내를 잡고 숨을 죽이지만 물김치는 풋내를 즐긴다고 보시면 됩니다. 적당히 즐길 만하니까 즐기는 것이지 여름이 짙어지면서 열무가 쇠면 풋내가 심해 물김치를 담기에는 무리입니다. 이 열무물김치에 국수를 말아 먹고 싶으면 담글 때 고춧가루를 물에 불려 넣어주세요. 색도 좋고 칼칼해서 초여름 입맛 살리기엔 그만이겠죠.

이외에도 여러 물김치를 담그는 방법은 이와 대동소이합니다. 봄철 돌

물김치 만들기.

나박김치.

나물 물김치는 숨 죽이는 시간을 짧게 하는 것만 다르고, 겨울철 나박김치는 숨 죽이는 시간을 늘리고 물의 양을 조금 덜 잡는 차이가 있을 뿐입니다. 이름이 지어지지 않은 나만의 김치도 이런 방법으로 담가 먹을 수 있습니다.

제가 어릴 때 먹을 것이 그리 귀했던 것도 아니었는데 엄마는 수박 껍질이 아까웠던 모양이에요. 딱딱한 겉껍질을 벗겨내고 하얀 속껍질을 나박나박 썰어 물김치를 담곤 했는데 맛이 좋았습니다. 그런데 꼰대 눈에는 근천맞은 것으로 보였나봐요. 반찬 투정이 워낙 심했던 양반이라 그 뒤로는 밥상에서 사라지고 말았죠. 여지껏 기억하지 못하고 있었는데 이 글을 쓰면서 기억이 났네요. 어쨌든 수박 속껍질로도 물김치를 담글 수 있다는 것이죠.

늦여름에서 초가을 무렵에는 연한 채소가 없습니다. 그래서 이 시기에는 고구마순을 벗깁니다.

벗겨요. 벗기죠. 벗깁니다.

자기 혼자 벗지 않으니 벗겨내서 물김치도 담고, 양념김치도 담고, 기름에 볶아 먹기도 합니다. 이렇게 껍질 벗긴 고구마순으로 물김치를 담그면 연한 분홍빛의 국물이 나와요. 맛도 좋고 색도 아주 예쁩니다. 물김치는 동치미처럼 깔끔 떨지 않아도 되는 음식이고 비교적 담가 먹기도 쉬우니 부담 갖지 말고 손쉽게 만들어보시길 바랍니다.

장아찌는 계절을 가리지 않고 만들고 계절을 가리지 않고 먹습니다. 작년에 담근 매실장아찌를 올봄에 먹기도 하고 3년 전에 담근 마늘장아찌를 깜빡 잊고 있다 꺼내 먹기도 하죠. 장아찌는 그 계절에 나는 조금 딱딱한 채소나 과일로 담가 무르지 않게 보관한 음식입니다. 봄에는 매실과 죽순, 두릅이 대표적입니다.

한철 잠깐 났다 사라지기 때문에 장아찌를 담가두고 오래오래 먹는 것인데요, 장아찌는 짠지와 달리 호불호에 따라 만드는 방법이 수도 없이 많습니다. 식초가 들어간 초절임도 있고 설탕이나 간장에 절이기도 하고, 고추장에 박아두거나 된장에 묻어두기도 합니다. 양조장이 가까이 있는 집들은 술지게미에 소금을 넣고 절여 먹기도 하죠. 어떤 레시피를 굳이 추천하고 싶은 생각은 없습니다. 이 글에서는 계절마다 담그는 장아찌와 조금은 특별한 몇 가지 장아찌를 소개하는 것으로 마무리하겠습니다.

여름엔 오이와 마늘, 마늘종, 양파, 울외, 참외, 개구리참외 등으로 장아찌를 만듭니다. 오이에 대한 이야기는 잠시 후에 하기로 하고 여기서는 울외장아찌에 대해 이야기하겠습니다. 울외장아찌는 단무지를 만드는 방법과 맥을 같이합니다. 술지게미(주박)를 이용해 발효 숙성시키는 것인데 청주를 만들고 남은 술지게미로 만들어야 그 맛을 낼 수 있습니

무장아찌, 집에서 만든 단무지, 마늘종장아찌.

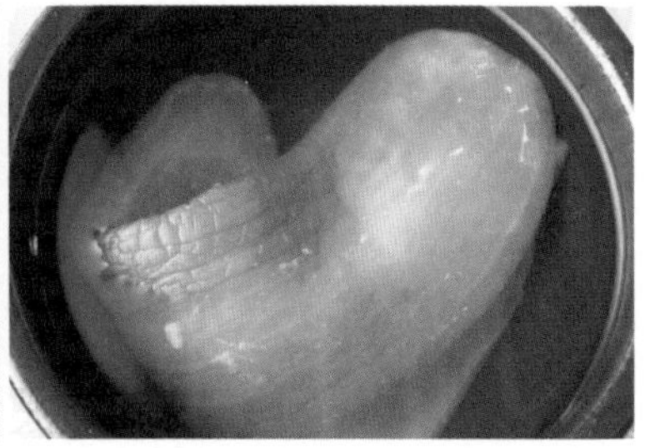

울외와 울외로 담근 장아찌. 울외장아찌는 술지게미를 씻어내고
6시간 이상 물에 담가 짠맛을 빼내고 먹습니다.

다. 술지게미로 담근 장아찌는 주정과 당분으로 발효시키기 때문에 아주 독특한 술맛이 납니다. 요즘 단무지는 어떻게 만드는지 모르겠지만 예전에 술지게미와 맵재(왕겨)를 넣어 집에서 만들었던 단무지는 독특한 술맛이 났었습니다.

아! 갑자기 생각났는데요, 저는 다꽝(단무지) 반찬을 정말 싫어했습니다. 저희 엄마는 단무지를 무지하게 담가서 도시락에 주구장창 무쳐 넣어줬거든요. 지금의 중국집 단무지와는 비교불가의 맛이었죠. 지금 생각해보면 참 맛있는 단무지였는데.

제가 고기 이야기할 때 군산에 백화양조가 있다고 했었잖아요. 여기서 청주를 만듭니다. 백화양조에서 술을 만들고 남은 술지게미가 처치곤란이었기 때문에 인근의 사람들에게 공짜로 나눠주거나 헐값에 내주었다고 합니다. 그걸로 장아찌를 만들어 먹었던 것이죠.

또한 군산은 아직도 일본 문화가 대단히 많이 잔재해 있는데, 일제시대 곡물 수탈의 전진기지였기 때문에 일본인이 많이 거주했고 따라서 그들의 식문화가 자연스럽게 민중으로 퍼져나간 것으로 보입니다. 어른들은 울외장아찌를 나나스끼(나라스게, 나라즈케)라고 말해야 알아듣습니다. 술지게미에 장아찌를 담가 먹는 식문화는 일본인이 남기고 간 것입니다.

사실 울외 자체는 정말이지 형편없는 맛을 가지고 있습니다. 딱딱한데다 아무리 익어도 설익은 참외만도 못한 맛을 내죠. 이 못난이 울외를 반으로 갈라 씨를 발라내고 소금을 뿌려 절인 뒤 무거운 돌로 눌러 물기를 빼냅니다. 그러고는 꾸덕꾸덕해질 때까지 말려서 설탕과 소금을 가미한 술지게미에 묻어두면 아주 근사한 맛으로 바뀝니다. 스스로 못났다 여기지 말고 술지게미를 찾아보세요. 울외장아찌처럼 매력적인 사람이 될 수 있습니다.

가을이 되면 장아찌를 담글 재료가 많아집니다. 단단하게 여문 것들이 풍성한 계절이죠. 무와 배추는 말할 것도 없고 감, 배, 사과, 밤, 아그배 등의 과일과, 다양한 버섯을 비롯해 서리 맞기 전에 단단하게 여문 고추와 고춧잎, 깻잎 등으로 장아찌를 만듭니다.

감장아찌.

잘 담근 감장아찌 하나면 열 반찬 안 부럽죠. 감장아찌는 딱딱하고 떫은 감을 소금에 절이고 고추장이나 된장에 묻어뒀다 먹는 것인데 저는 개인적으로 달달한 고추장에 묻어뒀던 것이 맛있더군요. 취향에 따라 초간장에 담기도 하고 피클처럼 뜨거운 단촛물로 담기도 하더군요.

오이는 봄부터 가을까지 은혜로운 채소이니 따로 이야기하겠습니다. 어려도 늙어도, 껍질을 벗겨도 안 벗겨도 맛있고, 겉절이나 양념김치, 물김치를 담가도 맛있고 짠지, 장아찌, 피클을 담가도 맛있고 술지게미에 묻어둬도 맛있고 된장에 박아둬도 맛있고요. 오, 국수에 올려도 맛있고 비빔밥에 넣어도 맛있고 회무침에 넣어도 맛있고 기름에 볶아도 맛있는 오이!

오이는 모든 종류의 김치를 만들 수 있습니다. 물론 무와 배추도 모든 종류의 김치를 만들기에 적당한 채소이지만 봄부터 가을까지 그만큼 변함없이 저렴하게 내 입을 만족시키진 못하지요. 오이타령까지 했으니 오이로 김치 담그는 법은 건너뛰겠습니다.

아참, 한 가지! 소금물에 절이는 '오이지'는 반드시 냉장고에 보관하시고 동치미만큼 주의를 기울여야 제대로 된 맛을 볼 수 있습니다. 온도가 높거나 온도 변화가 일어나거나 손끝에 묻은 세균이 침입하면 다음 날 즉시 허옇게 뜬 물이 올라옵니다. 해봐서 압니다. 독 하나를 죄다 버리고 말았죠.

백김치는 그냥 좋아해서 써봅니다. 참 고급스러운 음식입니다. 만들긴 그리 까다롭지 않은데 보관하고 숙성시켜 상에 올리기까지가 어렵습

니다. 아무리 후진 밥상이라도 백김치 하나 올라 있으면 고개가 끄덕여지죠. 그런데 맛없으면 당장 숟가락 내려놓고 싶은 음식이 백김치이기도 합니다.

백김치는 단단한 김장용 배추나 고랭지 배추로 담가야 맛이 납니다. 절이는 방법은 김장 배추 절이듯 하면 되는데 양념에 특히 신경을 써야 합니다. 우선 젓국과 고춧가루가 들어가지 않기 때문에 빨리 시어지게 됩니다. 그래서 생강을 김장 김치 양념보다 조금 더 넣고 갓도 조금 더 넣습니다. 백김치는 양념을 다져 넣는 것이 아니라 채를 쳐서 넣습니다. 왜 그래야 하냐고 묻진 마세요. 양반님들 문화가 그랬다지요.

김장 양념 중 고추와 젓갈이 빠진 양념이 모두 들어가고 여기에 밤과 대추, 배를 채 쳐서 넣습니다. 이 양념을 버무려 배추 사이사이에 넣고 오므린 뒤 단지에 담고 소금물을 간간하게 타서 자박하게 부어두면 끝인데 발효시키는 과정이 어렵습니다. 요즘은 김치냉장고가 좋아 크게 어려움이 없지만 일반 냉장고에서 발효시키기는 쉽지 않습니다. 이때는 동치미와 마찬가지로 댓잎을 가득 올려 눌러두세요. 국물에 댓잎 향이 배어 국물 맛도 좋고 발효를 억제시켜 서서히 익게 만듭니다. 할매들은 이런 걸 어떻게 그리도 잘 알게 된 것일까요.

이리하여 각종 김치에 대해 알아보았습니다. 석박지와 깍두기는 김장 김치 담그는 법에서 크게 벗어나지 않고, 고기가 들어간 김치는 일반적이지 않아 생략하겠습니다.

사실 김치에 대해 스리슬쩍 넘어가는 것만 같아 마음에 걸립니다. 특별히 이야기해야 할 많은 것이 있지만 갈 길이 멀어서 이 정도로 마치겠습니다.

열다섯. 추석 음식

등골 브레이커

더위가 좀 가셔서 좋다 싶더니 새벽에 이불을 스윽 잡아당기고 창문을 닫게 되는 계절입니다. 그렇게 다섯 시 반에 잠이 깨서 전주 남부시장에서 열리는 새벽장에 나가봤습니다.

추석을 2주 앞둔 새벽장은 인산인해입니다. 부지런한 살림꾼들은 값이 오르기 전에 미리미리 장을 봐두기도 하고 2주 전에는 만들어둬야 할 음식들을 준비하기 위해 새벽장을 찾습니다.

이때 가장 많이 팔리는 것은 김치 재료입니다. 배추 값이 비싸다 한들 김치를 새로 담그지 않을 수는 없습니다. 여름 내내 묵은지로 연명하고 종종 오이지, 부추 겉절이, 상추 겉절이 같은 푸성귀를 버무려 먹고 말았을 테니 명절에 찾아올 자식놈들 새 김치 맛을 보여줘야 할 것 아니겠습니까.

2013년은 추석이 빨라 뭐든 실한 것이 없지만 논에서는 조생종 벼를 수확하고 있더군요. 명절이 그리 달가운 사람은 아니지만 시장과 들의 풍경이 흐뭇한 것만은 사실입니다.

추석이 다가옵니다. 백곡이 무르익어감을 달님에게 감사하기 위해 제

시장에 나가보면 이런 예쁜 놈들이 하나 가득합니다.

를 지내기 시작했다는 추석은 조선시대 때 유교를 국교로 정하며 조상신에게 고맙다는 인사를 하는 날이 되었습니다. 개인적으로 조상님들보다는 달님에게 감사해야 할 일이 많다고 봅니다만, 아무튼 누구에게든 감사의 뜻을 전하려면 맛난 음식을 준비해야겠지요.

아빠가 돌아가시던 해부터 명절 음식은 제가 전담하게 되었습니다. 1년간 엄마가 몸져누우셨으니 어쩔 수 없는 일이었죠. 그때는 정말 어쩔 수 없는 일이어서 했는데 그렇게 한번 자리를 잡으니 제가 해야 하는 일이 되어버렸습니다. 음식 준비하는 시간에 엄마는 밭에서 난 물건을 팔러 장에 나가십니다. 추석 대목이라며 장에 나가시면 저는 집 안에서 음식 준비를 합니다. 전국의 며느리들에게 고합니다.

"누님들 마음 백번 이해한다!"

물론 어매가 무더워도 마다 않고 밭에서 땀 흘려 농사지은 것들로 음식을 만들어내기만 하는 것이지만 얄미운 건 얄미운 것……. 구시렁 구시렁.

떡은 어떤 행사에서든 반드시 필요한 음식 중 하나입니다. 예부터 떡은 귀하고 신성한 것으로 여겼습니다. 귀하디귀한 쌀을 백옥같이 쪄 잡것 없이 하얀 가루로 만들고 그것으로 떡을 만드니 쌀을 금보다 귀하게 여겼던 사람들에게 떡은 신성함 그 자체로 다가왔을 것입니다.

그 말인즉슨 만들기 어려웠다는 뜻이기도 합니다. 떡을 만들기 위해서는 고운 쌀가루와 고명이 필요한데 볍씨를 찧어 쌀을 만들고 그 쌀을 다시 확독에 넣고 빻아 곱디곱게 가루로 만들어 떡을 쪄내는 일이 어디 쉬운 일이었겠습니까. 다시 말하지만 참, 할매들 등골이 빠질 일이었죠. 지금이야 등골 빠질 일은 없겠지만 그래도 방바닥에 앉아 송편 빚고 있으면 통증의 정도 차이는 있을지언정 등골이 빠지게 아픈 건 매한가지죠.

그러니 형들은 구시렁거리지 말고 송편이라도 잘 빚어주라구! 응?

조선시대로 넘어와 달님에게 감사의 제를 지내는 의식은 사라졌지만 송편에는 그 의미가 아직 남아 있습니다. 쌀가루를 보름달 모양으로 둥글게 빚어 그 안에 고명을 넣고 반으로 접으면 반달 모양이 됩니다. 송편은 마음에 있는 달을 담은 떡입니다. 예쁜 달을 떠올리며 송편을 빚어봅시다.

우선 쌀을 준비해야겠지요. 송편을 빚을 쌀

은 멥쌀로 준비하세요. 송편은 따로따로 분리된 상태에서 찌는 떡이기 때문에 찹쌀로 송편을 빚으면 축 늘어지고 푹 퍼져 찜통 바닥에 넓적하게 눌어붙고 맙니다. 이건 해봐서 아는 거죠. 정말 깜짝 놀랐습니다. 궁금하신 분은 찹쌀로 송편을 빚어보세요. 정말 맛있어 보입니다.

조생종 멥쌀을 구입해서 물에 5시간 정도 불리고 소쿠리에 담아 물기를 빼주세요. 물기가 빠진 쌀에 소금간을 조금 해주시고요. 쑥이나 모싯잎도 준비해야겠지요. 쑥은 향이 좋고 모싯잎은 색이 좋습니다. 쑥으로 송편을 빚으면 조금은 검은빛이 나는 초록색 송편이 되지만 향이 좋아 쑥을 많이 선호하지요. 하지만 때깔 고운 송편을 원한다면 모싯잎이 훨씬 예쁩니다. 모싯잎을 사용하면 반짝반짝 윤이 나고 맑은 초록빛을 내는 송편이 됩니다.

쑥으로 송편을 빚고 싶으면 봄철에 캐서 말려뒀던 쑥을 불리고 삶아서 물기를 꼭 짜 준비해두고, 모싯잎으로 송편을 빚고 싶으면 모싯잎을 절구에 찧거나 녹즙기로 짜내 국물을 준비해두세요. 여름에 나는 모싯잎이 가장 좋긴 하지만 초가을까지도 푸르고 무성하게 자라나 있더라고요.

노란색 송편을 만들고 싶다면 말린 치자를 우려낸 물을 준비하거나

모시, 쑥뭉치, 쑥.

단호박을 찜통에 찌고 으깨 준비하면 됩니다. 이것들도 쑥과 모시처럼 장단점이 있는데요, 치자는 특별한 맛은 없지만 색이 곱습니다. 그렇다고 호박을 무시하는 건 아니고요. 호박은 치자에 미치지는 못하지만 색이 예쁘고 맛이 좋아요. 향긋한 호박 향을 좋아하시는 분이라면 단호박을 준비해보세요.

기본적으로 송편의 색을 내는 재료는 이 정도이지만 흑미를 이용하거나 백년초를 넣어 색을 내는 경우도 있더군요. 그밖에도 복분자나 포도껍질의 즙으로도 색을 낼 수 있습니다. 저는 쑥과 단호박을 준비하겠습니다.

쑥은 쌀과 함께 방앗간에 가져가 빻아오세요. 반죽할 쌀가루가 준비되면 뜨거운 물을 부어 반죽해주세요. 차가운 물로 반죽해 송편을 빚게 되면 송편 옆구리가 터집니다. 하나같이 터져 설탕물이 질질 흘러내립니다. 그것 참 집어 먹기 곤란하거든요. 잊지 마세요. 쌀가루는 뜨거운 물을 좋아합니다.

하얀 반죽, 초록 반죽, 노란 반죽이 만들어졌다면 물 적신 면포로 덮어두고 송편 소를 준비해보죠. 송편 소는 전국 팔도, 마을마다 가정마다 다 다릅니다. 내가 먹어봤을 때 이게 최고더라 하는 분들 있으시면 송편 소 배틀 한번 벌여봅시다. 저는 참깨와 흑설탕을 섞은 소(가장 일반적이죠)와 삶은 동부콩을 넣은 송편을 가장 좋아합니다.

콩처럼 지역마다 이름이 다른 작물은 없습니다. 사전에서조차 일관되게 사용되지 않기 때문에 결국 모양을 보고 '고놈'이구나 하고 알아보는 방법밖에는 없는 듯합니다.

동부라는 표준어를 찾기도 매우 어려웠는데 저희 마을에서는 '광쟁이'라는 이름으로 불립니다. 동부는 콩 특유의 이물감 없이 부드럽게 씹히고 매우 고소하면서 달콤한 맛을 내기 때문에 송편의 소로 사용하기에 아주 좋습니다.

밤에 꿀과 계핏가루를 넣고 조려도 좋긴 하지만 바빠 죽겠는데 밤을 까서 자르고 한 시간 가까이 조려낼 잉여력은 추석이 지난 이후에나 찾아올 겁니다. 이렇게 준비가 다 되면 형들은 뭐한다고? 잔소리 금지. 담배 금지. 닥치고 송편 빚기.

쪼물딱 쪼물딱 맘대로 빚어진 송편이 재미도 있고 맛도 있습니다. 찌는 건 그저 찜통에 넣고 잘 찌면 되는 거죠. 찔 때 솔잎을 깔아주면 솥에 달라붙지도 않고 향도 좋아지니 뒷산에 소나무가 있다면 머슴들에게 솔잎을 따오라 이르시길 바랍니다.

하얀색, 검은색, 초록색의 삼색 나물은 뿌리와 줄기와 잎을 말합니다. 뿌리는 '조상'이고, 줄기는 '나'이고, 잎은 '자손'이겠죠. 탕평채와 비슷한 의미라고 할 수 있는데 탕평채는 나라의 화목을, 삼색 나물은 가정의 화

동부콩.

목을 기원했다고 볼 수 있습니다.

하얀색 나물은 무나 도라지를 주로 사용하는데 무나물은 무가 달고 맛있는 겨울에 소고기채를 썰어 넣고 만드는 것이 맛있고 추석에는 도라지나물이 좋습니다. 저는 새벽장에 나가 도라지 한 종발을 사왔습니다.

도라지의 쓴맛을 좋아한다면 깐 도라지를 바로 요리하면 되지만 그게 아니라면 소금을 뿌려 여러 번 문대주고 차가운 물에 담가두세요. 그러면 쓴맛이 빠집니다. 이렇게 준비한 도라지를 들기름을 두른 팬에 볶는데 볶으면서 물을 조금 넣어주세요. 팬의 열기만으로 도라지를 익히면 누릇누릇해져서 하얀빛을 잃게 됩니다. 물을 조금 넣어 증기와 팬의 열로 익히고 소금으로 간을 하면 됩니다. 깨를 뿌리거나 파를 조금 넣어도 좋지만 깨끗한 도라지와 들기름으로도 충분히 고소하고 맛이 좋습니다. 무엇보다 깨끗한 하얀빛을 살리는 데는 다른 양념이 필요하지 않습니다.

검은색 나물의 대표는 고사리나물이죠. 고사리나물은 말린 고사리를 잘 골라야 부드럽고 맛이 좋습니다. 중국이나 북한에서 많이 수입되

삼색 나물.

도라지와 고사리.

는데 수입된 고사리도 상품上品과 하품下品으로 나뉩니다. 상품은 말린 고사리 한 줄기가 10센티미터를 넘지 않아야 합니다. 고사리를 꺾어보신 분들은 알겠지만 이제 막 순이 올라와 20센티미터 이상 자라면 양 갈래로 갈라지는데 가지가 갈라진 고사리는 억세고 뻣뻣합니다. 밑동이 통통하고, 줄기가 하나이고, 고사리손이 오그라든 짧은 고사리라면 맛은 보장됩니다. 말린 고사리는 고사리를 꺾어서 삶고 말려둔 것입니다.

물을 갈아가며 고사리를 하루 이틀 불리면 통통하게 살아납니다. 이를 도라지나물처럼 볶는데 기름을 두르고 마늘을 다져 넣어주는 것이 좋습니다. 고사리는 약간의 잡내가 나기 때문에 마늘로 잡내를 잡아주고 국간장으로 간을 합니다. 국물을 조금 자박하게 해서 조리듯 볶아줘도 맛있고 들깨를 갈아 함께 넣고 탕처럼 끓여도 맛이 좋습니다.

초록색 나물은 정말 많죠. 뭐든지 나물거리로 좋겠다 싶은 것들로 만들면 될 것 같습니다. 이즈음 가장 맛있는 나물거리는 경종배추입니다. 색도 예쁘고 나물로 무쳐내면 아삭하고 고소한 맛이 납니다. 경종은 배추 종자 중에 잎이 푸른 배추입니다. 배추를 끓는 물에 데쳐 차가운 물로 씻어내면 색이 정말 예쁘죠. 이걸 적당한 크기로 썰고 국간장과 소금을 적당히 넣고 참기름을 넣어 무쳐냅니다. 무치는 나물에 마늘을 다져 넣으면 마늘 맛이 너무 강해 좋지 않더라고요. 향신즙을 조금 넣어 재료 본연의 맛을 살려보시길 바랍니다.

이밖에도 도라지는 빨갛게 회무침을 해도 맛있죠. 여기에 홍어나 가오리를 썰어 넣으면 소주를 부릅니다. 콩나물이나 숙주나물도 하얀 나물로 볼 수 있고 푸른 잎은 아니지만 초록색 애호박을 볶아낸 호박나물도 나물로서 맛도 있고 색도 좋습니다. 표고버섯 나물도 대표적인 검은 나물 중 하나죠. 이렇게 만들어진 나물들을 한데 넣고 밥을 비벼 먹으면 정말 맛있죠. 전주비빔밥의 맛은 들어가는 나물에 쏟는 정성에 있습니다.

여기까지만 해도 허리가 휠 것 같은데 아직도 해야 할 음식이 많습니다. 생선찜은 주부들을 괴롭히는 1번 타자입니다.

별것 아닌 요리 같지만 이만저만 애를 태우는 음식이 아닙니다. 생선을 너무 말리면 쪘을 때 말려 올라가고 덜 말리면 갈라지고 부서집니다. 향신료가 전혀 들어가지 않고 순수하게 생선만 쪄내는 음식이기 때문에 신선도가 조금만 떨어져도 골탕한 비린내가 진동을 하죠. 말려야만 음식이 되는데 신선도가 떨어지지 않게 말려야 한다니!

시장에 나가면 꾸덕꾸덕하게 말린 생선들을 볼 수 있습니다. 고수들이 말린 생선이니 어느 정도 믿고 살 수 있지만 종종 신선도가 떨어지는, 팔다 남은 생선을 말려 파는 장사치도 있으니 몇 단계의 점검 코스를 밟아보시길 바랍니다.

생선의 신선도를 알아보는 방법이 일반적으로 그러하듯 말린 생선도 아가미를 벌려보세요. 아가미 안의 냄새를 맡아봐서 구린내가 나는지 안 나는지 확인하고 미끈미끈한 점액질이 묻어나지 않나 확인해서 생선 본연의 비린내가 나고 미끈한 점액질이 나오지 않으면 신선한 생선을 말렸다고 볼 수 있습니다.

찜을 할 생선은 너무 말라 딱딱하면 맛도 없고 찌면서 살이 말려 올라가기 때문에 적당히 마른 것으로 골라야 합니다. 껍질은 딱딱하게 말랐지만 속살은 부드럽게 살아 있는 생선을 골라야 하는데 생선을 들어봤을 때 묵직하고 말랑말랑한 탄력이 느껴지는 것이 좋습니다. 생물을 사다 집에서 말리려면 신선한 선어를 준비해 채반에 올리고 햇볕이 강하

말린 생선과 생선찜.

고 바람이 잘 부는 곳에서 말려주세요. 바람이 안 불면 선풍기라도 틀어주세요. 서너 시간마다 한 번씩 뒤집어주는데 해가 좋은 날은 하루면 마르고 바람과 해가 덜할 때는 하루 반나절을 말리면 찜을 하기에 적당한 생선이 됩니다.

군산에서는 박대와 장대, 도미, 민어, 홍어, 간재미, 우럭, 병어, 조기, 숭어, 상어 등을 말려 찜을 합니다. 지역마다 선호하는 생선은 다양하니 말린 생선을 고르는 방법과 말리는 방법을 참조하여 적절한 생선을 준비하시면 되겠습니다.

찜통에 김이 오르면 생선을 찜솥에 넣고 뚜껑을 덮어 쪄냅니다. 작은 생선은 2~3분, 큰 생선은 5~7분이면 익습니다. 말린 생선은 날것으로도 먹을 수 있기 때문에 너무 오래 찌지 않는 것이 좋습니다. 오래 찌면 살이 무뎌지거나 말라서 맛을 잃어버립니다.

개인적으로 미나리를 수북이 올리고 쪄낸 도미를 굉장히 좋아하는데 이건 뭐 그냥 죽음입니다.

다음으로 전입니다. 부부 싸움의 원흉이자 고부 갈등의 증폭제이며 인내력 테스트기죠. 프라이팬에 손바닥도 부쳐보고 싶은 자학적 시추에이션을 조장하는 멘탈 파괴행위. 전 부치고 나면 입맛이 없는 이유가 기름 냄새 때문이라고 누가 그럽니까? 그런 소리 하는 놈들 확 다 계란 발라 부쳐버릴까 보다.

전 부치고 있을 때 형들 입 다물고 밀가루라도 발라주라고. 엄마가 눈치 줘도 엉덩이에 대못을 박아! 프라이팬 날라오기 전에. 먹는 놈만 좋은 음식인 전에 대해서는 한 가지만 이야기하고 넘어가겠습니다. 밀가루를 먼저 묻히고 계란을 바르는 겁니다. 계란 바르고 밀가루 묻히는 게 절대 아닙니다. 허리가 부러지는 고통들 잘 참아내시길. 아니, 그냥 하지 맙시다. 전 좀 그만 처먹으라고!

추석 명절날 아침에 지내는 제사는 무축단잔無祝單盞이라고 했습니다. 축을 읽지 않고 술도 한 잔만 올리는 제사입니다. 감사의 마음을 간소하게 전하는 것이죠. 상다리 부러지고 며느리 등골 빼먹는 날이 아니라 1년 먹을 곡식을 내주어 감사하다는 뜻을 전하는 날입니다. 조상님들에게만 감사해하지 말고 해와 달과 바람과 흙과 별이 내어준 백곡이니 이들에게 더욱 감사해하는 날이 되었으면 합니다.

열여섯. 콩

밭에서는 콩이 익고 장독대에서는 장이 익는다

크리스마스에 시골집에 갔더니 방 안에 메주를 걸어두었더군요. 콩을 불리고 삶고 확독에 찧어 네모지게 다져 메주를 만들었다고 합니다. 이것으로 된장을 만들고 고추장을 만들고 간장도 만들 것입니다. 메주콩, 노란콩, 대두 등의 이름으로 불리는 백태로 만든 메주입니다.

일반적으로 날콩을 싫어하는 사람은 많지만 된장, 고추장, 청국장 등을 먹지 않고 살아가는 사람은 드물 것이고, 간장이 들어가지 않은 음식은 찾기도 어렵고 먹지 않는 사람을 발견하기도 쉽지 않습니다.

고대로부터 쌀, 보리, 밀과 함께 가장 신성시되던 작물 중 하나인 콩은 곡물만으로 섭취하기 어려운 단백질과 지방이 다량 함유되어 있기 때문에 고기를 쉽게 먹지 못했던 인류에게 소중한 식량으로 여겨질 수밖에 없었습니다.

콩은 전 세계적으로 1000여 종이 있고 국내에도 100여 종이 재배되는 것으로 알려져 있지만, 그것들에 대해 자세히 알지도 못하고 전부 이야기하려면 책 한 권은 써야 할 테니 저희 엄마가 농사짓는 10여 종의 콩이 재배되는 과정과 두부를 만드는 방법, GMO 콩에 대한 이야기를 해보겠습니다.

우선 콩은 다양합니다.

쌀이나 보리, 밀도 종류가 다양하지만 맛에서 큰 차이를 보이지 않기 때문에 가장 맛있고 생산량이 많은 종들만 선별해 농업에 활용합니다. 하지만 콩은 개별적으로 맛과 식감, 용처를 달리하기 때문에 다양성이 유지되고 있습니다.

엄마가 농사짓는 콩만 나열해봐도 강낭콩, 완두콩, 팥, 검은팥, 동부, 광쟁이, 쥐눈이콩, 청태, 백태, 작두콩, 땅콩, 서리태, 밤콩, 넝쿨콩, 녹두, 콩나물콩, 아주까리콩 등이 있고 그 맛과 용처가 하나같이 다릅니다.

맛이 얼추 비슷한 것들도 있지만 용처가 달라 대체작물이 되지는 못합니다. 가령 쥐눈이콩과 서리태는 비슷한 모양과 색, 맛을 가지고 있지만 쥐눈이콩은 약콩이라 불리며 한방에서 특별히 사용되는 콩이라 서리태로 대체할 수 없습니다.

백태와 콩나물콩은 같다고 말할 수 있습니다. 하지만 콩나물을 길렀을 때 그 모양과 맛이 달라 수확량은 적지만 콩나물을 기르기 위한 목적으로 콩나물콩을 심고 길러냅니다.

콩은 어떤 작물보다 농사짓기가 편리합니다. 땅을 일구거나 개간하지 않고 심어도 잘 자라고 어느 정도의 소출량을 보입니다. 또한 윤작의 용도로도 많이 이용되는데, 지심을 높여주고 다양한 박테리아가 번식하게 도와주기 때문에 처음 시작하는 경작지나 메마른 토지, 지심을 잃은 토지에 힘을 실어주고 싶을 때는 콩을 심는 것이 좋습니다.

이런 이유로 텃밭을 처음 가꾸기 시작하는 사람들에게 콩 농사를 권합니다. 위에서 말한 17가지의 콩 말고도 다양한 콩을 밭에 심으면 다양

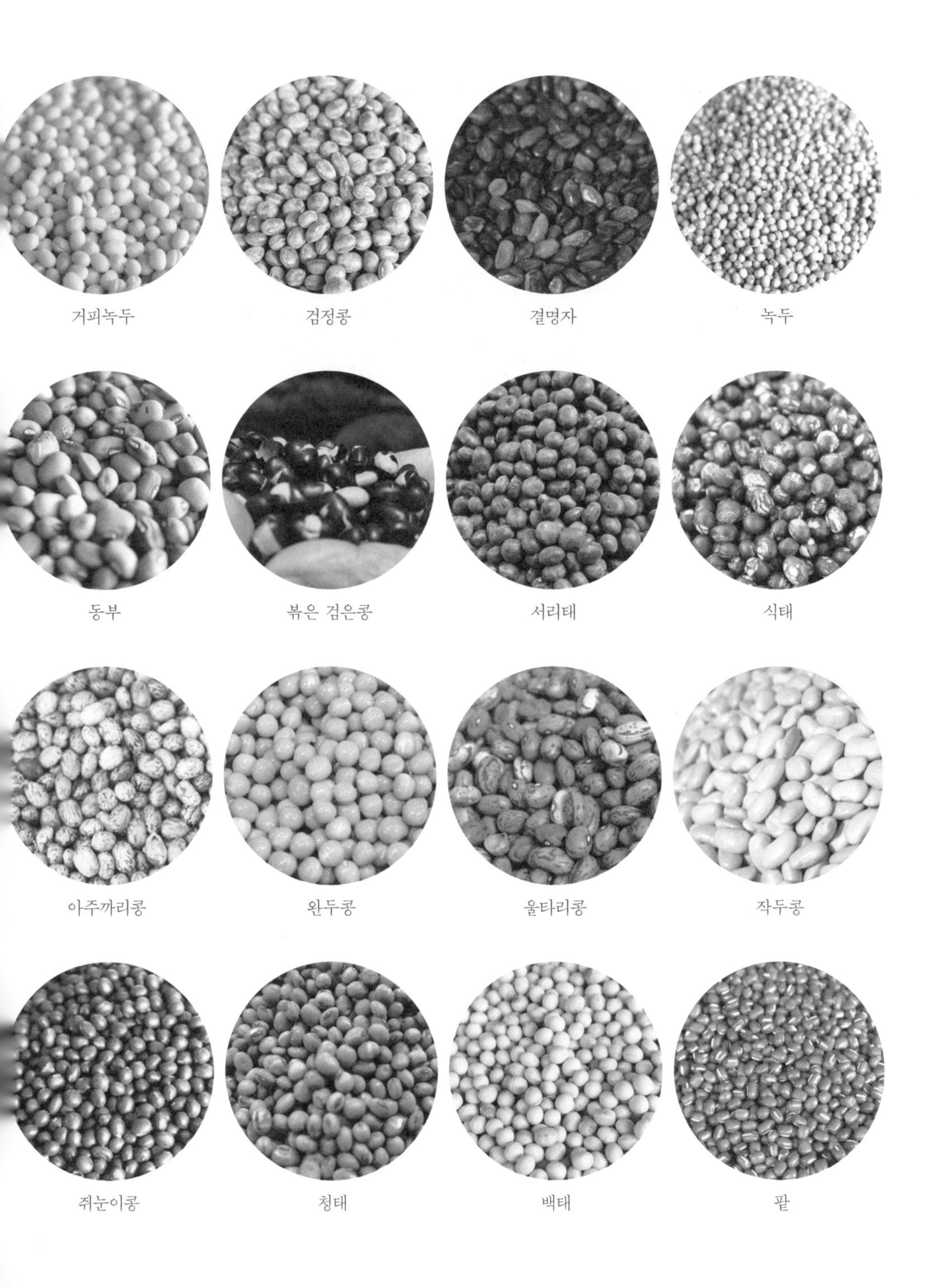
거피녹두
검정콩
결명자
녹두
동부
볶은 검은콩
서리태
식태
아주까리콩
완두콩
울타리콩
작두콩
쥐눈이콩
청태
백태
팥

왼쪽 작은 것이 콩나물콩이고, 오른쪽 큰 것이 백태입니다.

성 측면에서도 만족할 수 있고, 어렵지 않게 수확의 기쁨도 누리면서 이듬해에 지어질 여러 작물의 발육에도 큰 도움을 줄 것입니다.

콩 농사가 참 재미있는 것이 한 번에 파종해 한 번에 수확하지 않고 종자마다 파종하는 시기와 수확하는 시기를 달리하기 때문에 땅을 놀리지 않고 계속해서 다른 콩들을 심고 수확할 수 있다는 점입니다.

일단 날이 풀리고 따뜻한 봄이 되면 완두콩과 강낭콩을 심습니다. 완두콩과 강낭콩은 10도 이상이면 발아를 하는데 일단 발아가 되면 성장 속도가 대단히 빠릅니다.

강낭콩은 반듯하게 서서 자라지만 완두콩은 넝쿨손으로 지지대를 잡고 올라가기 때문에 지지대를 콩대 옆에 박아주는 것이 좋습니다. 지지대를 놓아주지 않고 바닥으로 기어가게 해도 잘 자라긴 하지만 콩이 열렸을 때 땅에 닿아 썩거나 곧장 발아를 시도하기 때문에 콩꼬투리가 공중에 떠 있게 하는 것이 좋습니다.

날이 비교적 따뜻한 남부지방에서는 가을에 완두콩을 심어 겨울을 나게 합니다. 지독한 추위가 아닌 이상 겨울을 이겨낸 완두콩은 봄에 심은 완두콩에 비해 생산량이 많습니다. 완두콩이 싹을 틔우고 봄을 기다리고 있습니다. 엄마에게 완두콩도 가을에 심느냐고 물었더니 강추위에 얼어 죽지만 않으면 가을에 싹을 틔워 겨울을 난 완두콩이 열매를 잘 맺는다더군요. 완두콩에 내한성이 있다는 사실을 처음 알게 돼 놀라운 마음을 이 글에 적습니다.

이 시기에 자연 발아하는 콩들이 있습니다. 바로 아주까리(피마자)와 결명자입니다. 전년도에 열매를 맺고 땅에 떨어졌던 씨앗들이 발아한 것인데 한 뼘 정도 자랐을 때 자리를 옮겨 심어주면 됩니다.

이와 같이 가을이 되면 알아서 파종을 하고 겨울을 이겨내 봄에 싹을 틔우는 식물은 무수히 많습니다. 대부분의 잡초가 그렇고 토마토나 들깨도 스스로 파종되고 싹을 틔웁니다.

토마토는 가을에 무르게 익었던 것이 땅에 떨어졌을 때 나뭇잎이나 쌀겨를 그 위에 올려 동사하지 않게 도와주면 이듬해 싹을 냅니다.

겨울 완두콩. 겨우살이 중인 완두콩 줄기의 모습입니다.

포트에 종자를 발아시킨 것보다 훨씬 더 튼튼하고 탄력 있는 토마토를 만들어냅니다. 토마토를 텃밭에 심는 분들은 한번 시도해보시죠. 토마토 한 알만 성공시켜도 무수히 많은 토마토 모종을 얻을 수 있습니다.

완두콩이 어느 정도 자라 꼬투리가 생길 무렵이 되면 울타리콩과 땅콩을 심습니다. 울콩이라고도 불리는 울타리콩을 강낭콩으로 오해하는 경우가 종종 있습니다. 모양과 색은 다르지만 맛이 비슷해 강낭콩의 다른 종으로 보기도 합니다. 울타리콩은 말 그대로 울타리를 타고 올라가는 넝쿨식물입니다. 든든한 지지대나 담을 타고 올라갈 수 있도록 줄을 연결해주는 것이 좋습니다.

땅콩은 물이 잘 빠지는 사질 토양이나 언덕에 심는 것이 좋습니다. 땅속에서 꼬투리를 맺는 콩이니만큼 물기가 많은 토양에선 열매를 맺지 못하거나 썩는 경우가 발생합니다.

가장 먼저 수확할 수 있는 것이 바로 완두콩입니다. 완두콩은 빨리 자라고 빨리 열매를 맺는 만큼 연하고 부드럽습니다. 이 부드러운 맛 덕택에 제빵과 요리에 가장 간편하게 이용되는 콩 가운데 하나입니다.

앙금이 들어간 빵 중에 초록색 앙금은 완두콩으로 만들어진 것이고 붉은색은 팥으로 만들어진 것입니다. 초여름 식탁에서 가장 반가운 것이 이 완두콩이죠. 쌀 위에 듬뿍 올려 밥을 지으면 밥솥에도 여름이 찾아온 듯 푸르러 보입니다. 아무리 어여쁘고 귀여워도 완두콩을 너무 많이 먹는 것은 좋지 않습니다.

봄에 나는 풋열매들은 대부분 독성이 있는데요, 완두콩도 청산가리가 소량 포함되어 있습니다. 허약한 체질을 개선하는 데는 좋지만 많이 먹으면 더욱더 비실비실해질 수 있으니 한 철에 몇 번 밥에 얹어 먹고 말

일입니다.

완두콩은 비가 오기 전에 수확을 마무리하는 것이 좋습니다. 장마가 시작될 무렵이 수확이 한창인 시기인데 수확기를 조금만 늦춰도 콩깍지 안에서 발아가 시작됩니다. 성질머리가 급한 콩이죠. 잭과 콩나무 이야기가 나올 만합니다. 하룻밤 자고 일어났는데 벌써 싹이 나 있는 완두콩을 보면서 잭과 콩나무 같은 이야기를 지어볼 만했을 것입니다.

수확한 완두콩 중 종자를 할 것들은 잘 말려 건조한 곳에 보관하는 것이 좋습니다. 물기가 조금만 닿아도 바로 꿈틀거리거든요.

완두콩은 한여름이 아니라면 언제 심더라도 수확의 기쁨을 누릴 수 있습니다. 여름이 다 가고 초가을에 심으면 가을에도 푸릇푸릇한 완두콩을 맛볼 수 있습니다. 완두콩을 수확하고 남은 땅에 대두와 콩나물콩, 녹두를 심습니다. 대두와 녹두를 심고 초여름이 시작되면 강낭콩을 수확할 수 있습니다. 강낭콩은 콩 중에서도 확연한 귀태를 자랑합니다. 반짝반짝 윤이 나고 크기도 큰 데다가 무엇보다 강렬한 붉은색이 시선을 사로잡지요.

생김새는 화려한데 한식에는 특별히 활용되는 곳이 많지 않습니다. 백설기에 주로 이용되거나 밥에 얹어 먹는 수준이지만 서양에서는 많은 요리에 사용되는 콩이 강낭콩입니다.

주로 삶거나 조리는 방법으로 요리를 하는데 완두콩보다 조금 딱딱하지만 익혔을 때 감자처럼 폭신하게 씹히는 맛과 고소하고 달콤한 맛이 어우러져 많은 사람에게 사랑받는 것 같습니다.

강낭콩을 수확할 무렵이 되면 서리태, 청태, 쥐눈이콩 등 검은콩들과 동부를 심습니다. 이 시기는 모내기를 마친 때인데 모내기를 마친 논두

강낭콩과 다양한 모양의 동부.

렁에는 서리태와 청태를 심어주는 것이 좋고, 돌과 자갈이 많은 땅에는 쥐눈이콩을 심는 것이 좋습니다.

서리태는 바람이 없고 그늘이 지는 밭에서는 열매를 맺지 않습니다. 따라서 바람도 팔랑팔랑 불고 해도 쨍쨍한 논에 심어야 열매를 잘 맺습니다. 서리태는 땅을 딘단하게 고정시키는 역할도 하기 때문에 무너져 내리는 논두렁의 흙을 단단하게 만들기에도 그만입니다. 모내기를 끝내고 논두렁에 콩을 심은 것을 많이들 보았을 겁니다.

동부는 변종이 많은 콩입니다. 앞에서 열거한 콩의 종류 중 하나인 광쟁이가 바로 동부콩의 변종입니다. 맛은 비슷하지만 모양은 많이 다릅니다. 모두 동부이지만 그 모양이 달라 이름을 달리하는 것입니다. 동부는 단단한 것보다 설익어 부드러워야 맛이 좋기 때문에 검은콩들보다 수확을 빨리 해 송편의 소로 많이 사용합니다.

이렇게 검은콩과 동부를 심고 얼마 지나지 않으면 초복이 가까워옵니다. 이 무렵이 되면 팥을 심습니다. 팥은 햇볕을 좋아하지만 바람은 싫어하고 적당히 마른 땅을 좋아합니다. 그래서 해가 잘 드는 밭두렁이나 물이 잘 빠지는 언덕에 심는 것이 좋습니다. 이때는 강낭콩 수확이 마무

위에서부터 순서대로 팥대, 울타리콩, 녹두.

리되는 시기이니 강낭콩을 심었던 자리에 팥을 심어도 좋습니다.

이렇게 콩을 심어놓고 밭을 바라보면 그 초록의 향연이 이루 말할 수 없이 우아합니다. 서리태는 짙은 초록색 잎을, 녹두는 연두색 잎을, 울콩은 붉은 꽃을 피우고 팥과 백태의 콩잎은 앞뒤로 색이 달라 바람이 불면 카드섹션을 하는 것처럼 환상적입니다.

고추, 파, 생강, 마늘 등 열패감을 안기는, 재배하기 어려운 농작물들은 콩이 주는 즐거움을 만끽하며 조금씩 조금씩 영역을 넓혀가는 것이 정신 건강에도 좋고 오랫동안 농사에 재미를 느끼는 방법이 될 것입니다.

또한 콩은 농약을 주거나 비료를 주지 않아도 일정 정도의 소출을 안겨주는 기특한 작물이기 때문에 욕심을 부리지 않는다면 무농약 친환경 농작물을 얻기에도 손쉽습니다.

장마가 지나고 한여름이 되면 울타리콩을 수확할 수 있습니다. 알록달록 모양도 예쁘고 강낭콩처럼 부드러워 밥 위에 얹어 먹기 그만인 콩입니다. 강낭콩과 그 쓰임은 비슷하지만 수확 시기가 다른 만큼 강낭콩이 그리워질 때는 울타리콩을 찾아 먹으면 되겠습니다.

이 무렵이 되면 백태에 초록색 꼬투리가 맺힙니다. 이것이 풋콩입니다. 풋콩은 콩국수를 해 먹기 매우 좋은 콩입니다. 고소하지만 강낭콩이나 울콩처럼 단맛이 없어 고소한 콩국을 만들기에 제격입니다.

시중에 유통되는 콩국이나 두유는 다 익은 대두를 갈아 만든 것인데 그것보다 약간 비릿한 풋콩으로 만든 콩국에 말아 먹던 칼국수 맛이 아직까지도 최고였던 것 같습니다. 가을에 거둬들인 익은 콩보다 풋콩의 맛이 훨씬 더 담백하고 부드럽달까. 무더운 여름, 시원하게 먹었던 콩국수가 그리워집니다.

콩을 까고 삶아서 갈고, 밀가루 반죽을 해 밀대로 밀고 삶아서 헹궈야 하는, 일손이 많이 필요하고 귀찮은 과정을 거치기 때문에 형제들이 집에 모여 살던 어린 시절에만 해 먹을 수 있었던 음식인 것 같습니다. 안 먹은 지 20년이 넘었는데도 아직 그 맛이 기억에 남아 있는 것을 보면 무척 맛있었던 모양입니다. 내년 여름에는 풋콩국수를 만들어 먹어봐야겠습니다.

이 풋콩을 달리 먹는 방법도 있는데요, 콩대를 낫으로 베고 잎을 따낸 뒤 그대로 가마솥에 넣고 쪄 먹기도 했습니다. 그 맛이 참으로 고소하고 좋았죠.

언제부턴가 횟집에 가면 꼭 상에 올라오는 풋콩의 맛은 참으로 가관입니다. 자숙풋콩으로 베트남에서 주로 수입되는 냉동식품인데 뜨거운 물에 삶아서 내주면 그나마 먹을 만하지만 대부분 해동만 해서 상에 올리더군요. 잘 익지도 않아 비릿한 것이 차디차기까지 하니 손이 가질 않습니다. 뜨끈하게 삶은 풋콩이 찰옥수수만큼 맛있었는데 말이죠. 쯧쯧.

풋콩을 먹으며 여름을 보내면 녹두가 익어갑니다. 녹두 꼬투리는 검은색이지만 안에 든 콩은 초록색입니다. 그래서 녹두지요. 녹두는 한 번에 피고 한 번에 익는 콩이 아닙니다. 마치 옥수수처럼 하나가 익으면 다음에 또 하나가 익는 식이기 때문에 2~3일에 한 번씩 수확을 해줘야 합니다.

수확기를 놓치면 꼬투리 안에서 발아하거나 썩고, 꼬투리가 마르면 벌어져 녹두가 땅으로 흩어집니다. 매일 하나씩 하나씩 따야 하는 번거로움이 있지만 청포묵, 녹두죽, 숙주나물 등을 만들어 먹을 수 있기 때문에 그 수고로움이 고생스럽지는 않습니다.

녹두를 따며 동부도 함께 수확할 수 있습니다. 추석이 가까워온 것이죠. 아침저녁으로 서늘한 이슬이 내리면 동부는 더욱 달고 부드러워집니다. 비린 맛도 덜해지고 쫀득한 식감마저 느낄 수 있어 찹쌀과 함께 밥을 지으면 궁합이 잘 맞습니다.

추석이 지나고 기온이 내려가기 시작하면 꼬투리를 하나씩 따야 하는 콩들은 모두 수확을 마칩니다. 녹두는 서리가 올 때까지 계속해서 수확이 이어지고 울타리콩은 하나둘 남은 것들을 거둬들입니다. 하나둘 익어가는 팥을 따기 시작하는 때이기도 합니다.

서리가 오기 직전이 되면 백태와 청태를 수확합니다. 백태와 청태는 콩대째 잘라 볕에 널고, 마르면 도리깨로 두드려 콩을 거둬들입니다. 가장 활용도가 높아 많은 양을 농사짓기 때문에 수확하는 데 시간은 걸리지만 여느 콩들에 비해 수확량이 많아 수확의 기쁨이 가장 큰 것 또한 백태와 청태입니다.

백태를 수확하고 나면 땅콩, 아주까리, 결명자를 거둬들입니다. 땅콩은 땅에서 파내 흙을 털어내고 볕에 말리기만 하면 되고 아주까리는 꼬투리 다발을 잘라 말려서 툭툭 털어내면 잘 떨어집니다.

아주까리콩은 열매를 먹는 것이 아니라 주로 기름을 짜는 데 사용했습니다. 할머니는 그 기름을 머리에 발랐는데 윤기가 자르르 흐르는 것이 동동구리모를 바른 것 같았죠. 등잔불의 기름으로 이용되기도 했다지만 이제는 일상생활에서의 용처가 거의 없는 듯합니다. 오늘날에는 화장품의 원료나 윤활유로 사용되는데 매우 낮은 온도에서도 얼지 않기 때문에 특히 겨울철 윤활유로 많이 쓰이는 것으로 알고 있습니다.

결명자는 곡물처럼 보일지 모르지만 꼬투리에 열리는 콩입니다. 노릇

노릇 적당히 익으면 밑동을 잘라 볕에 말리고 털어내 가마솥에 볶아내면 쌉쌀한 결명자차를 끓여 마실 수 있습니다.

모든 콩과 농작물을 수확하고 나면 서리가 옵니다. 논은 이미 가을걷이를 끝낸 상태죠. 이때 논두렁에 나가보면 탱글탱글한 서리태가 시커먼 자태를 뽐내며 기다리고 있습니다. 서리 맞고 거둬들인다 해서 서리태입니다.

꼬투리도 단단하고 익고 나면 더욱 단단해져서 어지간한 추위는 견디는 콩입니다. 서리태도 백태처럼 밑동을 잘라 볕에 널어 말리고 도리깨질을 해 털어냅니다. 같은 시기에 돌밭에 심었던 쥐눈이콩도 함께 거둬들입니다. 밤콩, 작두콩 같은 것들도 더러 심지만 자연히 나는 경우가 많고 생각나면 심고 아니면 마는 것들이죠.

이렇게 수확한 콩 가운데 가장 중요한 것은 백태입니다. 장을 만드는 초석이 되는 콩이죠. 강낭콩, 완두콩 등은 계절식으로 먹기 위해 재배하는 것이고 팥은 특별한 용도가 있음을 뒤에서 이야기하겠습니다.

백태, 서리태, 쥐눈이콩.

녹두는 이듬해 여름까지 열이 나거나 병이 계속될 때 허약해진 기력을 보충하기 위해 사용되는 콩으로 두고두고 필요할 때마다 꺼내 죽을 끓이거나 가루를 내 묵을 쑤고 싹을 틔워 숙주나물로 먹습니다.

서리태나 쥐눈이콩은 백태에 비해 생산량이 적지만 장을 담그면 그 맛이 뛰어나 특별한 장을 담글 때 사용하거나 메주를 쑬 때 백태와 함께 넣어 담거나 볶아서 차로 끓여먹기도 합니다.

그중에서 백태와 서리태에 대해 조금 더 알아보겠습니다.

일반적으로 콩 이름 뒤에 '태'가 들어가는 것들은 메주와 두부를 만들 수 있는 콩입니다. 쥐눈이콩의 한자식 이름은 '서목태'입니다. 말 그대로 쥐눈이콩이죠. 이 또한 메주와 두부를 만들 수 있습니다. 똑같이 '쥐눈'이란 뜻을 가지고 있지만 표기가 다른 '서안태'라는 콩이 있는데 이 역시 쥐눈이콩입니다.

서안태의 검은 껍질을 까면 노란색 콩이 들어 있고 서목태는 파란색 콩이 들어 있습니다. 일반적으로 약콩이라 부르는 것은 속이 파란 서목

서목태와 서안태.

태입니다. 서리태도 쥐눈이콩과 같이 두 종류로 나뉘는데 속이 노란 것과 파란 것이 있습니다. 서리태와 쥐눈이콩 모두 노란 것은 고소한 맛이 강해 된장, 두부, 차 등으로 이용하고 파란 것은 맛이 달콤해 밥에 얹어 먹거나 쇠머리찰떡을 만들 때 고명으로 사용됩니다.

이 '태'라 불리는 콩들로만 두부와 메주를 만들 수 있는 이유는 단백질과 지방, 불포화 단백질인 글루텐이 함유되어 있기 때문으로 보입니다. 팥과 녹두, 강낭콩, 완두콩 등으로는 두부나 메주를 만들지 않잖습니까. 사람들이 해보지도 않고 팥으로 메주를 쒀도 믿는다는 말을 한 것이 아닙니다. 다 해봤지만 실패만 거듭하니 팥으로는 메주를 쑬 수 없다는 것을 알게 된 것이죠.

『규합총서』 등 고서를 보면 팥장이라는 것이 나옵니다. 기어이! 팥으로 장을 담가 먹기도 했던 것이죠. 그런데 팥만으로는 장을 담글 수 없으니 밀가루를 함께 넣어 담갔습니다.

팥은 콩보다 탄수화물 함량이 높고 지방은 극히 적습니다. 단백질 함량은 대두의 절반 수준입니다. 이 팥으로 메주를 띄우면 발효되는 것이 아니라 썩기만 합니다. 썩기만 하는 그 팥으로 무엇하러 장을 담그려 했을까요.

아무튼 밀가루를 넣었더니 썩지 않고 발효가 되더라는 임상실험을 하게 됩니다. 밀가루를 넣어서 발효가 되기는 했는데 무슨 이유로 발효가 된 것인지는 말하지 않더군요. 그래서 고민해봤죠. 왜 그럴까?

지금부터 하는 잡설은 저의 추측입니다.

팥에는 콩보다 탄수화물이 많으니 밀가루의 탄수화물이 영향을 미친 것 같지는 않고, 밀가루에 지방질이 그리 많지는 않으니 지방질이 발효에 영향을 미친 것은 아닐 테고, 밀가루가 섞여들며 단백질을 콩의 수준으로 올려준 것도 아닐 텐데 발효가 되었다면 대두에도 있고 밀가루에도 있는 글루텐의 영향이지 않을까 추측해봅니다.

대두나 쌀, 밀, 보리 등은 삶거나 치댔을 때 끈적한 점액질이 형성되는데 팥은 퍼석퍼석 흩어지고 앙금이 되어 바닥에 가라앉습니다. 끈끈하게 연결해줄 그 무엇이 없는 것이죠. 비단 팥만 그런 것이 아닙니다. 태가 아닌 콩들은 대부분 그러합니다.

그래서 저는 이런 결론을 내렸습니다. 팥이 메주가 될 수 없는 이유는 불포화 단백질인 글루텐에 있다고 말입니다.

실은 정말 궁금했습니다. 그래서 책이든 뭐든 닥치는 대로 열심히 찾아봤지만 시원하게 답을 내주는 곳은 없더군요. 왜 팥으로 메주를 만들 수 없는지를 전문적으로 연구한 사람도 없는 것 같고 말이죠. 일주일 동안 극강의 잉여력을 발휘해 연구한 결과가 고작 글루텐이었습니다.

식품영양학 전공자들에게 의뢰합니다. 왜 팥은 메주가 될 수 없는가! 조속한 답변 부탁드립니다. 배알이 꼴리고 화딱지가 나 죽을 것 같거든요.

'태'로 불리는 콩들로만 두부가 만들어지는 이유는 이러합니다. 두부는 콩에 있는 단백질이 간수와 반응해 응고된 것입니다. 태라 불리는 콩들은 단백질 함유량이 무려 40퍼센트입니다. 다른 콩들은 20퍼센트를 밑도는 수준입니다. 간수를 넣어도 응고 반응을 일으키지 못할 수준이죠. 그리하여 백태, 청태, 서리태, 쥐눈이콩 등으로만 두부를 만들 수 있습니다.

두부를 만드는 일은 치즈를 만드는 원리와 동일합니다. 우유에 들어있는 단백질을 간수로 응고시켜 치즈를 만드는 것인데 두부 또한 치즈처럼 발효시켜 먹기도 합니다. 동양과 서양에서는 어쩜 이리도 비슷한 음식을 다른 원료에서 찾아냈는지 신기하기만 합니다.

음식을 하면서 항상 드는 생각입니다만, 동서양의 모든 음식에는 아주 미세한 차이가 있을 뿐 그 조리 과정이나 먹는 방식이 크게 다르지 않습니다. 국에 밥을 말아 먹는 것과 수프에 빵을 찍어 먹는 것이 전혀 달라 보이지 않고, 파스타와 야끼소바가, 옥수수 전분으로 만든 당면과 파스타 면이 전혀 다르게 보이지 않습니다.

치즈와 두부도 가까이 들여다보면 맥을 같이합니다. 지금부터 두부 만드는 방법을 알아보면서 치즈도 함께 알아보겠습니다.

콩을 물에 하루 정도 불려 콩과 물의 비율을 1대 3으로 해서 믹서기에 곱게 갈아줍니다. 이렇게 얻은 콩물을 냄비에 넣고 끓여줍니다. 끓는다 싶으면 거품이 순식간에 올라올 것입니다. 콩에는 사포닌이라는 성분이 들어 있어서 흔들어주거나 끓여주면 거품이 엄청나게 올라옵니다.

사포닌, 어디서 많이 들어보셨죠? 설마 인삼이나 홍삼에 들어 있다는 그 유명한 정력제? 그럴 거라고 생각하진 마세요. 성질만 비슷한 것이지 사포닌의 종류는 다양합니다.

모든 사포닌은 거품을 일으킵니다. 홍삼정 먹고 병에 묻어 있는 게 아까워 물 넣고 흔들어 마시면 거품이 엄청 생깁니다. 사포닌의 영향이죠. 콩물도 마찬가지입니다. 사포닌의 영향으로 거품이 많이 올라오는데 그걸 막지 못하면 콩물이 잘 익지도 않고 비린내도 심하게 납니다. 그래서 여기에 소포제를 집어넣습니다.

소포제란 또 무엇인가. 이것도 많이 들어보셨을 겁니다. 계면활성제. 속 쓰리고 더부룩한 분들을 위한 이상한 맛의 약이죠. 겔포스. 위장에서 거품이 일어나는 것을 막기 위해 이 겔포스를 들이킵니다. 계면활성제를 먹는 것이죠.

두부를 만들 때 사용하는 일반적인 계면활성제는 식물성 계면활성제입니다. 그런데 일부 몰지각한 업체에서 합성 계면활성제를 사용하기도 한다더군요. 실리콘 성분이 들어가 있는 소포제라든지 알콜 소포제 등을 사용한다는 풍문이 있습니다.

두부에 사용되는 가장 전통적인 소포제는 들기름입니다. 제가 문과 출신이라 들기름이 어떤 작용을 해서 거품을 줄여주는지는 잘 모르지만 끓는 콩물에 들기름을 몇 방울 떨어뜨리면 거짓말처럼 거품이 줄어듭니다. 들기름을 넣으면 고소한 향이 나고 맛도 좋아지니 이를 소포제로 사용하세요.

이렇게 콩물이 안정을 찾으면 20분 정도 더 끓여줍니다. 끓인 콩물을 면보에 부어서 콩비지를 걸러내고 내려앉은 물에 응고제를 넣습니다.

응고제는 또 무엇이냐 하면 바로 간수입니다. 간수라는 것이 다른 게 아닙니다. 그냥 바닷물입니다. 바닷물보다 더 좋은 것이 소금에서 빠져나온 '간수'입니다.

바닷물과 소금, 간수에 염화마그네슘이 들어 있기 때문에 소금물이나 바닷물을 모두 응고제로 사용할 수 있지만, 소금을 만들고 남은 염수나 소금에서 흘러나오는 간수에 염화마그네슘이 더욱 많이 함유되어 있습니다. 이 염화마그네슘이 응고를 촉진합니다. 집에 간수가 없다면 소금과 식초와 물의 비율을 1대 1대 5로 혼합해서 만든 염초를 응고제로 사용할 수 있습니다.

바닷물로 만든 두부는 응고된 덩어리가 작아 잘 부서지는 경향이 있

두부를 만드는 과정.

지만 부드러운 두부를 만들기에는 적당합니다. 그래서 초당순두부는 바닷물을 응고제로 사용합니다.

단단한 두부를 만들고자 한다면 염화마그네슘이 다량 함유된 소금 간수를 식재료상에서 구입해서 사용하거나 염전을 지날 일이 있으면 염수창고에 저장된 염수를 얻어다 사용하셔도 좋습니다.

어쨌든 끓인 콩물에서 콩비지를 걸러낸 물에 간수를 넣고 한 번 휘저어준 다음 10분 정도 기다리면 순두부가 됩니다. 이걸 한 사발씩 떠서 간장 넣고 후룩후룩 마셔도 참 맛있죠. 이렇게 만들어진 순두부를 면포에 쏟아붓습니다. 그러면 응고된 덩어리는 남고 물은 빠져나갑니다.

이렇게 물이 빠져나간 상태의 두부가 연두부입니다. 이 연두부에 압력을 가해 물을 빼내면 단단한 두부가 되는데 시중에 판매되는 두부 중 압력을 덜 가해 물이 덜 빠진 게 찌개용이고 압력을 많이 가해 물을 많이 빼낸 것이 부침용입니다.

압력을 가하는 방법 말고도 간수의 양을 조절해 두부의 강도를 조절할 수도 있는데, 간수를 많이 넣으면 단단한 두부가 되고, 간수를 적게 넣으면 부드러운 두부가 되기도 합니다. 보통 간수의 양은 콩 무게의 1퍼센트 내외를 사용하는 것이 적당한데 불린 콩 1킬로그램일 때 간수는 10그램 정도를 넣는 것이 좋습니다.

치즈를 만드는 방법 또한 이와 같지만 소포제를 사용하지는 않습니다. 우유에는 거품을 일으키는 사포닌이 들어 있지 않기 때문이죠. 우유가 팔팔 끓으면 간수와 레몬즙 혹은 식초를 조금 넣고 약한 불에 끓인 뒤 불을 끄고 기다리면 단백질이 응고됩니다.

이걸 면포에 걸러주는데 두부의 물은 버리지만 치즈를 만들고 남은 물(유청)은 스튜나 화이트소스를 만들 때 요긴하게 사용할 수 있으니 버리지 말고 음식에 활용하는 것이 좋습니다. 이렇게 만들어진 치즈를 꼭 짜서 응고시키면 생치즈가 만들어집니다. 이 치즈를 치대거나 발효시켜 다양한 풍미를 가진 치즈로 만드는 것이죠.

두부도 치즈처럼 발효시켜 먹을 수 있는데 빛이 들지 않고 따뜻한 곳에 보관하면 발효가 됩니다. 자칫 잘못하면 썩기 때문에 쉽게 만들어 먹을 수 없는 음식이지만 누룩방 같은 곳에 며칠 숙성시키면 잘 숙성된 치즈의 맛을 느낄 수 있습니다.

어두컴컴한 장롱에 제습제를 모두 치우고 나무통이나 물이 빠지는 채판에 바쳐 일주일쯤 두부를 방치해보세요. 아주 약간의 누룩가루를 뿌려주는 것도 좋은 방법입니다. 냄새를 맡아봐서 아주 요상한 치즈냄새가 난다 싶으면 성공한 것이고 쾌쾌한 시궁창 냄새가 난다 싶으면 실패한 것입니다.

뭐 까짓것 한번 시도해보지 그러세요. 천하일미를 맛볼 수 있는데 말이죠. 옷에 냄새 좀 배고 그러면 어떻습니까.

이것이 서태후가 침을 질질 흘렸다는 처우더우푸(발효시킨 두부)입니다. 이 두부는 튀기거나 조림을 해서 먹기도 하지만 끓는 물에 넣어 곰팡이균을 제거하고 생으로 먹기도 합니다. 저는 이런 과정 없이 곰팡이 핀 가장자리 부분만 칼로 도려내고 생으로 먹었습니다. 상당히 강렬한 맛이고 오랫동안 기억에 남습니다. 청국장이나 낫또와 비견되지만 독특한 치즈향이 풍미를 더해 전에 맛보지 못했던 독특한 맛을 느낄 수 있습니다.

콩은 농사짓기도 편리하고 노력에 비해 얻어지는 수확량도 많고 풍부한 단백질과 지방질 덕에 쓰임도 많은 작물입니다. 욕심 부리지 않아도

치즈 만드는 과정. 두부와 별반 다르지 않습니다.

충분히 많은 양을 수확할 수 있는데도 사람의 욕심은 끝이 없나 봅니다. 캐나다에서부터 아르헨티나까지 이어지는 아메리카 대륙에서는 엄청난 양의 GMOGenetically Motified Organism 콩이 생산됩니다. 콩 이외에도 GMO는 날로 늘어나는 추세입니다. 그 시작은 토마토였고 뒤를 이어 해충저항 옥수수, 농약에 내성을 가진 콩이 개발되었습니다.

사람이 GMO를 먹으면 어떤 문제가 발생하는지 아직까지 정확하게 알 수는 없습니다. 제 입술이 발기하는 것이 어디 GMO 때문이겠습니까.

〔표 2〕

기원전 8000	농업혁명(농경사회의 시작) 식용감자 재배
기원전 4000~ 기원전 2000	효모를 이용한 맥주, 빵 제조(이집트) 효모를 이용한 치즈, 와인 생산(수메르, 중국, 이집트)
1663	세포 발견: 훅
1664	식물의 성 발견: 키메라리우스 인공수정을 통한 품종 개량 가능성 제시
1719	인공교배 성공(카네이션과 패랭이꽃)
1761~1766	담배를 이용한 교차 수분
1835	모든 생물체는 세포로 되어 있다: 슬라이덴과 슈만
1865	유전법칙 발견: 멘델
1909	유전자gene 용어 사용: 요한센
1919	바이오테크놀로지Biotechnology 용어 사용
1925	염색체 유전설 확립(초파리 실험 수행): 토마스 모건
1928	해충을 제어하기 위해 BTBacillus Turengenesis를 응용한 실험(EU) 미생물농약의 상업적 생산(프랑스)
1941	1유전자 1형질설: 서던
1944	DNA가 유전물질임을 증명: 에이버리
1953	DNA가 이중나선 구조임을 밝힘: 왓슨과 크릭
1955	핵산 합성에 관여하는 효소 분리
1956	DNA polymerase 발견: 콘버그 – DNA 복제방법에 대한 이해 유도
1960	mRNA 발견
1964	녹색혁명: 교배를 통한 생산량 증대
1966	유전 암호genetic code: 염색체를 구성하고 있는 DNA는 4개의 염기, 즉 아데닌(A)·구아닌(G)·티민(T)·시토신(C)이 여러 가지 순서로 배열되어 사슬 모양으로 연결
1967	연결효소Ligase: 젤러트 – DNA의 2가닥 사슬 중 어느 하나에 들어가 잘린 부분을 연결하는 효소
1968	제한효소Restriction enzyme: 하버 – 박테리오파지와 대장균에서 특정 DNA를 잘라내는 효소 발견
1971	최초로 유전자 합성 성공
1972	DNA 분리, 정제 성공: 보이어 재조합된 DNA 분자 만듦: 버그
1973	최초의 유전자 변형 대장균 만듦: 코헨

출처: 식품의약품안전처

과자나 라면을 먹으면 유난히 부풀어 오르는 것을 보며 그럴 수도 있겠다 하는 의심이 들긴 하지만 아직까지는 콕 찍어 "너 때문이야"라고 말할 수는 없는 일이죠. 그렇다고 해서 GMO 농산물이 정당해 보이지는 않습니다.

GMO의 가장 큰 특징으로 항제초제성, 종 번식 방해, 성분의 변형을 들 수 있습니다. 항제초제성은 제초제를 비롯해 살충제 등 농약에 항성을 지녔다는 말이죠. 특정한 농약을 뿌리면 그 주변의 잡초와 병충은 모두 죽고 경작되는 농작물만 살아남는다는 뜻입니다.

이것의 폐해로 슈퍼잡초의 출현을 이야기하는데 오히려 그것들이라도 살아남아서 다행이라는 생각이 들더군요. 정말로 불행한 것은 모든 풀이 죽고 농작물만 살아남는다는 것이죠. 들에 나는 모든 초목을 적으로 돌려세우는 것입니다.

GMO 콩을 농사지은 지 10년도 더 지났으니 한 번 GMO 콩을 키웠던 땅은 더 이상 다른 작물이 자랄 수 없을 것입니다. 아마도 농사를 짓지 않는다면 슈퍼잡초만 무성하게 자라나는 황무지가 될 것입니다. 그런 땅들이 한때 밀림이었고 울창한 숲이었던 아르헨티나와 브라질의 땅들입니다.

게다가 잡초만 죽이는 것이 아닙니다. 살충제는 그 일대의 모든 이로운 박테리아와 공생관계에 놓여 있는 벌레들을 말살시킵니다. 그리고 슈퍼해충이 출현합니다. 벌레들도 넋 놓고 죽을 수는 없는 일이죠. 농약에 항성을 갖게 되는 것입니다. 슈퍼잡초와 슈퍼해충이 생겨나면 더욱더 많은 농약을 살포합니다.

어쨌든 콩은 죽지 않으니까 말이죠. 농약의 사용량은 늘어나고 수확기에 접어든 작물에까지 농약을 살포합니다. 다 익은 콩을 메뚜기가 날아와 갉아 먹는데 살충제를 뿌려야겠죠. 그렇게 되면 수확한 농작물에 농약이 잔류하게 됩니다. 잔류농약은 가축이 먹게 되고 결국 사람에게 이어집니다.

이런 이야기야 하도 많이 들어서 그러려니 할 테고 더 웃긴 것은 특정 제초제만 뿌려야 농작물이 살아남는다는 사실입니다.

가령 몬산토에서 만든 GMO 콩이면 몬산토에서 만든 제초제와 살충제에만 살아남는다는 말입니다. 효성오앤비에서 만든 제초제를 뿌리면 싹 다 죽는다는 이야기죠. 이래 놓고 무슨 세계 기아를 퇴치하기 위해서는 GMO 작물이 반드시 필요하다고 해대는지 모르겠습니다.

게다가 유전자를 변형하여 종 번식을 더 이상 못하도록 막습니다. 많이들 들어서 아시겠지만 종자를 심어 생산한 콩을 다시 땅에 심으면 싹을 틔우지 않는다거나 이상한 새끼가 태어난단 말이죠. 어라, 저 새끼가 내 새낀가 싶은 새끼가 태어납니다. 나는 똑똑한데 새끼는 왜 저렇게 멍청할까 싶으면 유전자 조작을 의심해 보시길 바랍니다. 본인의 유전자가 조작되었을 수도 있습니다.

이것이 다른 어떤 문제를 야기하는지는 옥수수의 경우를 보면 잘 알 수 있습니다. 옥수수는 바람을 통해 수분됩니다. 가령 몬산토에서 개발한 엄청난 우량 옥수수를 심었다고 칩시다. 이웃 마을에선 토종 옥수수를 심었는데 토종 옥수수가 낳은 새끼가 토종이 아닙니다. 아주 후진 토종 옥수수가 생산되었습니다.

왜 이래?

몬산토 옥수수의 꽃가루가 바람을 타고 이웃 마을로 날아가 토종 옥수수에 수분된 것입니다. 종의 다양성을 확보하기 위한 번식 방법이었는데 재앙이 되어버립니다. 이듬해 그 옥수수를 땅에 심으면 옥수수가 열리지 않습니다. 쭉정이만 나오거나 이빨 빠진 옥수수가 대량으로 생산됩니다. 그렇게 토종이 사라져가는 경우가 허다합니다.

겉모양의 변종만이 우려스러운 것이 아닙니다. 농산물이 들고 나는 산업도로변에는 새가 많습니다. 운반 차량에서 떨어진 낟곡을 먹기 위해 모여든 것이죠. 도로에 떨어진 낟곡들을 새들이 모두 먹는다면 그나마 다행이지만 농지로 흘러들어 싹을 틔우고 변종을 탄생시킵니다. 한 번도 본 적 없는 새로운 야생 콩이 눈에 자주 띄는데 이것이 어떤 경로를 통해 발생하게 된 것인지 정부와 학계는 실태조사를 해야 할 것입니다.

이런 실정인데 대한민국 정부는 GMO에 제재를 가하지 않습니다. GMO 사용에 대한 표시제를 제한적으로 실시하고는 있지만 단 한 곳도 GMO를 표시하지 않습니다. 엄청난 양이 수입되고 엄청난 양이 사료에 사용될 것이 분명한데도 표시하지 않습니다.

비단 현 정부의 문제만이 아닙니다. 김대중 정부에서부터 시작된 신자유주의의 바람을 타고 밀려들어온 GMO는 제재 없이 자유롭게 유통되고 있습니다. 그중 가장 큰 부분을 차지하는 것이 지금 이야기하고 있는 콩입니다.

미국과 호주, 남미 등지에서는 사료용으로만 사용되는 GMO 콩을 우리나라에서는 식용유를 만든다든지 과자를 생산할 때 원료로 사용합니다.

그뿐만이 아닙니다. 정부는 국내의 생명과학 관련 회사들에 지원을 아끼지 않습니다. 한국발 GMO를 생산하라는 특명이 내려진 것이죠. 그 이름도 찬란한 국제경쟁력 강화의 일환으로 말입니다.

무엇이 지속가능한 것인지는 우리도 알고 GMO를 연구하는 그들도 알고 있습니다. 변종 농산물이 그들의 통제에서 벗어날 때까지 기다리고만 있을 수는 없습니다. GMO가 그들의 통제에서 벗어나기 전에 우리가 그들을 통제하고 제재를 가해야 할 것입니다.

열일곱. 잡곡

"내 너희 집을 찾아가면 고깃국에
하얀 쌀밥을 내어다오"

잡곡에 대한 기억은 매우 희미하고 단편적으로 채워져 있습니다. 하얀 쌀밥을 먹지 못할 때 겨우 먹는, 가족들에게 가장의 낯이 서지 않는 음식으로도 기억됩니다.

사실 제게는 하얀 쌀밥을 먹지 못해 잡곡을 먹을 수밖에 없었던 시절이 없었습니다. 집에 쌀이 떨어진 기억이 없는데도(집에서 농사를 지었으니 쌀이 떨어진다는 것은 상상해보지 않았습니다) 밥상 앞에서 가족들에게 혹은 엄마에게 보였던 아빠의 태도를 통해 그런 기억이 자리잡게 된 것 같습니다. 이제는 돌아가셔서 왜 그랬는지 직접 물어볼 수는 없지만 밥상 위에 쌀 이외의 다른 잡곡이 들어간 밥이 올라오는 것을 마땅찮게 여겼던 기억이 납니다. 콩이 섞인 밥은 마땅찮아 하면서도 밥술을 들긴 했지만 보리나 율무, 옥수수 같은 잡곡이 들어간 밥이 밥상에 올라오면 질색하다 못해 수가 틀어지면 밥상을 뒤엎는 경우도 있었지요.

"집구석에 쌀이 없어서 이런 것으로 밥을 지었어?"

'내가 먹기엔 아무렇지도 않은데, 저 양반은 하얀 쌀밥이 지겹지도 않은가' 하고 생각하며 밥상다리를 붙들고 있었죠. 누나도 종종 아빠의 언성이 높아지면 밥상이 뒤집어질까봐 밥상다리를 붙들고 있었다더군요. 지금 와서 돌아가신 양반 옛날 얘기를 꺼내 험담하려는 것은 아닙니다. 당시 그 태도가 잡곡을 바라보는 관념이었다는 것을 이야기하고 싶은 것입니다. 쌀이 있다면 잡곡 '따위' 내 가족들에게 먹이고 싶지 않다는 지독한 관념에 사로잡혀 살았던 것이죠. 이것은 한 사람에 국한된 생각이 아니라 지난날 많은 사람에게 잡곡은 가난과 배고픔의 아이콘이었습니다. 그런 이유로 잡곡의 생산은 단절되어오다 최근에서야 잡곡이 다시 사람들의 인식에 조금씩 자리잡고 있는 듯합니다.

어쩌면 '이밥에 고깃국'을 갈망하던 시대가 이제야 지고 있는 것인지도 모르겠습니다. 밥상 뒤집기 신공 앞에서 나도 모를 잡곡에 대한 부정이 자리잡았기 때문에 얼마 전까지도 잡곡에 눈을 돌리기가 꺼려지고 부담스러웠습니다.

가정환경이 이렇다 보니 논밭에 잡곡을 거의 심지 않았습니다. 아주 심지 않은 것은 아니어서 기억에 띄엄띄엄 자리하고는 있지만 주요하게 길러지지 않았던 것이죠. 율무 같은 경우 심지 않은 해가 많았고 수수는 씨앗이 생기면 구석진 자리에 몇 알 심어 '나던가 말던가' 하는 마음으로 여름을 나면 겨우 몇 줌 얻는 정도였습니다. 그것마저도 밥에 올리면 집구석이 뒤집어지니 아빠가 없을 때 한 줌 넣어 밥을 하거나 처마에 매달아두고 한 해를 멀뚱히 넘기는 경우가 허다했습니다.

그렇다 해도 매년 빠지지 않고 농사를 지었던 잡곡도 있었습니다. 보리는 아무리 적어도 조금씩은 농사를 지었는데, 엿기름을 만들려면 반드시 필요했기 때문입니다. 고추장을 담거나 식혜를 만들 때 엿기름이 반드시 필요했던 것이죠.

옥수수 같은 경우는 빨리 자라고 여름철 간식거리로 그만이니 밭고랑 옆에 몇 알씩 심어두면 새끼들 간식으로 먹이기 좋았습니다. 메밀도 빠지지 않고 농사지었던 잡곡 중 하나입니다. 묵을 쑤어 먹기에 가장 간편했기 때문이죠. 도토리는 묵 쑬 녹말을 얻기까지의 과정이 매우 복잡하고 녹두는 생산량이 적어 묵을 쑤기에 곤란한 면이 있지만, 메밀은 빨리 자라고 생산량도 많아 수확해두었다가 겨우내 묵을 쑤어 먹고 잔칫날이나 명절에도 빠지지 않고 상에 올랐습니다.

집에서는 얼추 이 정도로 농사를 지었고 조, 기장, 호밀 등은 마을에서도 몇 집만 농사를 지었던 잡곡입니다. 정월 대보름에 여러 집을 돌아다니며 조와 기장이 들어간 잡곡밥을 맛보았었는데 맛은 있지만 낟곡이 너무 작아 도정이 어려워 기피대상이었다더군요.

최근 잡곡에 대한 인기가 높아지면서 덩달아 수요도 늘어나는 추세이지만 생산 농가가 적어 값이 비싼 편에 속합니다. 중국이나 인도 등지에서 수입되는 양은 많지만 국내산을 선호하는 분위기라 국내산 잡곡의 값이 날로 상승하고 있습니다. 실정은 이러한데 잡곡은 생산 장려 농산물에 포함되어 있지도 않고 보리 같은 경우는 수매가 끊겨 생산량이 급감하는 추세입니다. 게다가 도정 시설이 갖춰져 있지 않아 농사를 지어도 도정하지 못해 애를 태우는 경우가 많죠. 그런 이유로 잡곡보다는 콩 농사를 선호하는 것으로 보입니다. 콩은 도리깨로 두드려 낟알만 거둬들이면 바로 취식이 가능하지만 잡곡은 건조시켜 탈곡하고 도정해야만 판매가 가능하기 때문이죠.

잡곡을 모아놓고 보면 화려한 듯하지만 수수하고 정겹습니다. 한복의 색은 이런 곡물의 색에서 오지 않았을까 생각해봅니다. 잡곡이 보기에는 아름답지만 입에는 맞지 않는다는 분이 많을 것입니다. 저도 어릴 때는 잡곡밥을 그리 좋아하지 않았습니다. 최근 들어 하나둘 밥에 올려 먹으며 딱딱한 것과 부드러운 것들이 주는 식감의 차이를 알아가고 맛의 차이를 즐기며 서서히 익숙해지는 중입니다.

일반적으로 잡곡이라 하면 주식을 제외한 곡물을 말합니다. 한국은 쌀이 주식이어서 멥쌀과 찹쌀을 제외한 곡물을 잡곡이라 부르죠. 종종 곡물이 아닌 과실(밤, 도토리, 은행 등)을 잡곡에 포함시키기도 하고 감자나 고구마를 포함시키는 경우도 있습니다. 그 이유는 구황작물을 재배하던 시기에 쌀을 제외하고 식량이 될 수 있는 것들을 총칭하여 잡곡이라 불렀기 때문입니다. 지금은 일반적으로 조, 기장, 수수, 피, 메밀, 율무, 옥수수, 보리, 호밀, 귀리 등을 잡곡으로 보고 녹미, 흑미, 현미 등도 잡곡에 포함시켜 부르기도 합니다.

지금부터는 우리나라에서 재배되는 대표적인 잡곡인 조, 기장, 수수, 피, 메밀, 율무, 옥수수, 보리, 호밀에 대해 이야기하고 이어질 '쌀' 편에서 녹미, 흑미, 현미 등에 대해 이야기하겠습니다.

잡곡이라 부르는 9가지 곡물은 쌀에 비해 농사짓기가 매우 수월합니다. 주요 영양소가 비슷해서 무엇을 주식으로 하든 굶어 죽지는 않을 텐데도 굳이 쌀을 고집했던 것으로 보아 밥을 지었을 때 얼마나 맛이 좋은가가 주식과 잡곡을 나누는 결정적인 기준이었던 듯합니다. 수수나 보리, 밀은 벼에 비해 수월하게 자라고 생산량도 많지만 입에 맞지 않았던 것이죠. 아무리 벼농사가 어려워도 쌀밥 한 그릇 앞에서 오르가슴이 느껴지는 것을 어쩌겠습니까.

그런데 역설적이게도 벼농사의 어려움이 다양한 잡곡을 대체식량으로 재배했던 원인이지 않을까 생각해봅니다. 가령 강원도 산간지방에서는 메밀농사를 많이 짓습니다. 메밀은 척박한 토양에서 잘 자라고 파종부터 수확까지 3~4개월밖에 걸리지 않아 주식으로 삼을 만하지만 대부분의 평지에는 벼농사를 지었습니다. 벼농사 짓는 곳에 메밀농사를 지으면 더 많이 생산할 수 있고 배불리 한 해를 날 수 있을 텐데도 쌀을 고집했습니다. 나중에 피죽을 먹더라도 쌀밥을 고집했던 것이죠.

옥수수, 호밀이 자라기에 적합한 토지에 굳이 벼를 심기도 했습니다. 같은 땅에 옥수수를 심으면 10킬로그램의 옥수수를 얻을 수 있고 벼를 심으면 3킬로그램의 쌀을 얻을 수 있다 하더라도 밭벼를 심으며 쌀을 갈구했습니다. 맛있는 것이 좋긴 하지만 굶어 죽을 수는 없으니 맹지 이곳 저곳에 여러 가지 구황작물을 심어 쌀과 함께 섞어 먹거나 쌀이 떨어지면 근근이 그것들을 먹으며 쌀이 나오기를 기다렸습니다.

아무리 좋게 보려 해도 쌀은 분명 마약이었던 것이죠. 미치지 않고서야 이럴 수는 없는 일입니다. 한두 가정만 그랬던 것도 아니고 전국의 집집마다 이렇게 밥 중독에 시달렸다니!

지금은 잡곡을 건강식으로 생각하고 있지만 부모님 세대까지만 하더라도 쌀이 모자라 어쩔 수 없이 먹었던 것이 '잡곡'이었습니다.

지난주 군산 집에 들렀다 본 보리밭입니다. 파릇파릇 보리싹이 올라와 겨울을 나고 있더군요. 보리, 밀, 호밀 등은 가을에 파종해 겨울을 나야만 실한 씨앗을 맺는 내한성 작물입니다. 추위가 심한 곳에서는 얼어 죽을 가능성도 있기 때문에 봄에 파종하는 경우도 있지만 그렇게 되면 씨앗을 적게 맺어 수확량이 적습니다.

이날 시골집에 갔을 때 우연찮게 마을 이장 아저씨를 만나 보리와 밀

보리밭과 보리싹이 난 모습. 보리이삭도 보입니다.

농사에 대해 물어보았습니다. 칠십 평생을 농사만 지으며 살아온 이장 아저씨의 말을 밀과 보리농사에 대한 설명으로 대신합니다.

이장 아저씨의 말입니다.

"보리나 밀이나 농사짓는 방법은 똑같혀. 가을이 나락 비고 땅 갈어서 거기다 파종허고 흙으로 얇게 덮어주믄 되는 것인게. 근디 밀은 보리보다 늦어. 보리보다 열흘 이상 더 영글어야 수확을 한단 말여. 벼농사가 한시가 급한디 열흘 이상 늦어버리믄 서리 오기 전이 나락 못 거둬들인다고. 그려서 밀보다는 보리농사를 지을라고 허지. 근디 밀은 보리보담 수확량이 많고, 요즘 우리밀 찾는 사람들이 많아져서 농사지을 욕심이 생기기는 헌다고. 나도 작년에는 밀농사를 지었는디 올해 벼농사가 늦어져서 작년보다 몇 가마니를 못혔어. 이렇게 저렇게 따져봐도 도낑개낑인디 마음고생할 것 없다 싶어서 올해는 보리를 심었다고.

글고 밀은 말릴 때 기름이 많이 들어가. 같은 양을 거뒀어도 보리를 말릴 때 기름값 50만 원 들어가믄 밀은 배도 더 먹어. 작년에 밀 건조하는디 건조기가 먹은 기름값만 130만 원 들어갔어. 보리는 50만 원이믄 썼다 벗었다 허는디.

보리가 수매를 해줄 때가 좋기는 혔는디 아주 팔로가 없는 것은 아녀. 맥주공장으로 많이 들어간게 헐값으로 팔리는 것도 아니고. 밀은 수매를 해주는 정미소가 따로 있어. 그 정미소에서 밀을 수매해서 우리밀가루로 만들어 여기저기다 파는가 보더라고. 근디 올해는 다들 보리농사만 져서 정미소가 애 좀 먹을 거여. 정부서 조생종 밀을 만들어서 보급해주믄 걱정 없이 밀농사 지을 수 있을 틴디 그럴 생각도 없는 것 같여. 우리밀 우리밀 혀봐야 소용 있나. 농사를 져먹게 해줘야 그것도 되는 것이지."

호밀에 대해서도 물어보았습니다.

"호밀. 호밀은 그전에 밭에다 쪼매씩 심었던 것이지. 보리보다 딱딱하고 색도 검어. 밥으로 먹자고 심었던 것이 아녀. 술 담글 때 쓸 누룩 만들라고 쪼매씩 심었던 것인디 요새 집이서 술 담그는 사람이 있간디. 수확량도 적고 색도 검고 맛도 없는디 뭣헌다고 그것 농사를 짓것는가. 자네 말대로 요새는 호밀로도 빵을 만든다더만 안 먹어봐서 뭔 맛인가는 모르겄지만 그냥 밀이 호밀보다야 맛이 좋지. 다들 건강 생각하는 세상이라 그것도 찾는가 보구먼."

항상 드는 생각이지만 책상머리 앞에 앉아 인터넷을 뒤적거리는 것보다 현장에서 일하고 있는 사람들에게 전해 듣는 말에 더 많은 정보와 사실이 담겨 있다는 것을 느낍니다. '알고나 먹자'를 써가고는 있지만 이장 아저씨와 같은 분들이 이 글을 보면 콧방귀가 절로 나오지 않을까 내심 염려스럽고 부끄러워지기도 합니다. 이장 아저씨를 비롯한 마을 어르

호밀밭.

신들과 엄마가 알고 있는 지식은 무궁무진합니다. 한두 사람만 알고 있는 전문지식이 아닙니다. 마을에 살고 있는 노인 모두가 농사일은 어떻게 해야 하며, 달과 해의 움직임은 어떻게 보아야 하며, 땅을 비옥하게 만드는 방법들이며 세시풍속을 어떻게 받아들이고 그때마다 무엇을 해야 하는지를 알고 있습니다. 말할 줄 모르고 글로 써낼 줄 몰라서 그렇지 학식을 쌓은 사람들보다 더욱 깊이 알고 있고 명확하게 이해하고 있습니다. 그분들 스스로는 배운 것 없이 평생 땅 파먹고 산 것을 부끄럽게 생각하지만 그들이 경험하며 쌓은 지식은 어디에서도 찾을 수 없는 상아탑임이 분명합니다.

이장 아저씨의 말에 몇 가지 부연 설명을 하고 보리와 밀을 정리하겠습니다.

보리는 겉보리와 쌀보리로 나뉩니다. 좀 더 정확히 두 줄 보리와 여섯 줄 보리로 나뉘기도 하지만 국내에서 재배되는 보리는 대부분 여섯 줄 보리입니다. 제가 살던 호남지역에서는 쌀보리를 주로 재배했기 때문에 겉보리로 지은 밥은 먹어보지 않고 자랐습니다. 겉보리는 나중에 시간이 지나 보리차로만 맛보았습니다. 시장에서 판매되는 보리차의 보리 모

겉보리(왼쪽)와 쌀보리.

겉보리 이삭과 보리차용 겉보리.

양이 어려서 먹던 것과 달라 주인에게 물었더니 그것이 겉보리라더군요. 겉보리를 껍질째 볶은 것을 차로 끓이니 쌀보리로 끓인 보리차보다 훨씬 구수하고 맛있었습니다.

20대 중반 무렵에 여자 한번 만나보겠다고 서울에 갔는데 그 친구가 인사동의 어느 밥집으로 저를 데려가더군요. 그 집은 강된장을 넣은 보리비빔밥이 유명한 곳이었습니다. 강된장과 함께 보리밥이 나왔는데 저는 옥수수알만 한 보리밥을 보고 깜짝 놀랐습니다. '뭔 놈의 보리쌀이 이렇게 크다냐?' 평소에 먹던 보리밥보다 쫄깃하긴 한데 입안에서 자꾸 왔다갔다하고 잘 씹히지가 않아 먹기가 힘들다고 생각했습니다. 그녀 앞에서는 애써 맛있는 척을 했지만 입에 맞지 않는 음식을 억지로 먹느라고 고생 좀 했었죠. 그것이 바로 꽁보리밥, 즉 겉보리로 지은 보리밥이란 것을 나중에 알게 되었습니다. 보통 군산에서는 보리만 넣어 지은 밥을 꽁보리밥이라고 불렀는데 정말 딱딱한, 겉보리로 지은 꽁보리밥은 그때 처음 먹어보았습니다. 그녀와는 뭐, 보리밥처럼 흐지부지되었지만 말이죠.

밀에 대해서는 모르는 것이 훨씬 많습니다. 밀밭의 기억에서 바로 건너뛰어 라면, 빵, 국수 등 밀가루 음식을 먹고 있는 모습으로만 남아 있고, 시장에서 판매하는 누룩에서 곧장 막걸리로 건너뜁니다. 1년 365일 중 밀가루 음식을 먹지 않는 날이 드물 것이고 300일은 술에 절어 살면서도 그 중간 단계를 전혀 모르고 있는 것은 아이러니한 일입니다. 집에서 밀농사를 짓지 않고 술을 빚어 마시지도 않아서일 것입니다. 그러나 엄마의 기억 속에는 가양주에 대한 기억이 남아 있습니다.

"엄마 어려서는 집에서 술을 담갔었소?"

"그때야 집집마다 다 술을 담갔지. 제사도 지내고 대소사 있으면 담갔어."

"그러면 술 담그는 방법을 기억하고 있소?"

"술이야 누룩허고 밥허고 물만 있으믄 담그는 것이지."

"그럼 지금도 하자면 담겄네?"

"그것을 뭣헌다고 담냐. 술도 못 마시는 내가 그것 마시자고 술을 담겄냐? 너 그것 마시고 취허는 꼴 보자고 담겄냐? 쓰잘떼기 없는 소리만 혀싸!"

"그럼 술 못 담게 헐 때 있었잖소. 그때도 몰래 술 담고 그랬소?"

"그때 그런 짓 허면 클나는 줄 알었지. 파는 술도 있는디 그것 몇 잔 마시자고 담었다 쇠고랑 차믄 한두 사람 깝깝헌 일이냐. 술 그것이 뭐 좋은 것이라고 허지 말란 짓 혀감서 담는 사람 어디 있겄냐. 어미~ 그 무선 시싱서(그 무서운 세상에서)……."

그 무서운 세상을 지나 99.9퍼센트 주정에 0.1퍼센트의 증류식 소주를 섞은 이슬을 마시며 오늘도 '꽐라'가 됩니다. 엄마는 귀찮은 것도 있지만 무서웠던 기억이 여전히 남아 있는 듯 보였습니다. 같은 레시피로 음식을 만들어도 만드는 사람마다 맛이 달라지는데 술이라고 그렇지 않으려고요. 집집마다 해가 드는 시간이 다르고 습도가 다르고 하다못해 나무가 매년 자라나 드리우는 그림자의 크기가 달라져 음식의 맛이 달라집니다. 장독대 옆의 동백나무가 자라나 그림자가 커지면서 해가 적게 들자 올해 된장 맛이 작년 된장만 못하더군요. 된장도 이러한데 집집마다 술맛 역시 달랐을 것입니다. 같은 물과 고두밥과 누룩으로 술을 담가도 만드는 사람의 손맛과 그 집의 바람과 해와 습도가 다양한 맛의 술을 만들어냈을 것입니다.

엄마의 손으로 만들어진 우리 집 술의 맛은 어떨지 무척 궁금하네요. 200번쯤 닦달을 하면 동치미 담가주었듯이 술도 담가줄까요?

술에 대한 이야기가 나왔으니 수수가 빠질 수 없겠죠. 수수는 중국에서 고량으로 불리는 고량주의 원료입니다. 한국과 일본에서 만드는 술 대부분의 베이스가 쌀이라면 중국술의 베이스는 수수입니다. 한국에도 수수로 빚은 유명한 술이 있는데 바로 문배주죠. 문배주는 수수와 조를 이용해 만든 술입니다. 40도로 높은 도수의 술이지만 뒷맛도 깔끔하고 중국술처럼 향이 강하지 않아 입에 아주 그냥 짝짝 붙죠. 문배나무가 어떤 나무인지 구경도 못 해봤지만 문배나무의 향기가 나서 문배주라는 이름이 붙었다더군요.

수수는 곡물을 얻는 수수와 설탕을 얻는 사탕수수로 크게 나뉩니다. 고향에선 사탕수수를 '단수수'라고 불렀습니다. 곡물을 얻는 수수는 알곡이 여물 때까지 기다리지만 단수수는 여름철에 줄기를 베어서 껍질을 벗기고 안에 든 수수깡을 꼭꼭 씹어 먹으면 너무너무 맛있었습니다. 집에 어린 것들이 있으면 늦여름에 군것질거리가 없을 때 베어 먹으라고 많이들 심었지만 이제 단수수는 심지 않더군요. 마을에서도 단수수 구경하기가 쉽지 않습니다. 그 껍질이 대나무처럼 날카로워서 벗겨내다 입술 베이는 일이 허다하다 보니 대가리에 핏기 좀 마르기 시작하면 그것 벗겨 먹을 생각은 하지 않게 됩니다.

수숫대와 단수숫대는 구분하기가 그리 어렵지 않습니다. 수숫대는 밑동이 붉고 굵습니다. 그걸 베어 먹으면 밍숭맹숭한 단맛이 나서 먹지 않으니만 못했죠. 단수수는 밑동부터 초록색이고 다 익으면 겉면에 하얀

수수.

가루가 묻어 있습니다. 그렇게 익은 단수숫대를 베어 먹었죠.

수숫대에 얽힌 아주 재미있는 설화가 하나 있습니다. 한국 사람이라면 모를 리 없는 '떡 하나 주면 안 잡아먹지' 하는 이야기, 다들 아시죠? 제목은 「해와 달이 된 오누이」입니다. 이 이야기를 보면 오누이의 어머니를 잡아먹은 호랑이가 어머니의 옷을 입고 집에 찾아와 오누이까지 잡아먹으려는 장면이 나옵니다. 그때 오누이가 하늘이 내려준 동아줄을 잡고 올라가는데 호랑이가 따라서 올라가다 떨어지잖습니까? 그런데 하필이면 떨어진 자리가 수숫대를 날카롭게 잘라낸 밑동이 있던 자리였습니다. 호랑이는 결국 수숫대 똥침을 당하고 그 자리에서 즉사하고 말았습니다. 아, 하늘의 응징은 무시무시하여라.

하늘에 오른 오누이는 해와 달이 되어 낮에는 해가 되어 뜨고 밤에는 달로 떠올랐고 호랑이가 똥침당하며 흘린 피는 수숫대에 그대로 남아 수숫대 밑동이 아직까지 붉은 것이라는 이야기입니다.

붉은색의 수숫대 밑동.

그렇습니다. 수숫대 밑동은 여전히 호랑이 피가 묻어 있어 붉습니다.

호랑이의 기운이 서려 있는 수수라 그런지 아이의 돌이 되면 수수떡에 팥고물을 묻힌 수수팥떡을 해 먹였습니다. 잡귀를 물리치고 살아 있는 어린 것을 보호하려는 주술적 의미가 담겨 있지요. 수수팥떡, 참 맛있습니다. 요즘은 찰떡에 팥을 묻혀 수수팥떡이라고 내주는 돌잔치 전문 업체들이 많은데 수수 가루로 빚은 수수경단은 찰떡과는 맛이 확연히 다릅니다. 그 수수경단에 팥고물을 묻혀 먹는 수수팥떡. 생각하니 군침이 도네요.

일본인들도 경단을 좋아하나 봅니다. 순우리말로는 옹심이라 부르는 경단이 일본 애니메이션 「사무라이 참프루」에 자주 등장합니다. 이 애니메이션을 보면 경단だんご에 목숨 거는 캐릭터들이 등장합니다. 찹쌀경단인지 수수경단인지는 모르겠지만 시리즈가 시작해서 끝날 때까지 '당고타령'이 이어집니다. 대꼬챙이에 경단을 꽂아 닭꼬치처럼 빼 먹는 장면들이 나오는데 무지 맛있게 먹죠.

수수경단(위)과 수수부꾸미.
수수부꾸미는 차갑게 식혀 먹으면 쫀득하니 참 맛있습니다.

이렇게 여러 음식에 다양하게 활용할 수 있는 식재료인 수수, 잡곡을 대표하는 좋은 먹거리입니다.

열여덟. 잡곡 2

잡곡에 대한 잡설

인류가 세계 각 지역에 정착해 농업을 시작하면서 선택한 작물의 종류는 다양하지만 그 시작은 대부분 곡물이었습니다. 곡물은 오랫동안 보관할 수 있고 생존에 필요한 필수적인 영양 성분을 포함하고 있으며 여타 과실(밤, 호두, 아몬드 등)에 비해 면적 대비 생산량이 많고 비교적 빨리 수확할 수 있다는 장점이 있어 주요 농작물로 선택된 듯합니다. 아시아에서는 쌀로 문명을 꽃피웠고, 서아시아와 북아프리카에서는 밀과 보리를 농사지어 생존해왔습니다. 북유럽에서는 호밀이 역사의 시작을 알렸고, 아프리카에서는 수수와 기장을, 아메리카 인디언들은 옥수수를 주식으로 삼아 수천 년간 문명을 꽃피워냈습니다. 이제 주식과 잡곡의 경계가 많이 흐려지고 있지만 1만 년에서 수천 년 전부터 주식으로 삼았던 곡물들은 여전히 그 지역의 주식으로 자리잡고 있습니다.

잡곡 1편에서도 잠깐 이야기했지만 한번 주식으로 자리잡으면 양 많고 맛 좋은 새로운 곡물이 출현해도 그것을 받아들이고 싶지 않은 것이 사람인 모양입니다. 16세기경 조선에 처음으로 옥수수가 들어와 500년의 시간이 흘렀음에도 간식거리 혹은 동물 사료 이상의 의미를 갖지 못하고 있죠. 그러나 수천 년 전부터 옥수수를 주식으로 삼았던 멕시코 일대의 국가들은 여전히 옥수수를 주식으로 다양한 요리에 활용하고 있습니다.

사실 옥수수는 전 세계에서 가장 많이 생산되는 곡물입니다. 그중 절반 정도가 동물의 사료나 연료, 액상과당으로 가공되고 나머지만 직접적인 식생활에 이용됩니다. 옥수수는 품종이 매우 다양한데 품종마다의 특성에 맞춰 음식으로 만들어집니다.

어려서 팝콘을 처음 먹어보고 고개를 갸우뚱했었습니다. 왜 뻥튀기랑 모양도 다르고 맛도 다른 것일까 궁금했죠. 마을 저수지 옆에 공터가 있었는데 연중 서너 번 뻥튀기 아저씨가 리어카를 끌고 마을로 찾아와 공터에 자리를 잡았습니다. 집 안에 있다가도 뻥 소리가 들리면 뻥이요 아저씨가 왔다는 것을 알 수 있었죠. 뻥튀기 아저씨가 올 날에 대비해 집집마다 몇 가지의 마른 곡식과 떡을 말려 준비해두었다 아저씨가 오면 들고 나가 뻥튀기를 만들어 먹었습니다. 옥수수도 맛있고 쌀도 맛있었지만 인절미를 딱딱하게 말려 뻥튀기로 만든 것이 가장 맛이 좋았습니다. 고소한 콩가루와 달달한 찰떡이 뻥튀기가 되면 달콤하고 고소하면서 바삭바삭해서 최고의 간식거리가 되었죠. 지금은 '인절미'라는 과자가 판매

되더군요. 달달하니 맛있긴 한데 입술을 발기시켜 자주 먹긴 곤란한 음식이죠.

그때 우리 집 옥수수로 만든 뻥튀기는 민들레꽃처럼 생겼었는데 언젠가 누나를 따라갔던 극장에서 누나가 손에 들려준 팝콘은 몽실몽실한 치자꽃 같달지, 달달하고 고소해서 이게 어찌 뻥튀기와 같은 것일까 궁금해하다 전자레인지용 팝콘을 뜯어보고서야 그 정체를 알게 되었죠. 그 안에는 '밭두렁'과 비슷한 맛을 내는 매우 작고 딱딱한 옥수수가 들어 있더군요. 그때가 중학생이었으니 어느 정도 추론이 가능한 두뇌구조가 형성된 시기였습니다. '아하~ 이것은 종자가 다르구나!' 아무리 생각해도 저는 중학생 때까지 바보였거나 세상물정 더럽게 모르는 촌놈이었던 것이 분명합니다.

실제로 팝콘이 되는 옥수수는 부풀려지기 좋은 구조로 만들어진 폭립종 옥수수이고 스위트 콘은 달콤하고 부드러운 맛을 내는 옥수수 종자입니다. 최근 극장에서 판매되는 팝콘은 크기도 크고 뻥튀기와 비슷한 모양으로 튀겨지는 품종을 사용하는 것 같더군요.

한국인이 가장 좋아하는 옥수수는 단연 찰옥수수죠. 한국 사람은 일단 찰져야 좋아합니다. 그중 가장 인기가 높은 옥수수는 초당 옥수수와 미흑찰 옥수수입니다. 초당 옥수수는 옥수수 본연의 노란색을 지닌 옥수수입니다. 당도도 높고 찰기야 말할 것 없이 아주 그냥 찰지죠. 미흑찰은 검은색 옥수수입니다. 검은색이라고 말하지만 짙은 보라색이 가장 정확한 표현일 것입니다. 강원도에서 개발된 미흑찰은 현재 국내에서 가장 인기가 높은 옥수수로 자리잡았습니다. 달고 찰지고 씹는 맛도 부드러워 많은 사람에게 사랑받고 있죠. 엄마는 한동안 초당 옥수수와 미흑찰을 섞어 심었는데 옥수수는 바람에 수분되는 특징이 있어 혼작하면 잡종이 탄생합니다. 그래서 미흑찰 이빨 사이사이에 초당 옥수수가 끼어들거나 그 반대의 모양으로 생겨나다 보니 이제는 혼작하지 않고 미흑찰 옥수수만 재배합니다. 옥수수 농사는 마을 단위로 합의가 이루어져야 합니다. 모든 마을 사람이 미흑찰을 심는데 한 집만 초당 옥수수를 심으면 잡종 옥수수가 생겨날 가능성이 높습니다.

옥수수는 경작지의 지심을 높이는 용도로도 사용됩니다. 농지에 퇴비를 뿌리고 갈아엎은 뒤 옥수수를 심습니다. 옥수수가 꽃을 피울 무렵

미흑찰 옥수수와 초당 옥수수.

이 되면 옥수숫대를 잘게 잘라 그 밭에 뿌리고 다시 흙을 갈아엎습니다. 이렇게 옥수수 줄기를 퇴비로 변환시킨 밭에 다른 작물을 재배하면 지심이 좋아져 작물이 튼튼하게 자랍니다. 상추나 시금치, 깻잎같이 농약을 사용하지 않는 작물을 재배할 때 땅의 힘으로만 길러내야 하기 때문에 개발된 농법인데 상당히 효과적입니다. 옥수수 줄기가 퇴비를 당화시키는 과정을 거치는 것인데, 그렇게 지심이 길러진 밭에서 자라는 농작물은 병에도 강하고 상품성도 높아집니다. 옥수수가 자랄 때까지 한 달 이상을 기다려야 하기 때문에 전체 생산량이 줄어들 것 같지만 오히려 더 많이 생산할 수 있고, 상품으로 재배할 수 있으니 그만한 노력과 시간이 아깝지 않은 농법임에 분명합니다.

옥수수는 매우 훌륭한 곡물임이 분명하지만 20세기 들어서 불명예를 얻게 되었습니다. 바로 고과당 옥수수시럽을 탄생시킨 장본인이기 때문이죠. 어쩌자고 몸 안에 전분을 그리도 많이 품고 있어서 물엿이 되었을까요. 1960~1970년대, 생산량도 많고 가격도 저렴한 옥수수를 이용해 만들어진 물엿은 미국인뿐만 아니라 세계적으로 비만을 부추긴 흑역사의 장본인이 되었습니다. 가장 저렴한 곡물이기 때문에 많은 공산 식품에 사용되다 보니 '살의 축'이 되어 타도의 대상이 되어버렸습니다. 실제로 대부분의 식품 원료 표기사항을 보면 옥수수가 포함되지 않은 식품이 없다고 해도 과언이 아닐 정도입니다. 가장 훌륭한 곡물 중 하나인 옥수수가 어쩌다 타도의 대상이 되었는지 참으로 아이러니한 시대에 살고 있다는 생각이 듭니다. 뻥튀기가 다이어트 식품이 되고 팝콘이 비만의 원인으로 불리는 것만큼 극적인 아이러니도 없는 듯합니다. 영화 「그을린 사랑」을 보는 듯한 기분이 듭니다. 실제로 캐러멜 팝콘 같은 경우

1+1=1인 경우라 할 수 있죠.

크기로 볼 때 옥수수의 반대말은 '조'일 것입니다. 조는 우리가 흔히 좁쌀이라 부르는 것을 말합니다. 크기가 가장 작은 곡식 중 하나인 조는 기장보다 작고 피와 크기가 비슷합니다. 들깨와 크기가 비슷하다고 생각하면 되겠네요. 조 이삭의 모양은 강아지풀과 매우 비슷한데 강아지풀은 조의 아주 먼 조상이라더군요.

조는 알곡이 너무 작아 도정하기가 매우 까다로운 곡식이지만 곡식 중 가장 부드러운 식감을 가지고 있어 죽을 쑤기에 이상적입니다. 예부터 환자식으로 좁쌀죽을 쑤어 먹였다더군요. 부드럽고 소화도 잘 돼 환자에게 먹이기 적당했을 것입니다.

지난여름 기장으로 밥을 지었더니 매우 찰지고 부드러운 밥이 되더군요. 기장밥에 가자미살, 무말랭이 불린 것, 마늘과 생강 다진 것, 다진 파, 고춧가루를 넣고 소금으로 간을 해 버무려 한 달 보름을 기다렸더니 가자미식해가 되었습니다. 가자미식해의 원래 레시피에는 메조와 가자미 작은 것을 사용하라고 되어 있었지만 메조를 찾을 수 없었고 가자미 작은 것도 구할 수 없어 기장과 커다란 떡가자미를 포를 떠 만들었습니다. 가자미식해를 좋아해 직접 만들어보고 싶어 시도한 것이었는데 맛은 괜찮았지만 가자미 껍질을 벗겨내서 그런지 씹는 맛이 이전의 동해안 가자미식해의 맛에는 미치지 못했습니다. 가자미식해를 만들고 맛보는 과정에서 젓갈보다는 김치에 가까운 음식이라는 것을 알게 되었습니다. 기장밥은 김치에 넣

가자미식해.

는 죽 역할을 하더군요. 가자미는 삭으며 젓갈의 역할을 하고 무는 김치처럼 익어가는 것으로 보였습니다. 잘 익은 가자미식해를 돼지고기 수육에 올려 먹으니 삼합을 먹는 것처럼 맛이 좋더군요.

색깔과 모양은 조와 비슷하지만 이삭은 벼에 가까운 것이 기장입니다. 기장을 들에서 본 기억은 한 번도 없습니다. 시장에서 조와 기장을 구분해서 판매하는데 무엇이 기장이고 무엇이 조인지 아직도 분간하기가 어렵습니다. 기장이 크기가 조금 더 크고 짙은 노란 빛깔을 띠지만 얼핏 보기엔 구분하기가 매우 힘듭니다. 함께 섞이면 절대 구분 불가. 고수들은 알아볼 수 있을지 모르지만 저는 정말 구분하지 못하겠더군요. 이 기장이 어디에 특별히 쓰이는지, 어떻게 활용되는지는 알지 못합니다. 단지 밥을 지을 때 한 줌씩 넣으면 날치알처럼 톡톡 씹히는 맛이 좋아 가자미식해를 만들고 남은 기장을 밥에 넣어 먹는 수준입니다.

피는 가장 천대받던 곡물 중 하나였습니다. 사실 곡물이라고도 할 수 없습니다. 논에 피가 나면 뽑아내기 급했고, 아빠 말에 의하면 굶어 죽어도 피는 먹지 않았다 하고, 엄마 말로는 흉년 들었을 때 종종 먹었다고도 하니 누구 말을 믿어야 할지.

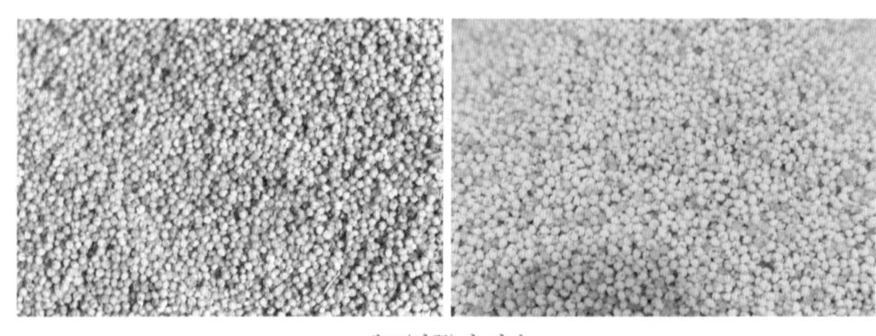

메조(왼쪽)와 기장.

피는 닭 모이로 먹였다는 이야기를 들었습니다. 논에 나는 피는 올라올 때마다 뽑아냈지만 논두렁에는 피가 많이 자랐고 바가지를 들고 나가 하루 종일 훑어내면 80킬로그램 한 가마니를 얻을 수 있었다더군요. 그걸로 닭을 먹여 키웠다는 이야기를 아빠가 생전에 하셨습니다.

이렇게 닭이나 먹이고 들판에서 자유 영혼으로 살아가던 피를 최근에 식용으로 재배한다더군요. 들에 난 피를 손으로 훑어 입에 넣고 꼭꼭 씹어보면 고소하고 달달한 물이 배어나옵니다. 아직까지 식용으로 재배한 피를 먹어보진 않았지만 그 맛으로 미루어 보았을 때 피로 음식을 하면 조나 기장과 비슷한 맛을 내지 않을까 싶습니다.

글을 쓰기 위해 자료를 찾아보다 재미난 것을 발견했는데, 피를 발아시키면 보리에 버금가는 당화분해효소가 생겨난다더군요. 발아시킨 피로 맥주를 만들면 어떤 맛이 날지 궁금합니다. '맥덕'들의 무궁한 영광 있기를.

우리가 먹는 대부분의 곡식은 외떡잎식물에 속하기 때문에 벼나 보리와 닮아 있습니다. 그러나 메밀만은 근본부터 다릅니다. 쌍떡잎식물 마디풀과의 식물로, 우리가 잘 알고 있는 여뀌와 쇠물팍(우슬)과 같은 과입니다. 메밀의 꽃이나 줄기는 여뀌나 쇠물팍을 닮았는데 이것들에 비해 열매가 커 곡식으로 길러진 듯합니다. 메밀은 잡곡으로서도 훌륭하지만 그 꽃이 무척 아름답죠. 그에 못지않게 여뀌꽃도 아름답습니다. 여뀌 군락에 들어서면 붉은 메밀밭을 보는 듯한 기분이 듭니다. 초여름 개울이 흐르는 초지나 저수지 인근에서 여뀌를 볼 수 있는데 메밀밭의 밤 풍경만큼이나 섹시하고 아름다워 보이는 것이 새벽녘의 여뀌 군락입니다.

우리가 메밀로 해 먹는 대표적인 음식은 묵과 국수입니다. 메밀묵은

메밀.

메밀가루와 물, 소금으로만 만들어지는 음식이고, 메밀국수는 밀가루와 메밀가루를 섞어 만듭니다. 물컹하고 탱글탱글한 젤리 형태의 묵은 한국에서만 먹는 음식이지만 중국에도 쌀묵과 깨묵이 있습니다. 우리가 아주 잘 알고 있는 양장피도 묵의 일종입니다.

메밀묵.

녹말이 40퍼센트 이상 들어 있는 식재료라면 모두 묵을 만들 수 있는데 메밀을 비롯해 도토리, 녹두, 칡, 밤, 연근, 감자, 옥수수(올챙이묵) 등이 있습니다. 팥에도 전분이 많이 들어 있지만 너무 달아 묵으로 만들지는 않고 한천이나 젤라틴을 넣어 식힌 양갱을 만들어 먹었죠.

막국수.

묵은 원재료에서 녹말만 추출해내면

쉽게 만들 수 있는 음식이지만 녹말을 얻어내는 작업이 그리 만만하지 않습니다. 칡과 연근은 다지거나 갈아 물에 적셔 녹말이 물 아래로 가라앉게 한 다음 윗물을 버리고 또다시 물을 섞어두었다가 다시 윗물을 버리는 과정을 여러 번 거쳐야 쓴물이 빠진 녹말을 얻을 수 있고, 도토리는 딱딱한 껍질을 벗기고 가루로 만들어 물에 담가 떫은맛을 빼내는 과정을 여러 번 거쳐야 비로소 녹말을 얻을 수 있습니다. 감자는 썩히는 시간이 필요하지요. 녹두는 녹말을 얻기가 비교적 쉽지만 생산량이 적어 귀한 손님이 왔을 때나 황포묵을 만들어냈다더군요. 지금도 황포묵은 참 고급스럽고 귀해 보이는 음식입니다.

이렇게 녹말을 얻기가 쉽지 않은데 메밀만은 매우 손쉽게 녹말물을 얻을 수 있습니다. 굳이 껍질을 벗길 필요도 없습니다. 껍질째 절구에 빻거나 방앗간에 가 빻아오면 됩니다. 이렇게 빻은 메밀가루를 물에 불려 면포에 놓고 꾹꾹 짜면 메밀묵에 필요한 녹말물이 만들어집니다. 여기에 소금간을 약간 하고 걸쭉해질 때까지 끓인 뒤 틀에 붓고 식히면 메밀묵이 되는 것이죠. 면포에 짜서 거른 물을 가만히 두면 녹말이 가라앉는데 위의 맑은 물을 버리고 남은 녹말에 밀가루를 혼합해 반죽을 만들어 메밀전을 부칠 수도 있습니다.

올챙이묵은 옥수숫가루로 묵을 쑤듯 끓여 구멍 난 틀에 부으면 그 아래 차가운 물이 몽울몽울하게 떨어진 것이 식어서 만들어집니다. 모양이 정말 올챙이처럼 생겼습니다.

지금은 아주 다양한 전분이 시중에 판매됩니다. 마음만 먹으면 라면보다 쉽게 묵을 만들어 먹을 수 있으니 주저 말고 어떤 녹말에든 도전해 보세요. 가루로 된 녹말로 묵을 만들 때는 물과 가루의 비율을 4대 1 혹은 5대 1로 하는 것이 좋습니다. 그보다 물이 많으면 젓가락으로 들었을 때 뚝뚝 떨어지는데 시중에 유통되는 묵이 힘없이 뚝뚝 끊어지는 이유입니다. 묵은 볕에 말렸다 다시 물에 불려 볶음을 하거나 밥을 지을 때 올리면 더욱 쫀득하고 맛이 좋습니다. 최근에 시장에서 말린 묵이 눈에 자주 띄더군요. 말린 묵도 쉽게 구할 수 있으니 말린 묵으로 여러 가지 음식을 만들어 먹어보는 것도 좋은 도전이 될 것입니다.

메밀국수는 올챙이묵과 비슷한 방법으로 만듭니다. 메밀묵을 먹어보면 알겠지만 끈끈한 탄성이 없습니다. 메밀가루로만 면을 만들면 끓는 중간에 산산이 부서져 도루묵이 되고 맙니다. 그래서 메밀국수를 만들 때는 밀가루를 넣어 치대는 과정을 거칩니다. 밀가루에 들어 있는 글루텐 단백질은 치대면 치댈수록 쫀득해지는 특성이 있기 때문에 오래 치댈수록 쫀득하고 탱탱해집니다.

여기서 요리 팁 하나. 국수나 빵은 쫀득해야 맛있지만 튀김은 바삭해야 맛이 있죠. 튀김을 바삭하게 만들려면 반죽을 휘저으면 곤란합니다. 휘저은 반죽으로 튀겨낸 튀김은 바삭하지 않고 낭창낭창하죠. 어쩐지 기름도 더 많이 먹은 것 같구요. 튀김은 온도차와 점성 없는 반죽에 의해 바삭하게 튀겨지므로 얼음물에 튀김가루를 풀고 두세 번만 저어 가루가 물에 풀릴 듯 말 듯한 상태에서 반죽을 입혀준 뒤 뜨거운 기름에 재빠르게 튀겨주는 것이 바삭한 튀김을 만드는 비결입니다. 더욱 바삭하고 딱딱한 튀김을 원하면 밀가루보다 녹말의 비율을 높이면 됩니다. 종종 믿어지지 않을 만큼 딱딱한 탕수육을 대면하는 경우가 있는데요, 어젯밤 주방장 아저씨가 과음을 하셔서 실수로 녹말을 너무 많이 넣어 튀겼구나 하시면 되겠습니다. 녹말이 많이 들어갈수록 탕수육은 돌이 됩니다.

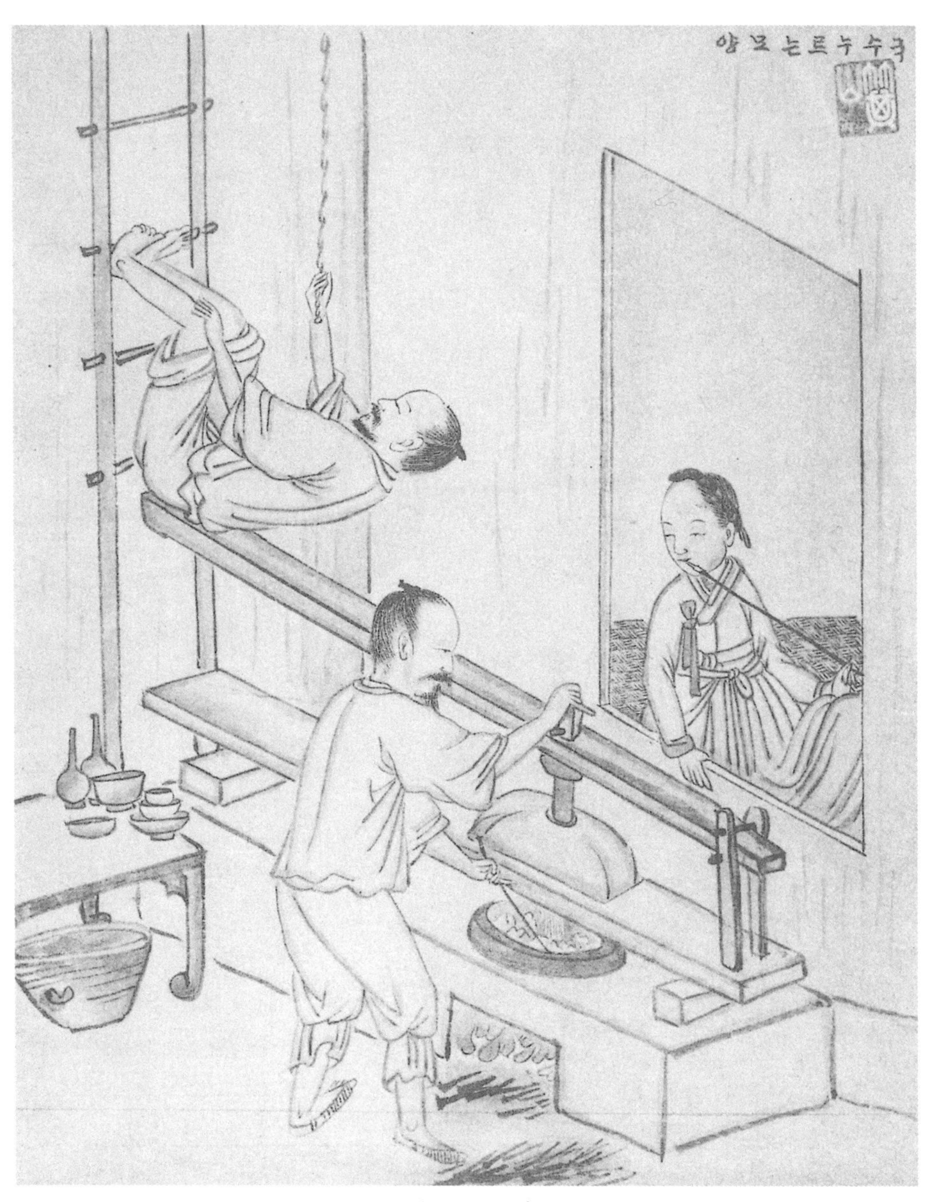

국수 누르는 모양.
『기산풍속도첩』, 김준근, 독일 함부르크민속박물관.

일반적으로 메밀국수는 메밀가루와 밀가루의 비율을 7대 3 혹은 8대 2의 비율로 하는데 쫀득한 메밀국수를 원하면 4대 6 혹은 5대 5의 비율로 반죽을 해도 좋습니다. 정통 일식 메밀국수인 소바는 메밀과 밀가루의 비율을 7대 3 혹은 8대 2로 하지만 한국인은 역시 찰져야 좋아하죠. 4대 6이 적당합니다.

메밀 반죽을 만들어두고 물을 끓입니다. 끓는 솥 위에는 국수틀이 있지요. 물이 끓으면 국수틀에 반죽을 넣고 압력을 가해 국수를 뽑아냅니다. 뽑아낸 면은 끓는 물로 곧장 들어가 삶아지고 다 삶은 면을 건져 차가운 물에 헹궈내면 메밀면이 완성됩니다. 이 면으로 춘천막국수도 만들고 생치침채도 만드는 것이죠.

국수틀.
국수틀의 가운데에 국수를 뽑아내는 구멍이 보입니다.

일본의 소바는 반죽을 밀대로 밀고 칼로 썰어 만듭니다. 혼다시 국물에 적셔 먹는 소바는 별미죠.

여기까지 잡곡에 대한 이야기를 마칩니다. 아는 건 없고 할 말은 많은 식재료들이네요. 이제야 각광받기 시작한 재료들이니 앞으로 수많은 음식을 탄생시키리라 기대해봅니다.

열아홉. 쌀

하얀 쌀밥을 먹는 내 몸엔 붉은 피가 흐른다

> 우리는 농업의 발견이 적절한 영양 공급을 보장하고, 따라서 엄청난 인구증가를 가능하게 함으로써 인간 역사의 도정에 급격한 변화를 가져왔다고 생각해왔다. 그러나 농업의 발견은 전혀 다른 이유로 결정적인 결과를 만들어냈다. (…) 농업은 인간에게 유기체인 생명의 근본적인 일체성을 가르쳤다. 또 그러한 자각으로부터 여성과 들판 사이, 성행위와 파종 사이의 더욱 단순한 유추가 생겨났으며, 가장 발전된 지적 통합이 이루어졌다. 리듬으로서의 생명, 회귀로서의 죽음 등. 이러한 통합은 인간의 발달에 필수적이었던 것으로, 오로지 농업의 발견 이후에만 가능했다.(미르체아 엘리아데, 『비교종교학의 패턴』, 해롤드 맥기의 『음식과 요리』 9장 서문에서 재인용)

쌀은 그저 단순히 식량으로 이야기될 수 없는 신비한 어떤 것입니다. 우리는 매일 밥을 먹습니다. 쌀밥을 먹는 아시아의 민족 수가 대략 20억 명 이상일 테지요. 단순히 20억 명의 사람이 한 끼에 1000알의 쌀을 먹는다고 가정할 때 하루 6조 개의 쌀알이 사람을 살립니다. 6조 개의 잉태한 생명의 희생으로 아시아 사람들이 삶을 이어나간다고 해도 과장은 아닐 것입니다.

1넌 2190조. 이 헤아릴 수 없는 숫자는 어디에서 생겨난 것일까요? 적어도 5000년간 매년 싹을 틔우고 자라나 이삭을 맺어 사람을 살렸고 지구가 멸망하지 않는 한 계속해서 그러할 것인데, 어디에서 이 많은 생명이 태어나고 또 태어나는 것인지.

단순히 한 끼의 밥일 뿐이지만 밥그릇 앞에서 때때로 왈칵 눈물이 쏟아질 것 같은 기분이 듭니다. 이것을 먹기 위해 살았고 이것을 먹어야 산다는, 논리도 명제도 아닌 그저 살아 있다는 서러움과 살게 되었다는 기쁨 앞에 무너져 내리는 것일 테죠. 이러한 이유로 과거 어른들이 밥상 앞에서 떠들지 말라고 했던 것이 이해되기도 합니다만 달리 생각하면 밥을 먹게 되어 죽지 않고 살아 있는 것이 즐겁기도 할 테니 한편으론 왁자지껄하게 밥을 먹는 것도 타당해 보입니다. 아마도 이 땅의 사람들은 잉태한 생명에 대한 미안한 마음이 더 컸던 모양입니다. 아무리 선한 의지로 삶을 살아도 인간이라는 생명체는 잉태한 생명을 먹고 살아가는, 붉은 피가 흐르는 짐승임을 잊지 말고 그 희생이 담긴 밥상 앞에서 겸손해지라는 뜻일 테지요. 이러한 뜻을 이야기하는 어른이 밥상 앞에서 아이를 가르친답시고 시끄럽게 나무라고 혼내는 것은 이치에 맞지 않을 것입니다. 그 의미를 알리고 스스로 깨달을 때를 기다려야 할 것입니다.

밥은 쌀에 물을 부어 끓이는 음식입니다. 떡은 쌀가루에 물을 부어 반죽으로 만들어 찌는 음식이죠. 국은 여러 가지 재료에 물을 넣고 끓이는 음식입니다. 나물은 끓는 물에 채소를 데쳐 무치는 음식이고 찜은 끓는 물 위에 재료를 올려 쪄내는 음식입니다. 열을 가해 조리하는 한식의 대부분은 이렇게 습식조리법으로 만들어집니다. 한민족이 쌀밥에 열광했던 이유는 이러한 조리법에서 기인한 것으로 보입니다. 어떤 식재료든지 끓여 먹기를 좋아했는데 여타 곡물에 비해 쌀을 끓였을 때 가장 부드러운 맛을 느낄 수 있었던 것이죠.

한 선배는 어청도에서 유년 시절을 보내다 중학생이 되어 군산으로 나오게 되었답니다. 어청도는 깎아지르는 바위로 이루어진 섬이어서 쌀농사를 지을 땅이 별로 없습니다. 그래서 유년기에는 보리가 주식이었다고 합니다. 보리 8할에 쌀 1할, 잡곡 1할을 넣은 밥을 먹고 살아가다 드넓은 평야를 자랑하는 군산시 대야면으로 이사 왔을 때 처음으로 쌀로만 지은 밥을 먹을 수 있었다더군요. 10년도 넘게 보리밥을 먹고 자랐으니 그 맛에 길들여졌을 법도 한데 하얀 쌀밥을 처음 먹던 순간을 지금도 잊지 못한다고 말합니다. 너무나도 부드럽고 달달한 밥맛이 황홀해 '이것이 쌀밥이구나' 생각했더랍니다. 섬에서 나고 자라 여전히 생선과 젓갈을 좋아하지만 보리밥만은 지금도 내키지 않는다니 밥을 지었을 때 쌀만한 것이 없다는 걸 단적으로 보여주는 좋은 예지요.

이러한 이유로 밥을 이야기할 때 영양학적으로 접근하는 것은 무리가 있어 보입니다. 영양학적으로 본다면 현미나 잡곡이 백미보다 뛰어날 수 있지만 밥을 지어 먹는 생활습관으로 인해 생겨난 백미에 대한 애착은 영양이 아닌 감성과 혓바닥이 이끌어낸 것이니까요. 현미에 무기질, 비타민, 섬유질, 식물성 지방 등이 풍부하게 들어 있다고 한들 거들떠도 보지 않았을 것입니다. 대신 무기질, 비타민, 섬유질, 식물성 지방이 풍부한 반찬을 만들어 먹었지요.

한식은 밥을 먹기 위해 만들어진 식단입니다. 앞에서 이야기한 된장,

논갈고 모내는 모양,
『기산풍속도첩』, 김준근, 독일 함부르크민속박물관.

간장, 김치, 젓갈, 나물, 국 등은 밥의 파생상품입니다. 우리가 밥을 먹지 않고 쌀가루로 만든 빵을 구워 먹는 식습관으로 살아왔다면 반찬의 모양은 지금과는 달랐을 것입니다. 화덕이 주된 조리 도구였을 테니 끓이는 음식보다 굽는 음식이 많았을 테고, 된장을 빵에 발라 먹는 방법을 찾았다거나 물기 없는 김치를 만들었을지도 모릅니다. 문화와 역사, 사람들의 품성도 달라졌을 것입니다.

조선은 농업을 근간으로 500년의 역사를 써내려간 농업국가입니다. 토목이나 전쟁으로 나라를 지켜낸 것이 아니었죠. 그런 이유에서 '농자천하지대본農者天下之大本'이란 말을 만들어 인민의 귀를 현혹시켰을 것입니다. 대한민국 헌법 제1조 제1항 "대한민국은 민주공화국이다." 제2항 "대한민국의 주권은 국민에게 있고, 모든 권력은 국민으로부터 나온다"는 말과 같이 위정자들의 입에서 '농자천하지대본'이라는 말이 진심으로 흘러나왔을 가능성은 낮았을 것입니다. 국가의 세수를 농산물로 거둬들였으니 그것을 생산해내는 백성을 어르고 달래고 채찍질하는 말로 사용되었겠지요. 그렇게 거둬들이는 농산물 중 가장 중요했던 것이 쌀이었습니다. 쌀은 불변의 가치를 지닌 화폐의 역할도 했기 때문에 쌀농사에 국가의 존망을 걸었을 것입니다.

경복궁을 바라보고 우측에는 종묘, 좌측에는 사직이 있습니다. 종묘는 선대의 왕을 모시는 사당이고 사직은 '땅의 신社'과 '곡식의 신稷'에게 제를 올리는 제단입니다. 유교국가의 정신은 종묘에 있고 농업국가의 근간은 사직신에게 있다고 보았던 것이죠. 현재도 그 전통이 남아 5월에는 종묘대제가 열리고 10월에는 사직대제가 열립니다.

사직 외에도 국가에서 농업에 공을 들인 흔적은 곳곳에서 발견할 수 있습니다. 창경궁 안쪽을 보면 춘당지라는 연못이 있습니다. 춘당지는 본래 연못이 아닌 '대농포'라는 논이 있던 자리입니다. 왕이 백성에게 모범을 보인다며 직접 농사를 지었다는 논인데 실제로 왕이 농사를 지었을지 심히 의심스럽기는 합니다만 아무튼 솔선수범했다더군요. 순종 때까지 대농포에서 농사를 지었지만 일제가 대농포를 파헤치고 연못을 만들어 지금에 이르렀다 합니다. 나라에서 뜻이 있다면 연못을 다시 메우고 논으로 만들어야 하지 않나 생각해봅니다.

창경궁의 대농포 말고도 제기동에 선농단이란 곳이 있습니다. 지금은 선농단 어린이공원 옆에 문화재로 남아 있는데 왕이 농사짓던 밭의 자리입니다. 왕께서 추분과 춘분에 친히 선농단에 올라 풍년을 기원하며 제사를 지내고 그 옆에 마련된 적전籍田에서 밭농사를 지었다더군요. 선농단에서 선농제를 지낼 때 소를 잡아 인근에 살고 있는 백성에게 먹이셨는데 그날 먹던 소고기국의 이름이 선농탕, 즉 이것이 설렁탕의 어원으로 풀이됩니다.

아무리 바쁘고 귀찮고 짜증스러워도 왕으로서 농부 코스프레는 반드시 한 번쯤 실천해야 했을 것입니다. 나라의 근간이 농업이었으니 말이죠. 선농先農은 백성 앞에서 먼저 농사를 지어 보인다는 말인데 선삽先鍤과 선총先銃은 선농 코스프레 정신을 계승한 유구한 역사의 찌꺼기다, 마, 그렇게 생각합니다.

왕과 귀족들은 뜻하는 바가 있어 농부 코스프레를 하고 농자천하지대본을 입버릇처럼 달고 살았지만 실제로 농사가 삶이자 목숨인 백성은 위정자들이 알지 못하는 절박한 심정으로 쌀을 대했을 것입니다. 농사를 지어 살아갔던 평민 집안 외가와 망했어도 양반입네 하며 으스댔던 양반 집안 친가의 분위기를 비교해보면 각자 쌀에 대해 어떤 태도를 보였는지 극명하게 대비됩니다.

외가는 대대로 농사를 지으며 살아왔던 평민 집안이었습니다. 외할머니와 외할아버지는 매우 성실했고 유쾌했으며 허례허식이 없던 분들이었습니다. 그 품에서 나고 자란 외삼촌들과 이모들, 엄마는 성실함과 근면이 몸에 배어 있습니다. 곳간이 가득 차도 논과 밭에 떨어진 낱알, 콩알 하나를 허리 숙여 주워 담을 줄 알고 싹 틔운 씨앗을 피해가며 조심스럽게 발을 디디는 것이 자연스러운 일이었습니다. 그 싹이 자라 백배 천배의 결실을 안겨준다는 것을 누구보다 잘 알았기 때문이겠죠.

친가는 망한 양반의 후손이었습니다. 망하고 4대에 이르렀음에도 양반의 자손임을 자랑으로 여겼습니다. 자랑거리로 삼는 것을 나무랄 일은 아니지만 노동을 천하게 여기는 태도는 굶어 죽어도 사라지지 않았으니 나무라기보다는 쥐어 패도 시원찮을 일이지요. 엄마가 시집온 첫날, 밥을 차려 먹이고 났더니 모두들 다시 누워 잠을 자더랍니다. 된장, 간장 담을 단지 하나 변변한 것 없는 집안의 사람들이 일은 하지 않고 잠에 드는 모습이 매우 낯설어서 어이가 없었다더군요. 피죽도 못 먹는 집안에서 제사 때만 되면 빚을 내면서까지 제사상을 차리는 모습 또한 도저히 납득할 수 없었답니다.

"무신노메 지사는 그렇게도 많은 거여. 증조, 고조 하다 못해 5대조까지 지사를 지내고 나면 빚이 꼽새등이라. 1년간 죽게 고생혀야 죽은 사람 좋은 일만 시킨거서."

나중에 아빠가 지관을 하고 소를 키워 살림이 나아졌을 무렵에도 엄마의 성실함은 칭송의 대상이 되지 못했습니다. 아빠는 쌀밥 타령을 하고 쌀의 소중함을 자식들에게 역설했지만 정작 본인은 농사일을 매우 귀찮게 여겼습니다. 지금 와서 생각해보면 귀찮게 여겼다기보다는 '가오'가 떨어진다는 관념이 남아 있었던 것으로 보입니다. 종종 엄마의 성실함을 칭송하는 말을 하긴 했지만 논에 나가 떨어진 나락을 주워오고 마당에 떨어진 콩알을 주워 모으는 엄마의 모습을 마땅찮아 했던 기억을 떠올려보면 농부의 피와 양반의 피는 따로 있는건가 싶은 생각마저 듭니다. 폐망하고 4대에 이른 양반의 후손도 이러한데 조선시대에 깊은 뜻을 세우지 않고 천박하게 양반 구실을 했던 사람들이 농사와 쌀에 대해 얼마나 얕게 이해하고 있었을지 미루어 짐작이 가고도 남습니다. 이 시대의 자본가들이 노동과 노동자를 대하는 태도와 크게 다르지 않았을 테지요. 언제쯤 이 계급사회는 막을 내리게 될는지요. 갈수록 계급의 골은 깊어지는 것처럼 보입니다.

엄마는 논과 밭에 코를 박고 살아냈습니다. 절기에 맞춰 농사를 지어나갔고 모내기철이나 추수철에는 품앗이를 해주며 바쁜 나날을 보냈습니다.

절기마다 따르는 이야기들은 대부분 벼농사와 관련된 것입니다. 절기를 하나하나 짚어가며 그때마다 어떤 의미가 있는지 간략하게 알아보겠습니다.

소설부터 대한까지 농한기에는 볏짚을 이용해 가마니를 짰습니다. 지금이야 가마니를 만들 일이 없으니 볏짚은 소먹이로만 이용되지만 가마니를 만들어야 했던 시절에는 겨울에 볏짚으로 가마니를 만들어두었다가 보리와 벼를 추수할 때 사용했다고 합니다. 무슨 이유에서인지 아빠는 어린 저를 마당에 앉혀두고 가마니 짜는 방법과 짚신 만드는 방법을 가르쳤습니다. 한문과 서예는 백날 가르쳐봐야 알아듣지를 못하는 돌대가리이지만 새끼줄을 꼬고 매듭을 맺고 연장을 이용하는 것은 곧잘 하니 쓸데는 없겠지만 가마니와 짚신 만드는 방법을 재미로 가르쳤던 모양입니다. 공부를 가르치며 복장이 터지느니 이런 것에서라도 가르치는 재미를 느끼고 싶었던 걸까요? 어쨌든 지금까지도 잊지 않고 가마니와 짚신을 짤 수 있습니다.

대한이 지나 2월 초 입춘이 되면 서서히 농사일을 준비합니다. 거름을 준비하고 농기구를 손질합니다. 우수가 되면 둑과 물고랑을 정비하고 논과 밭에 거름을 뿌립니다. 3월, 입춘이 오면 밭을 갈고 추위에 견딜 만한 작물들을 파종하기 시작합니다. 4월, 청명과 곡우가 되었을 때 비로소 벼농사를 본격적으로 시작하게 됩니다. 볍씨를 가려 소독하고 발아시켜 모판에 옮겨 모를 키워냅니다. 벼는 추위에 약한 작물이어서 이 시기에 온도가 5도 이하로 내려가면 잎이 말라 죽는 경우가 발생합니다. 그래서 육묘 시기의 밤에는 비닐을 덮어주고 낮에는 공기가 잘 통하도록 열어주는 일에 모든 신경을 집중해야 합니다. 이 시기에 연약한 모를 만들면 1년 농사를 망치고 마는 것이죠.

5월, 입하가 되면 경기이북 지역에서는 모내기를 시작합니다. 추위가 일찍 찾아오는 강원도와 북한 지역은 입하에 벼를 심어 서리가 오기 전에 추수를 마쳐야 하기 때문에 남부 지방보다 미리 벼를 심고 추수를 마치게 됩니다. 호남 지역에서는 보리와 밀이 익어가는 시기입니다. 산과 들이 푸르게 물들고 울긋불긋 꽃이 피는 이 시기에 펼쳐지는 보리 들판은 언제 봐도 생경하고 독특한 아름다움을 전합니다.

소만이 되면 남부 지역에서도 조생종 벼를 심기 시작합니다. 보리를

베기 시작하고 논에 거름을 주고 물을 대서 갈고 써레질을 하는 시기입니다. 가장 바쁜 시기이기도 합니다. 보리 베야지, 논도 갈아야지, 모내기도 해야 하기 때문에 고양이 손이라도 빌리고 싶은 때입니다. 그래서 이 시기에는 주로 품앗이를 합니다. 지금은 농업기술이 발달해 전 과정이 기계화되었지만 20여 년 전까지만 해도 사람 손으로 대부분의 과정이 이루어졌기 때문에 품앗이는 필수였습니다. 참 철딱서니 없기는 했지만 엄마가 품앗이를 나가는 이 시기에 저는 보름달빵을 먹을 수 있어서 좋았습니다. 엄마는 새참으로 나눠준 보름달빵을 먹지 않고 품에 지니고 있다가 저녁에 돌아와 저에게 내주었습니다. 하루 종일 품에 품고 있어서 떡이 되어 있었지만 그래도 맛은 있었죠.

요즘도 엄마는 어딜 다녀오시면 뭔가를 품에 품고 돌아오십니다. 묻지마 관광을 다녀오며 떡 한 조각을 꺼내 제 앞에 들이민다거나 결혼식장에 다녀오며 휴지에 프라이드치킨을 싸와서 제게 주시기도 합니다. 웃음이 나오지만 맛있게 먹습니다. 철없던 고등학생 때나 20대 초반엔 손사래를 치며 더러운 무엇쯤으로 여기던 시절도 있었습니다. 그놈이 지금 내 앞에 있다면 귀통방머리를 한 대 후려갈겼을 텐데. 쯧. 그 재미로 평생을 사셨으니 그것이 무엇이든 맛있게 받아먹는 것이 키워준 사람에 대한 도리임을 뒤늦게야 깨달았습니다.

6월 초 망종芒種이 되면 보리를 수확하고 벼를 심는 막바지 작업이 이어집니다. 망종의 망芒은 보리를 뜻하고 종種은 볍씨를 뜻해서 보리를 거두고 벼를 심는 계절이란 뜻을 가지고 있습니다.

망종까지 모내기를 마치고 나면 단오입니다. 모내기하느라 고생했으니 하루쯤 쉬어가는 것도 좋을 것입니다. 요즘 시골에선 모내기를 마치고 나면 묻지마 관광을 떠납니다. 꽃구경도 하고 하루 거하게 먹고 노는 것으로 본다면 묻지마 관광도 단오에 견줄 만합니다. 버스에서 춤추는 것 좋아들 하셨는데 요즘은 어떤지 모르겠습니다. 여전들 하시죠?

7월, 소서·대서 무렵이 되면 김매기를 합니다. 풀도 뽑고 거름도 주는 시기죠. 기계화되기 전에는 고생의 1번 선수였는데 지금은 제초제를 주고 기계로 비료를 뿌리니 달리 고생이랄 것도 없습니다.

8월이 되면 입추와 처서로 이어집니다. 음력으로 치면 7, 8월경인데 이 시기까지 농사를 지어주면 벼는 저 알아서 자라고 이삭을 맺고 쌀을 키워냅니다. 이 무렵을 어정 7월, 건들 8월이라고도 했습니다. 별 할 일 없이 어정거리고 건들거려서 그리 말했던 것이겠죠. 이 무렵에 말복과

모내기 직후.

모내기를 마치면 김매기가 시작됩니다.

백중이 있습니다. 여름내 잃었던 기운도 되찾고 가을에 필요한 힘을 기르기 위해 개, 돼지도 잡아 먹이고 몸보신도 시킵니다. 입추에는 무와 배추의 씨앗을 밭에 뿌립니다. 이때부터 김장을 준비합니다.

9월에는 백로와 추분이 있습니다. 이 무렵 추석이 다가오는데 늦은 처서 무렵부터 이른 백로 무렵에 조생종 벼를 수확하고 경기이북 지역에서는 벼 수확을 시작합니다. 이때 수확한 벼로 햅쌀을 찧어 밥을 하고 떡을 만들어 추석을 보내게 됩니다.

추석이 지나고 10월이 되면 한로, 상강입니다. 서리가 오기 전에 모든 농작물을 거둬들여야겠지요. 황금들판이 펼쳐지고 하늘은 맑습니다. 모내기만큼 바쁜 시기이지만 사람들의 표정이 지쳐 보이지 않는 것은 수확의 기쁨 때문이겠죠. 모두들 가장 열심히 일하고 가장 즐거워하는 시절입니다. 수확한 나락 가마니를 트랙터에 싣고 그 위에 올라타 집으로 향하는 저녁 무렵은 어쩐지 끝내주는 기분이 듭니다. 한 해 동안 농사를 지으며 내가 한 일은 별로 없지만, 또한 그것이 내 것이라는 생각도 전혀 들지 않지만 나락 가마니 위에 올라타면 둥실둥실 떠가는 기분이 들었습

짚눌.

니다. 까칠한 엄마도, 성질 더러운 아빠도 그날은 웃고 있었던 것 같고요.

벼를 베고 나면 볏짚을 묶어 짚눌을 쌓았습니다. 소도 먹이고 이런저런 용도로 사용하기 위해서 썩지 않게 쌓아두는 것입니다. 짚을 거둬들이고 나면 땅을 갈아 북돋워주고 그 위에 보리를 뿌린 뒤 흙으로 덮어주면 한 해 논농사가 마무리됩니다. 아직 남아 있는 태양의 기운으로 보리가 싹을 틔우고 나면 겨울이 찾아올 테고 다시 내년을 기다릴 것입니다.

어느 시대나 벼농사는 이와 같은 방법으로 지어졌습니다. 쌀에 대한 애정도 변함없이 이어져왔지요. 그런데 어느 시점에선가부터 기형적인 벼농사가 이루어집니다. 바로 일제의 산미증식계획이 본격적으로 진행되던 1920년대 중반부터입니다.

1920년대 일제의 조선 수탈정책은 산미증식계획産米增殖計劃으로 대표된다. 일본 자본주의는 제1차 세계대전으로 급성장하게 되었는데, 이는 도시 인구의 급증을 가져왔다. 한편 농촌에서 생산관계의 모순은 쌀의 충분한 공급을 막아 1918년에는 식량부족으로 인한 이른바 쌀소동米騷動이라는 사회 소요를 경험했다. 값싼 쌀의 공급은 저임금에 기초를 두고 있었던 일본 자본주의의 존립을 위해서도 필수적인 것이었다. 국내 생산을 보충하기 위한 외국산 쌀의 수입은 가뜩이나 취약한 무역수지를 압박했다. 일제는 그 해결책을 식민지에서의 쌀의 증산 및 수탈에서 찾아냈는데, 그것이 바로 '산미증식계획'이었다. 이것은 당시에 3·1운동으로 상징되는 전 민족적 저항을 분쇄할 수 있는 친일적 지주층의 양성 방안도 될 수 있는 것이었다. 이 계획은 1920~1925년에 1차적으로 시행되었지만 일본 정부가 일본 국내에서의 쌀의 증산에 주력함으로써 조선총독부가 저리의 사업자금을 얻을 수 없어 성공하지 못했다. 그러나 일본 국내에서의 개간사업이 여의찮아서 외국산 쌀의 수입이 늘어나 무역수지의 불균형을 확대시키자 결국 식민지에서의 쌀의 증산에서 그 해결방안을 찾게 되고, 이에 따라 조선에서의 사업도 1926년부터 다시 본격적으로 추진되었다. 여기에는 약 3억2533만 원의 사업자금이 배당되었는데, 그중 3억327만 원(약 93퍼센트)이 저리의 국고 보조금 및 정부 알선자금이었다. 이는 일본 자본주의가 제1차 세계대전 동안 자본을 축적하여 조선에 투자할 여유가 생긴 것을 보여주는 동시에 이제 이들이 식민지 초과이윤을 찾아 조선의 농업부문으로 침투하기 시작한 것을 의미한다.

산미증식계획에서 일제가 강조한 것은 수리시설의 확충을 통한 토지의 개량과 벼 품종개량 및 비료 증가에 의한 농사개량이었다. 이 중에서 특히 토지개량이 강조되어 전체 자금의 90퍼센트에 가까운 2억8500만 원가량이 여기에 할당되었다. 1920년 당시 논의 총면적은 약 140만 정보였는데, 그중 85.7퍼센트인 120만 정보가 천수답이었고, 이것이 쌀의 증산에 결정적 장애가 되고 있었기 때문이다. 이는 경비를 절약할 수 있는 방법 및 품종개량이 강조되던 1910년대의 농업개량 정책과는 차이가 나는 것이었다.

이같이 막대한 자금은 동양척식주식회사와 조선식산은행에 낮은 이자율(평균 7푼 4리. 시장이자율은 9푼 5리~1할 1푼)로 대부되고, 이들은 여기에 다시 1퍼센트 내외의 이자를 덧붙여 개인이나 수리조합에 빌려주었다. 그러나 이러한 저리자금의 혜택은 10정보 미만의 개간, 30정보 미만의 관개공사, 공사비 5000만 원 미만의 공사에는 허용되지 않았다. 결국 일본인 대지주 및 몇몇 조선인 지주에게만 혜택이 돌아간 것을 의미한다.

산미증식계획에서 강조되었던 토지개량사업과 관련해서는 많은 수리조합이 설립되었다. 수리조합은 반관제半官製 조직으로서 관개사업을 담당했는데, 총면적의 3분의 2에 해당하는 토지 소유자의 동의가 있으면 설립할 수 있었다. 따라서 대지주 몇 사람의 일방적인 결정에 의해 조합이 결성될 수 있었으며, 일단 조합 결성이 결정되면 비록 새로운 수리시설을 필요로 하지 않는 사람도 조합에 강제로 편입되어 조합비를 물어야 했다. 이러한 대지주 중에는 일본인이 많았는데, 이들은 평야지대의 황무지나 척박한 땅을 사서 자기에게 유리하게 물길을 냈기 때문에, 수원水源에 가까운 계곡의 비옥한 논의 주인은 피해를 보기 일쑤였다. 그 밖에 조합의 운용도 대지주 중심으로 되어 있어서 강제로 편입된 많은 조선인 중소지주, 자작농은 불이익을 당해야 했다. 조합의 수는 1920년 8개소에서 1931년 174개소로 늘어났으며, 수리조합에 들어간 토지 면적은 같은 기간 8746정보에서 18만8088정보로 늘어났다.

수리조합 안의 토지는 수리시설을 이용한 대가로 수세, 즉 수리조합비를 내야 했는데, 이것은 수확의 상황이나 쌀값의 변동과 관계없이 높게 결정된 고정액인 경우가 많았다. 조합에 들어간 논의 경우 흉년이 들었다든가 쌀값이 폭락할 경우, 중소지주나 자작농들이 조합비를 물지 못해 일인 지주들에게 토지를 값싸게 파는 일이 많아졌다. 그리하여 수리조합이 설립된 일부 지역의 논 값이 오히려 전보다 떨어지는 이상한 현상이 나타나기도 했다. 〔표 3-1〕은 이러한 현상이 특히 심했던 지역의 사정을 잘 보여주고 있다.

〔표 3-1〕 수리조합 구역 안 토지 가격의 변화

(단위: 단보당/원円)

	경기	전남	황해	강원
시공 전	155	195	163	133
시공 후	118	165	149	124

출전: 조선총독부, 『토지개량사업요람』(1929), 120~131쪽

한편 논리적으로 볼 때 수리시설 등의 개선으로 면적당 소출량이 늘어나면 소작인들의 손에도 많은 몫이 돌아와야 할 것이다. 그러나 지주들은 이를 핑계로 소작료를 올리고, 또 자기가 부담하기로 되어 있는 조합비를 소작인에게 전가했다. 또 일본 개량종을 제대로 재배하기 위해서는 금비를 쓰는 것이 필수적이었는데, 지주들은 그 비용을 소작인에게 전가했다. 그리하여 수리조합 안에 있는 논의 소작료율은 5할 이상 6할 전후에 이르렀다 한다. 따라서 수리시설 개선에서 온 생산량의 증가는 거의 대부분 고율 소작료에 흡수되었다고 보는 것이 정확하다. 뿐만 아니라 농

민들의 궁핍과 불리한 시장 구조는 조그만 이익도 농민들 손에 남겨두지 않았다. 즉 대개의 농가에서는 빚을 갚거나 세금을 내기 위해 쌀값이 가장 싼 추수 직후에 쌀을 내다팔 수밖에 없었던 것이다. 또 농가가 현지에서 파는 쌀값은 일본의 쌀 중심지 쌀값보다 싼 것이 보통이고, 그 차액은 쌀 중간 수집상이나 무역업자들이 차지했던 것이다.

이러한 토지개량사업으로 쌀의 생산량은 분명히 늘어났고, 또 일본인들이 주장하듯이 한국의 농업을 발전시킨 것인지도 모른다. 그러나 이것은 대다수 조선 농민의 희생 위에 주로 일인 대지주를 살찌우는 방향에서 추진된 것이었다. 동시에 살펴야 할 것은 증산된 쌀보다 더 많은 쌀이 일본으로 빠져나갔다는 사실이다.([표 3-2] 참조) 쌀이 증산되었음에도 한국인들은 쌀을 더 먹을 수 있게 되기는커녕 그 소비량이 줄어들고, 대신 값싼 외국쌀이나 만주산 좁쌀을 먹어야 했는데, 그나마도 충분하지 못했다. 그래서 1917~1921년간 평균 1.74석 소비되던 주요 곡물(쌀·조·보리·밀·콩)의 소비량은 1932~1933년 평균 1.38석으로 감소했다.

[표 3-2] 쌀 생산 수출 소비량

(단위: 천석千石)

	쌀 생산량		일본으로 수출	
	실수	지수	실수	지수
1912~1915(평균)	1만2033	100	1056	100
1917~1921(평균)	1만4101	115	2096	208
1922~1926(평균)	1만4501	118	4342	411
1927~1931(평균)	1만5798	128	6607	626

출전: 스즈키 다케오鈴木武雄, 『조선의 경제經濟』(1941), 136쪽

산미증식계획의 결과 조선의 농업은 쌀농사를 위주로 하는 단작농업의

성격이 더욱 분명하게 되었다. 1910년대 남부 지방 농가 수입 구성 중 쌀 농사 수입은 37.5퍼센트로서 이미 비중이 컸는데, 1930년대 중반에는 70.3퍼센트에 달하게 되었다. 그 결과 농가의 경제는 자연적·경제적 변동에 극히 취약해졌다. 쌀이라는 한 작물에 과중하게 의지하기 때문에 쌀농사가 잘 안 되거나 쌀값이 폭락하면 이를 중간에서 흡수할 여유가 없어지기 때문이었다. 1930년의 세계적 공황으로 인한 쌀값 폭락으로 수많은 농가가 빚더미에 올라서서 토지를 싼값에 팔아야 했고 많은 수리조합이 불량화한 것은 한 예에 불과하다. 결국 일제는 산미증식계획을 통하여 제1차 세계대전 기간 동안 축적한 잉여 자본을 조선에 투자하여 높은 이윤을 올리고, 일본인 지주의 토지 소유를 확장시키고, 동시에 식량 문제를 해결할 수 있었던 것이다. 또 일제 무역수지의 적자 확대를 완화시키고 저미가·저임금 구조를 밑받침해주어 일본 자본주의의 산업구조 고도화에 기여했다.

'토지개량사업'의 결과 일본 대지주의 수는 증가한 반면 조선인 지주와 자작농의 수는 감소했으며, 소작농의 수는 증가했다. 산미증식이 진행되는 동안 자작·자소작 농가가 전 농가 호수에서 점하는 비중은 1924년 52퍼센트에서 1932년에는 42퍼센트로 감소했고, 소작농의 비율은 43퍼센트에서 53퍼센트로 증가했다. 이에 따라 [표 3-3]에서 보듯 전체 경지에서 소작지가 차지하는 비중도 늘어났다. 또 매년 찾아오는 봄에 식량이 떨어지는 이른바 춘궁농가春窮農家는 1930년 현재 자작농의 18.4퍼센트, 자소작농의 37.5퍼센트, 소작농의 약 68.1퍼센트에 달해 결국 전 농가의 약 반수가 춘궁농가가 되었다. 그리하여 유리걸식하거나 도시로 흘러가 막노동 등으로 생계를 이어가야 하는 궁민窮民·세민細民의 수도

1926년 216만 명에서 1931년 544만 명으로 늘어갔다.

산미증식계획은 지주를 위주로 하는 일제 농업 정책의 대표적인 예였다. 이로써 일부의 조선인 지주도 성장의 계기를 얻고, 지방 사회의 유력자로서 일제식민지 통치의 동반자가 되었다. 반면 높은 현물 소작료, 공과금의 소작인 전가, 공산품과의 협상 가격차의 확대 등은 모두 조선 농민의 생활을 압박하는 것이었다. 더구나 식산은행, 동척, 금융조합과 같은 일제 국가자본에 의한 금융기관의 사업 개입과 이를 통한 토지의 집적, 농민을 상대로 하는 고리대 사업은 농민들에게 심각한 고통을 주고 이들의 몰락을 가속화했다.

〔표 3-3〕 1919~1929년간 소작지의 증가

(단위: 천 정보/퍼센트)

	자작지		소작지		전체경지 면적
	면적	퍼센트	면적	퍼센트	
1919	2152	50.46	2113	49.54	4265
1929	1970	44.86	2421	55.14	4391

출전: 다카하시가 메키치高橋龜吉, 『현대조선경제론現代朝鮮經濟論』(1935)

한편 이 시기에도 강력하게 추진된 육지면과 양잠의 강제 확장과, 공판을 통한 헐값 매수 역시 농민들의 몰락을 재촉했다.

이 같은 상황에서 조선의 농민들은 자위책을 찾지 않을 수 없었다. 더구나 3·1운동은 한국 농민들의 민족적 각성과 투쟁의식을 고무시켜주었다. 1920년대 이후 다수 등장하는 농민 단체와 소작쟁의·수리쟁의가 이들에 의해 지도되는 경우도 많았다. 농민단체들의 요구조건은 지역에 따라 약간의 차이가 있었으나 기본적으로 (1) 지주의 자의적 소작권 박탈

반대, (2) 소작료는 3할 내지 4할 이내로 할 것, (3) 소작료 이외의 모든 공과금의 지주 부담, (4) 지주·마름의 무상노동·뇌물 요구 반대, (5) 동척의 이민 반대 등의 지극히 당연하고 온건한 주장들이었다.

이 같은 농민들의 요구를 일제는 지주 편에 서서, 경찰을 동원하여 묵살하는 것이 보통이었다. 왜냐하면 농민운동이 농민들의 절실한 생활의 요구에서 출발한 것으로, 비록 처음부터 민족해방을 위해 의식적으로 진행된 것은 아니었지만, 농민들을 그러한 투쟁으로 내몰았던 사회모순이 기본적으로 일제에 의해 초래된 것이었기 때문이다. 또 조선총독부의 공권력으로 뒷받침하고 있었던 당시의 상황에서, 이들의 투쟁은 필연적으로 반일적 성격을 띨 수밖에 없었다.(독립기념관 자료실 자료, https://www.i815.or.kr/media_data/chong_new/e0017/e0017_16.htm)

위의 자료에서 볼 수 있듯 산미증식계획 이후 쌀 생산량은 비정상적으로 늘어나고 잡곡의 생산량은 급감하면서 쌀과 잡곡에 대한 인식도 변화된 것으로 보여집니다. 일제 이후 농업기술 발전과 경지 정리로 농산물의 다양성을 확보할 수 있는 시기가 마련되었음에도 여전히 벼농사에만 집중하고 벼 수매제를 실시하면서 그 기회를 놓친 이야기를 뒤에 '녹색혁명과 로컬 푸드'에서 이야기하겠습니다.

태평양전쟁 당시 웃을 수 없지만 그렇다고 웃지 않을 수도 없는 일이 어청도에서 일어납니다. 군산은 호남평야에서 생산되는 쌀을 일본으로 수탈해가는 본거지 역할을 했는데 태평양전쟁이 일어나면서 군수품을 중국으로 이송하는 전진기지가 되었습니다. 군산항에 모아둔 군수품과 군량미를 중국으로 이송할 때 어청도를 경유해 이송되었습니다. 어청도는 한반도 최서단에 위치한 섬이어서 군수품과 군량미를 잠시 보관하는 최전방 전진기지가 된 것이죠. 앞에서 어청도를 이야기할 때 쌀 구경하기 힘든 섬이라고 했습니다만 이 시기에는 역설적으로 쌀을 밟고 다닐 만큼 풍요로운 섬이 되었다더군요. 선배의 할머니 말에 의하면 태평양전쟁 당시 어청도에는 아무도 굶는 사람이 없었고 가장 풍요로운 시절이었다고 회상했다더군요.

어청도는 매우 작은 섬이고 집을 지을 땅조차도 변변치 않은데 태평양전쟁을 거치면서 1980년대까지 1000여 명의 주민이 모여 사는 큰 섬이 되었다가 지금은 인구가 급감해 400여 명의 주민과 해군이 거주하고 있습니다.

영원한 변방이었고 지금도 변방에 위치한 가난한 섬 어청도가 가장 풍요로웠던 시기가 모든 사람이 가장 고통스러웠던 전쟁 막바지의 몇 년이었다는 이야기는 참으로 아이러니하지 않을 수 없습니다. 마치 천명관의 소설 『고래』에 나오는 작은 마을의 이야기처럼 비현실적입니다.

쌀의 종류는 수천 가지가 넘지만 크게 인디카종과 자포니카종으로 나뉩니다. 인디카종은 흔히 월남미라 불리는 장립종 쌀입니다. 찰기가 없어 한국인의 입맛에 맞지 않지만 생산량이 많아 통일벼 개량에 이용되었죠. 역시 맛은 없습니다.

우리가 일반적으로 먹는 쌀은 자포니카종입니다. 단립종 쌀로 찰지고 끈적한 식감을 자랑합니다. 찹쌀과 멥쌀 모두 자포니카종에 해당되며 흑미와 녹미도 자포니카종의 일종입니다.

인디카와 자포니카의 중간 크기인 중립종도 있습니다. 온대 지방에서 자생하는 야생미들이 중립종인데 최근 개발된 갈색 쌀 '가바쌀'이 대

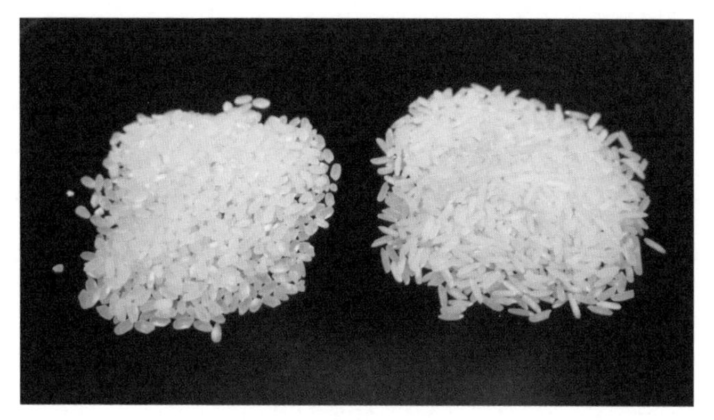
자포니카종(왼쪽)과 인디카종.

표적인 중립종입니다. 아직 먹어보진 않았지만 판매상인의 말에 따르면 "뻬세고 까끌거리지만 몸에 좋다"더군요. 몸에 어떻게 좋은지는 알 수 없지만 뻬세고 까끌거리는 식감은 확실해 보입니다.

벼 이삭의 모양을 보면 그림과 같습니다.

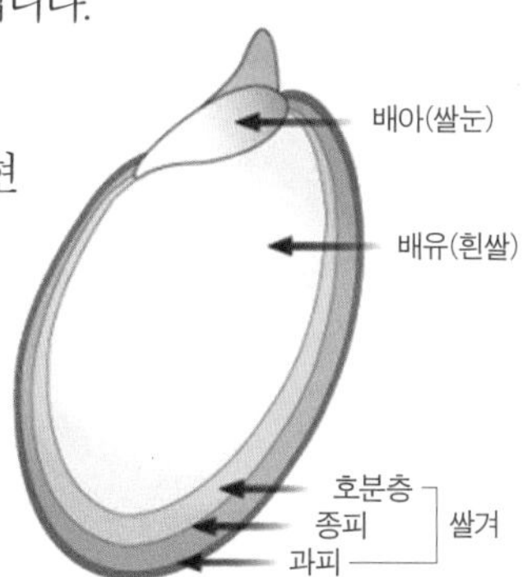

쌀의 구성도.

일단 과피를 벗겨내면 현미가 됩니다. 현미가 아무리 좋다고 해도 치아에 닿는 그 싸늘하고 털이 곤두서는 느낌은 도저히 견딜 수 없습니다. 유리를 칼로 긁는 느낌이랄까요? 사실 곡물의 껍질은 연약하지만 그러한 방어기제를 숨기고 있습니다. 이삭 끝에 나 있는 까락은 새의 공격을 막기 위한 것이고(보리나 밀은 까락이 길어 참새가 범접하지 못하지만 쌀은 까락이 짧아 참새의 공략 대상이 됩니다) 과피는 치아를 가진 동물들에게 불쾌감을 주기 위해 진화한 형태로 보여집니다. 이 과피 즉, 왕겨를 벗겨냈다 하더라도 종피에 여전히 그 싸늘한 느낌이 남아 있습니다. 거칠고 뻐센 것이 문제가 아니라 씹을 때 큰 불쾌감을 줍니다. 우리가 일반적으로 먹는 현미는 종피까지 벗겨내고 호분층이 남아 있는 것이 대부분입니다. 여기에서부터 분도를 정합니다. 종피부터 호분층까지 벗겨낸 가루를 미강(쌀겨)이라 부르는데 닭과 새의 먹이로 활용하기 좋고 퇴비에 혼합하면 좋은 밑거름이 됩니다.

종피를 벗겨내면 1~2분도 현미입니다. 호분층을 벗겨내면 3~4분도 현미가 되고, 쌀눈만 남기고 모든 껍질을 벗겨낸 것은 5~6분도 쌀이 됩니다. 7분도부터는 일반 백미가 되는데 깎아내면 깎아낼수록 쌀은 하얗게 됩니다. 청주를 만드는 쌀은 10분도 이상 깎아내는데 일반 백미가 8분도일 때 10분도로 깎아내면 하얀 쌀가루가 나옵니다. 고기 편에서 이야기했던 소먹이가 8분도에서 10분도 사이에서 깎아낸 쌀가루입니다. 이 쌀가루로 떡도 만들어 먹고 부침개도 해 먹었습니다. 소 사료로 들어오긴 했지만 뽀얗고 깨끗한 쌀가루로 만든 떡과 전은 어디 하나 흠잡을 데가 없었습니다.

도정한 쌀은 일주일 안에 먹는 것이 가장 좋은데 특히나 현미는 최대한 빨리 먹는 것이 좋습니다. 호분층에 포함되어 있는 쌀기름(미강유)이 산화되면서 현미 특유의 찝찝한 냄새의 원인이 됩니다.

밥을 짓는 방법은 다양할 테니 몇 가지 기본기만 이야기하고 마무리하겠습니다. 햅쌀을 도정한 쌀은 평소 밥을 지을 때 물의 양의 10퍼센트가량 줄여주는 것이 좋고 묵은 나락을 도정한 쌀은 5퍼센트가량 줄여주는 것이 좋습니다. 도정한 쌀은 시간이 지날수록 수분이 증발하기 때문에 도정한 지 한 달 이상이 되면 되려 평소 밥을 지을 때보다 물의 양을 늘리는 것이 좋습니다. 찹쌀은 물에 1~2시간가량 불리기만 하면 물을 넣지 않아도 찰진 밥이 됩니다. 보통 찰밥은 찐다고 말하는데 찜솥에 면 보자기를 깔고 불린 찹쌀을 찌면서 중간중간 간수를 뿌리고 뒤적여주면 질지 않고 찰진 찰밥이 됩니다. 여기에 간장으로 간을 하고 견과류를 넣고 판에 부어 넓게 펴고 자르면 약밥이 됩니다. 다가오는 정월 대보름 오곡밥은 이 방법으로 지어보세요. 오곡밥에 들어가는 재료 중 팥은 삶아 넣어야 합니다. 삶아 넣지 않으면 익지 않습니다.

쌀 중에 독특한 쌀이 한 가지 있습니다. 군산에선 오릿쌀이라 하는데 '올게쌀'이란 이름으로 불리는 찐쌀입니다. 벼가 익기 보름쯤 전에 수확해 껍질째 삶아 말리고 도정한 쌀을 말하죠. 찰벼, 메벼 모두 가능하지만 찰벼가 맛이 더 좋습니다. 도정한 오릿쌀을 한 줌씩 집어 천천히 씹어 먹으면 달달하고 고소한 맛이 일품입니다. 이것을 튀겨 산자나 쌀강정을 만들면 일반 쌀로 만든 것보다 달고 고소한 맛이 뛰어나죠. 오릿쌀은 시골 장터에 나가면 쉽게 구할 수 있지만 그것으로 만든 강정은 찾아보기 힘들더군요.

쌀에 대한 이야기는 해도 해도 끝이 없겠지만 이 정도에서 마무리하

오릿쌀과 오릿쌀로 만든 산자.

겠습니다. 마지막 사진은 구례군 토지면에 있는 고택 운조루의 쌀뒤주 모습입니다. 뒤주 아래 쌀을 내는 구멍에는 타인능해他人能解라고 적혀 있습니다.

외전 外傳

녹색혁명과 로컬 푸드

"쌀을 사서 고등어를 사다."

이 문장의 뜻을 알고 있는 사람도 있을 테고 전혀 이해하지 못하는 사람도 있을 테지만 이제는 사용하지 않는 문장임은 분명합니다. 시골에서 어르신들이 간혹 사용하는 것을 듣기도 합니다만, 도시인이나 비교적 젊은 사람들은 사용하지 않거나 모르는 표현일 것입니다.

쌀 사다. 쌀 팔다.

지금의 언어 용법으로 이야기하면 쌀을 살 때는 '쌀 팔다'라고 말했고 쌀을 팔 때는 '쌀 사다'라고 말했습니다.

쌀을 '사서' 고등어를 샀다는 말은 쌀을 '팔아서' 고등어를 샀다는 뜻이죠. 쌀 말고도 모든 곡물을 사고팔 때는 지금의 언어와는 반대로 사용했습니다.

"이번 설은 어떻게 나실 생각이세요?" 하고 물으면,

"나락 한 가마니 사고 콩 둬 말 사고 깨 한 말 사서 소고기도 사고 생것도 사서 나야지"라고 대답하는 형태죠.

사고팔때 모두 '사다'란 표현을 사용하지만 뜻은 정반대입니다.

'팔다'라는 표현은 이렇게 쓰입니다.

"아톰아! 쌀집 가서 쌀 한 말만 팔어 오니라!"

엄마가 이렇게 말했다고 쌀을 들고 나가면 맞습니다. 네, 쌀을 사오라는 말인 거죠.

왜 그랬을까요?

지금은 헷갈리는 말이지만 시간을 사오십 년 전으로만 거슬러 올라가면 당연한 말이었습니다. 화폐가 등장하기 이전에 쌀을 비롯한 곡물이 그 자리를 차지하고 있었습니다. 조선시대에도 이런저런 화폐가 통용되긴 했지만 곡물이 최고의 가치를 자랑하고 있었고 가치가 오르내리지 않았던 것이죠. 그래서 쌀로 돈을 사왔던 것입니다.

"아톰아! 쌀집 가서 쌀 한 말만 팔어 오니라!"라고 말할 때 돈을 팔아서 쌀을 받아오라는 뜻이었죠. 돈. 그게 무어라고 목숨을 담보했겠습니까. 생명을 지키는 최고의 가치는 쌀을 비롯한 곡물에 있었던 시절의 이야기입니다. 그렇지만 제가 어릴 때도 어렵지 않게 듣던 표현이었습니다.

"논 한 마지기 나락 백 가마니값 주고 샀어" "소 한 마리 나락 스무 가마니값 받고 팔았으면 잘 팔린 속이지"라는 표현을 심심찮게 들었으니까요. 여전히 곡물의 양으로 가치를 환산했던 것이죠.

농업 사회에서 자본주의 사회로 전환되면서 이런 표현들이 사라졌지만 그와 함께 사라진 개념도 있습니다. 바로 식량이죠. 식량이 안정적으로 공급되면서 식량에 대한 개념은 공기나 물을 대하는 것과 같아졌습니다. 수많은 사람이 먹고사니즘을 이야기하지만 그 먹고사니즘을 떠올리는 관념에는 우리 입으로 들어가는 밥과 고기가 들어 있는 것이 아니라 통장에 찍히는 숫자가 떠오를 것입니다.

차가 먹는 기름값이 내 입으로 들어가는 라면 값보다 많지만 어쩌겠습니까. 차를 먹여야 라면이라도 먹고 사니 차에 기름을 먹일 수밖에요. 이 풍요의 사회에서 빈곤한 개인으로 살아가는 이야기를 먹거리로 풀어보겠습니다.

녹색혁명

1944년 록펠러 재단과 포드 재단의 주도로 녹색혁명Green Revolution이 시작됩니다.(존 데이비스 록펠러는 스탠더드오일의 창립자이고, 스탠더드오일은 엑슨모빌의 모기업입니다.) 농업도 공업처럼 개발과 통제가 가능하다고 믿었던 사람들입니다.

멕시코에 밀 품종개량 연구소, 필리핀에 쌀 개량을 위한 연구소를 비롯해 전 세계 16곳에 연구소를 출범시킵니다. 이 연구소에서 다수확 품종을 개발하고 세계에 보급해 괄목할 만한 성과를 올립니다. '괄목할 만한'이란 표현은 너무 치사하네요. 어쨌든 혁명이라는 말에 어울릴 법한 획기적인 성과를 냈던 것이 사실입니다. 아시아의 경우 벼 경작 면적의

록펠러와 포드.

75퍼센트 정도가 녹색혁명의 영향을 받았습니다. 우리가 잘 아는 통일벼도 녹색혁명의 영향 아래 개발된 품종입니다.

녹색혁명을 계기로 미국의 기업들은 제3세계 국가로의 진출이 용이해졌습니다.(현재도 GMO 농산물을 무상원조한다는 명목으로 제3세계 국가 진입을 시도하고 있죠.) 한국도 식량원조 등을 통해 거저먹을 수 있었던 거죠.

원조를 하면서 농업 기술도 함께 전수해줍니다. 그런데 기술만 가지고는 농사짓기가 쉽지 않았습니다. 비료와 농약이 필요합니다. 녹색혁명은 물과 비료, 농약을 대거 투입해 얻은 결과물이었습니다. 이 대목에선 웃을 수도, 울 수도 없는 노릇입니다. 녹색혁명은 전 세계에 풍요를 알리는 축포였는데 그 축포가 농약비가 되어 내리는 꼴이 되어버렸으니까요.

아무튼 당시에는 환호성을 지를 법한 일이었겠죠. 벼에 달린 이삭이 50여 알도 되지 않던 기나긴 시간을 살아오다 150알, 200알의 이삭이 달려 있는 벼를 보았을 아시아 사람들의 눈은 뒤집히다 못해 개거품을 물고 자빠질 일이었을 테니까요. 지금도 통일벼 예찬론자가 얼마나 많은지요.

앞에서 말했듯이 품종만 좋다고 농사가 되는 것이 아니었습니다. 물과 농약과 비료가 필요했던 것이죠. 관개수로를 정비하고 농약과 비료를 사들입니다. 미국인들이 종자 개량하는 건 좀 도와줬어도 농약과 비료는 그냥 주지 않았던 거죠.

이때까지만 해도 미국인들이 꿩은 안 먹고 알만 먹었던 시절입니다. 비료와 농약을 대거 투입한 가을 들판은 황금빛으로 출렁거렸습니다. '이팝에 고깃국' 시절이 도래한 것이지요. 이리도 신묘, 절묘, 교묘하니 이전의 농법은 모두 버려지게 됩니다. 이전의 종자도 모두 버려지지요.

흑미, 녹미 등을 다시 밥상에서 맞이할 수 있었던 것은 그로부터 30여 년이 흐른 뒤에야 가능했고 이제는 찾을 수 없는 종자도 수없이 많을 것입니다.

필리핀의 경우 녹색혁명 이전 1000여 종에 달했던 토종 볍씨가 이제는 10여 종만 남아 있다고 합니다. 종의 다양성이 파괴되고 농약과 비료의 과도한 사용으로 지력이 떨어지면서 더 많은 농약과 비료를 투여하는 악순환이 계속되었습니다. 주요 곡물을 제외한 다른 생물들까지도 멸종하거나 멸종 위기에 직면하게 되었습니다.

이제 더 이상 굶어 죽을 일은 없게 되었는데도 한국은 계속해서 식량원조를 받습니다. 무상원조가 아닌 유상원조로 말입니다. 농업국가에서 공업국가로 발돋움하자는 원대한 포부로 식량은 수입해서 조달하고 공업을 육성하려던 것이었죠. 그로 인해 쌀값은 폭락합니다. 생산량도 많은데 수입까지 하니 폭락하지 않으려고요.

미국은 아주 반색했습니다. 안 그래도 밀과 옥수수의 생산량이 너무 많아 바다에 내다 버릴 지경이었는데 수입을 하겠다니 고마운 거죠. 덤까지 얹어 무지막지하게 퍼줍니다. 원조성이긴 하지만 나중에 돈을 받을 것이니 퍼줘도 상관없었던 것이죠. 그 당시 혼분식 장려운동을 벌인 이유입니다. 쌀이 귀하니 밀가루도 함께 먹자는 말은 속된 말로 '개구라'였습니다.

국내 쌀 생산량은 1970년대 초반까지 자급률 70퍼센트를 밑돌았지만 1976년에는 자급률 100퍼센트를 뛰어넘어 곡물을 수입하지 않아도 온 국민이 밥 먹고 살 수 있었는데도 밀가루를 수입해 혼분식을 장려했었습니다. 저렴한 밀가루와 옥수수가 밀고 들어오니 쌀값은 폭락하고 농민들은 고향을 뒤로하고 도시로 떠나게 되었습니다. 이촌향도의 시절은 이렇게 도래했습니다.

우리 입에 맞는 다양한 밀가루 음식이 개발되었고 축산업의 발달로 육류와 유제품이 대거 공급되면서 쌀은 더욱더 외면받게 되었습니다. 민족의 식성이 변한 것이지요.

녹색혁명은 곡물에 국한된 것이 아니었습니다. 파생상품이 출현합니다. 소, 돼지, 닭고기입니다. 소는 다시 우유와 분유를 낳았고 닭은 알을 낳았죠.

생산된 곡물이 남아도니 가축에게 먹였더라. 먹였더니 잘 크더라. 먹었더니 맛있더라.

고기 못 먹어 환장한 귀신도 아닌데(나?) 우리는 엄청난 양의 고기를 먹어치우고 있습니다. 1980년대 51만 톤을 생산하던 것이 2007년 171만 톤으로 증가했습니다. 2007년 실제 공급량은 231만 톤이므로 수입된 육류는 60만 톤에 이르죠. 이 양이 짐작이 가십니까? 저는 도저히 짐작이 가지 않습니다.

세계에서 가장 큰 배가 해피자이언트라네요. 이 배의 무게가 56만 톤. 길이가 485미터. 이 배 네 척이 조금 넘는 무게. 질량이나 부피 그런 거 따지지 말고 그냥 사람들이 이 배를 뜯어 먹는다고 상상해보면, 음, 이만한 배 네 척을 1년 동안 뜯어 먹고 산다는 말이죠.

그래도 짐작이 되지 않습니다. 아무튼 많이 먹습니다. 고기를 먹는 것은 좋은데 축산업의 발달과 육류 소비량의 증가는 동물은 먹이고 사람은 굶기는 일이 벌어지도록 만듭니다. 사람이 먹을 곡식을 동물에게 먹이는 것이죠.

현재 세계에서 생산되는 식량은 전 세계 모든 인구를 먹여 살리고도 남을 양이지만 9억 명이 기아에 허덕이고 20억 명이 영양부족 상태입니다.

71억 명 인구 중 30억 명이 밥을 못 먹고 사는데 약 10억 마리의 가축이 사육됩니다. 30억 명이 먹을 곡식을 가축이 먹고 있다는 말이기도 합니다.

조금 더 쉽게 설명하자면 소고기 1킬로그램을 생산하는 데 사료 20킬로그램이 필요합니다. 이렇게 생산된 고기는 다시 밥술이나 뜬다는 30억 명의 입으로 들어갑니다. 41억의 인구는 고기를 먹지 않거나 구경도 못 하는 사람들이죠. 과식과 엄청난 양의 음식물 쓰레기로 버려지는 음식은 차치하더라도 이러합니다. 축산업의 폐해는 고기 편에서도 다뤘지만 해도 해도 끝이 없습니다.

말이 나온 김에 수산물 양식도 들여다볼까요.

바다는 어느 정도 평온할 것 같지만 양식업이 발달하면서 축산업과 비슷한 길을 가고 있습니다. 현재 양식으로 공급되는 수산물은 전체 공급량의 35퍼센트 정도를 차지한다더군요. 이 양의 수산물을 생산하기 위해서는 엄청난 양의 어분이 필요합니다. 물고기 1킬로그램을 생산하는 데 4킬로그램의 어분이 필요합니다. 어분은 건조 분말 상태의 사료이니 실제 갈려 죽은 물고기의 양은 두 배 이상이겠죠.

양식장의 물고기를 먹이는 어분의 주원료는 바다에서 잡아 올린 물고기들입니다. 맛있는 정어리를 맛없는 연어를 키우려고 어분으로 만들어 먹인답니다. 저인망 어선으로 잡다한 물고기를 싹쓸이해 한데 넣고 사료로 만들기도 합니다. 멸종 위기종, 희귀종을 가려낼 방법도 없고 그럴 생각도 없습니다. 35퍼센트가 양식으로 공급된다고 볼 때 양식장의 물고기에게 먹이로 공급되는 물고기의 양은 전 인류가 1년 동안 먹는 양의 두 배가 넘습니다.

우리가 먹는 새우, 광어, 우럭, 농어, 점성어, 도미 할 것 없이 모두 그렇게 만들어진 어분을 먹고 키워지는 것이죠.

항생제, 성장촉진제, 유전자 변형 수산물 등 축산업에서 행해지는 모든 못된 짓을 양식업도 똑같이 답습하고 있는 중입니다. 예측 가능한 것이지만, 어분의 값이 두 배 이상 폭등했고 생산단가 조정이 어렵다 여겨질 때 축산물의 부산물이 어분에 섞여 들어갈 가능성은 농후해 보입니다. 고기 편에서 밝혔던 카길과 같은 거대 농기업은 농·수·축산물의 생산, 유통, 가공 등 전면에 관여하기 때문에 그렇게 하지 않는 것이 이상한 일일 것입니다.

녹색혁명 이후 모든 사람이 배곯지 않고 살아갈 수 있을 것 같았지만 식량 문제는 악순환을 거듭하고 있습니다. 거대 농기업과 제약회사는 더 많은 이윤 추구에 골몰하고 있고 각국 정부는 이들의 놀음에 삽질로 보답하고 있는 중입니다.

현재 국내 식량자급률은 25퍼센트를 넘지 못하는 수준입니다. IMF와 충분한 협상을 벌이지 못하고 불리한 융자 조건을 받아들일 수밖에 없었던 이유와 밀가루 값 상승에 온 나라 실물 경제가 흔들리는 이유도 여기 있습니다.

실물 경제가 흔들려도 위와 같은 이유로 식문화가 다변화되었고 농촌은 산소호흡기 뗄 날만 기다리고 있으니 지금 당장 개선할 방법도 없습니다. 무엇보다 식량이 수단으로 인식되면서 값을 치르면 언제든 먹을 수 있는 것으로 여기는 의식이 가장 큰 문제라 생각됩니다.

생산이 어렵고 값비싼 유기농 농산물이 모두를 먹여 살릴 대안이 아닐 터인데, 값을 치르면 '나는 안전한 식재료를 취할 수 있다'는 인식 자체가 식량을 소비의 범주에서 벗어나지 못하게 만드는 원인이 됩니다. 생산된 농산물에 대한 값을 치르고 내 입에 넣는 일은 나중 일입니다. 이것이 어떻게 해서 내 입으로 들어오게 되었는지를 아는 것이 우선이겠지요. 또한 앞으로 이곳에서 살아갈 사람들의 식량이 무엇일지도 고민해야 하지 않겠습니까.

우리나라는 무려 75퍼센트를 수입에 의존합니다. 앞서 '알레르기와 식재료' 편에서도 이야기했지만 어디서 생산되고 어떻게 생산됐는지 모를 식재료들이 가공되어 손에 들려지고 입으로 들어갑니다.

먹을거리에 대한 불신은 태산처럼 크지만 개선할 의지는 좁쌀만 합니다. 나와 내 가정이 깨끗한 음식을 먹는다고 그 불신과 불안이 해소되진 않을 듯합니다. 불신과 불안을 해소하기 위해서는 식량자급률을 높이려는 의지가 필요합니다.

농산물이 수입되는 길을 막는 방법은 갈수록 줄어들고 있습니다. 정부는 WTO, FTA를 거들먹거리며 뒷짐 지고 훈수나 두고 있고, 식품가공 업체들은 저렴한 농산물을 이용해 더 많은 이윤을 남기고 싶어할 테지요. 유통업체는 생산자를 쥐어짜 수익을 창출하려 할 테고요.

로컬 푸드

녹색혁명과 자유무역은 대농과 대상인에게 기회였을지 모르지만 그들이 생산하고 유통시키는 식량을 소비하는 대다수의 개인에겐 위기로 다가왔습니다. 정부는 거대한 '카이주'(수입농산물)에 맞서기 위해서는 거대한 로봇 '예이거'(대농과 대형유통업체)를 만들어야 한다고 생각한 듯합니다. 다수 소농의 토지를 소수의 손에 집중시켜 대농을 육성하고 근대적 기계화 농업을 확립해 단일 작목 중심의 규모화농을 육성시키는 농업구조 개선에 몰두했습니다. 그리하여 '카이주'에 맞서 국민을 보호할 임무를 띤 '예이거'가 만들어지기는 했는데 문제는 국민은 죽고 '예이거' 만 살아남았습니다.

소농, 고령농은 논바닥의 잡초가 되었고 예이거의 발에 밟혀 죽어나고 있습니다. 카이주를 잡으랬더니 논바닥에서 무술연습 중이라나. 카이주는 이미 도시를 집어삼켰습니다. 도시민들은 예이거가 구하러 온다는 것을 믿지 않고 있습니다. 아니, 구하기는커녕 카이주와 경쟁하며 사람들을 잡아먹고 있는 형국입니다. 알고 봤더니 예이거는 카이주의 유전자로 만들어진 괴물이더군요.

이런 판국인데 정부는 아직도 예이거에게 힘을 실어주려 하고 소농들의 요구는 묵살합니다. 일례로 4~5년 전 식생활이 변화되어 밀가루 소비량이 늘어났으니 한동안 밀농사를 지어보자는 움직임이 있었습니다. 남부 지방에서 밀농사를 지어 정부에 수매를 요구했지만 묵살되었습니다. 수입되는 저렴한 밀가루가 이렇게 많은데 수매는 불가능하다는 것이었죠. 국제법과 관련된 복잡한 이유들이 있지만 결론은 이러했습니다.

생산 단가라도 줄이고자 생산비 지원을 요구했지만 육성종목이 아니어서 그럴 수 없다고도 했지요.

아니! 쌀과 밀을 가장 많이 먹고 사는데 육성종목이 아니라니? 전체 곡물 재배면적 중 2퍼센트를 유지하던 밀농사는 1퍼센트대로 내려앉았습니다. 보리도 그러했고 콩도 그러했습니다. 정부는 식량자급률을 높이려는 의지 자체가 없어 보입니다. 언제나 그러했지만 이렇게 꽉 막힌 상황에서는 죽지 못해 살아가는 민초들이 담벼락에 뿌리를 내리고 담을 허물어뜨립니다. 이 견고하고 거대한 벽에 작은 균열을 일으키는 움직임이 있어 소개해보려 합니다. 바로 완주군 로컬 푸드입니다.

완주군은 전주시를 둘러싸고 있고 대부분의 토지가 농지로 구성되어 있습니다. 완주군에서 생산되는 농산물은 주로 전주시에서 소비됩니다. 지금까지 완주군에서 생산되는 농산물들은 전주 시내의 시장과 유통업체로 들여와 소비자에게 판매하는 형태였습니다. 생산된 농산물이 소비자를 찾아가는 방식이었던 것이죠.

1년 전 이러한 구조를 깨고 소비자가 생산된 농산물을 찾아오도록 만든 완주 로컬 푸드 1호점이 용진면에 문을 열었습니다. 전주시를 경계로 북완주에서 소농들이 생산한 농산물들을 판매하는 직거래 매장을

완주군 로컬 푸드 매장의 모습.

오픈한 것입니다. 기존의 유통 방식처럼 유통업자들의 손을 거쳐 한자리에 모이는 것이 아니라 농산물을 생산한 농부들이 직접 판매장으로 농산물을 들고 와 자신의 이름과 사진이 붙어 있는 판매대에 진열하면 용진농협에서 판매만 대행하는 방식입니다.

농산물을 생산하는 농부가 직접적인 판매자가 되는 것입니다. 유통단계를 거치지 않아 신선함이 보장될 뿐만 아니라 소비자가 생산자의 얼굴과 이름을 확인할 수 있는 구조이기 때문에 생산자와 소비자 간의 신뢰를 높일 수 있습니다.

실제로 매장에 나가보면 물건이 다 팔린 자리에 농산물을 채우고 진열하는 생산자를 마주할 수 있습니다. 물건이 떨어지려 하면 관리자는 농부에게 연락하고 농부는 논과 밭에서 바로바로 농산물을 채취해 판매대에 채워 넣습니다. 아무리 멀어도 자동차로 30분 안에 도착할 수 있는 거리이기 때문에 유통과정은 생략된 것으로 봐도 무관합니다.

농부가 이렇게 농산물을 진열해두면 소비자가 찾아와 구매합니다. 완주 로컬 푸드 1호점은 배송을 하지 않습니다. 소비자가 직접 찾아와야지만 농산물을 구매할 수 있습니다. 배송을 하지 않는 것이 '로컬 푸드'라는 이름에 걸맞습니다. '내가 살고 있는 지역에서 생산된 농산물을 먹는다'라는 취지이므로 인터넷 판매나 전국 배송은 옳지 않은 것입니다. 온라인 판매는 취합 후 확산의 형태이기 때문에 중앙의 통제에 놓이게 되고 생산자의 권리가 축소될 우려가 큽니다. 로컬 푸드에는 생산자를 보호하자는 취지도 담겨 있습니다.

소비자는 왕이 아닙니다. 그렇다고 생산자가 왕이란 말도 아니죠. 신뢰할 수 있는 상품이 있다면 소비자가 찾아갈 수 있다는 것입니다. 서로의 노력이 필요한 것이죠.

로컬 푸드 매장에 진열되는 농산물은 계절별로 바뀝니다. 지난주에 갔을 때는 오이가 없더군요. 지금은 오이가 나는 계절이 아닙니다. 제철 농산물만 판매되는 것이죠. 물론 비닐하우스에서 재배된 가지와 상추도 간혹 눈에 띄었지만 대부분은 그 계절에 생산된 농산물이 판매됩니다. 지난주엔 호박, 생강, 고구마 등 여러 곡물이 눈에 띄었습니다. 가을철에 주로 볼 수 있는 대표적인 농산물들입니다.

소비자가 왜 오이는 없냐고 물을 수 없습니다. 오이를 생산한 농부가 없으니까요. 오이도 판매하라고 요구할 수도 없는 것이죠. 다른 지역에서 들여올 수도 없는 일이고 소비자는 이곳이 제철 농산물만 판매한다는 것과 가까운 지역에서 생산된 농산물만 판매한다는 사실을 인식하고 찾아옵니다. 자연스럽게 제철을 맞은 지역 농산물이 식탁에 오르게 되겠죠.

생산자를 선정하는 기준은 소농에 맞춰져 있습니다. 1헥타르 이하의 농지를 소유한 농민들에게만 판매를 허용합니다. 1헥타르는 3000평입니다. 완주군 내의 소농이 자신이 생산한 농산물을 로컬 푸드 매장에 판매하고자 하면 완주 관내에서 3회의 교육을 시키고 수료증을 부여합니다. 교육을 수료하면 매장 진열대에 생산자의 이름과 사진이 붙고 그 자리에 자신이 생산한 농산물이 진열되어 판매됩니다.

가격 결정도 생산자의 몫입니다. 일반적인 가격이 형성되어 있지만 생산자 본인의 의지에 따라 가격을 올리고 내릴 수 있는 권리가 있습니다. 품질관리는 품질관리위원회가 조직되어 잔류농약 검사, 위생 검사, 품질 검사 등을 진행합니다. 대형 유통업체에 비해 소량의 농산물을 검수하기 때문에 검수의 신뢰도가 높다고 볼 수 있습니다.

제가 보는 로컬 푸드의 가장 큰 장점은 소비자가 생산의 주체가 될 수 있다는 것입니다. 소비자가 호박 생산자에게 값을 지불하면 그 비용은 곧 내년에 생산될 호박의 생산 비용이 되기 때문에 소비자가 직접적으로 생산의 주체가 될 수 있는 것입니다.

기존 유통 방식에서도 어떤 방법으로든 소비자가 농산물을 구매하게 되고 생산자는 소득을 올리는 구조이긴 하지만, 생산자에게 비용을 지불하는 쪽은 유통업자이기 때문에 소비자가 생산에 직접적으로 참여한다고는 볼 수 없습니다. 그러나 로컬 푸드의 유통 방식은 올해 호박값으로 지불한 비용이 내년에도 같은 호박을 생산하게 만드는 지속가능성이 열리게 되는 것입니다.

생협이 지속성을 잃고 주춤거리는 이유는 소비자와 생산자를 직접 연결하지 않고 계약 재배, 계약 배송의 형태로 운영되기 때문입니다. 또한 생협은 생산자보다 소비자의 권리가 더욱 강한 회원제로 운영되기 때문에 생산자가 소비자의 요구를 따라가지 못하는 경우가 많았습니다.

전국 단위 유통에도 문제가 있었습니다. 계약 재배를 하는 이유는 전국 단위 유통을 차질 없이 진행하기 위함인데 그로 인해 시설과 생산설비가 미비한 소농은 배제될 수밖에 없는 구조적인 문제를 안고 있습니다. 상생이라는 모토로 출발한 생협이 자격을 갖추지 못한 소농은 배제하는 모순을 안고 있었던 것입니다. 상생이 아니라 '우리끼리' 혹은 '나만'이라는 인상을 지울 수 없었던 이유입니다.

로컬 푸드는 분명 많은 장점이 있지만 우려스러운 부분도 상당합니다.

첫 번째는 조직이 정비되어 있지 않다는 것입니다. 최근 전주시 효자동에 점포를 낸 완주 로컬 푸드 2호점은 1호점과 운영 방식은 같지만 운영 주체를 달리하고 있습니다. 1호점은 용진면 농협이 주관하고 2호점과 로컬 푸드 해피스테이션은 농업회사법인 완주로컬푸드주식회사가 주관합니다.

완주군이 총체적인 사업을 주관하지만 한 발짝 뒤로 물러서 있는 모양새이기 때문에 사업 주체가 다변화된 인상을 주고 자칫 신뢰도가 떨어질 가능성도 엿보입니다. 사업 주체가 둘로 나뉘면서 눈에 띄는 차이도 보입니다.

완주 로컬 푸드 1호점은 인터넷 판매나 배송 판매를 하지 않고 소비자가 직접 방문하는 판매 형태만을 고수하지만 2호점은 인터넷 판매와 식품꾸러미 판매를 실시하고 있습니다. 농업회사법인 완주로컬푸드주식회사 관계자의 말에 의하면 완주 로컬 푸드를 홍보하는 단계에서 시행되고 있는 사업이라지만 로컬 푸드의 근본 취지를 벗어난 것으로 해석됩니다. 전국 단위 판매는 지금 당장 매출의 신장을 올릴 수는 있겠으나 장기적인 안목으로 본다면 타 지역의 로컬 푸드를 보호하지 못하는 결과로 이어질 수 있습니다. 로컬 푸드의 근본 취지는 지역의 소농을 보호하고 소비자가 자신이 살고 있는 지역에서 생산된 농산물을 소비하는 것입니다.

두 번째 우려스러운 부분은 판매되는 농산물이 다양하지 못하다는 것입니다. 제철 농산물을 주로 판매하니 다양하지 못한 것은 당연한 일이지만 근본적인 원인을 따져보면 다른 문제일 수 있습니다. 그동안 우리 농업은 소품종 대량생산 체제를 목표로 발전해왔기 때문에 농가에서 재배되는 품목이 다채롭지 못했습니다. 텃밭이 해체된 결과입니다.

품목의 다양성 문제는 농가들 스스로 해결할 수 있는 문제가 아닐 것입니다. 적어도 군 단위에서 다양한 토종 품종을 찾아내고 농가에 씨앗을 보급해 상품으로 생산해내는 과정을 거쳐야만 가능한 일일 것입니다.

삽질만 너무 열심히 하지 말고 삽질한 땅에 뿌릴 씨앗을 보급하는 데도 힘쓰시길.

세 번째로 우려스러운 부분은 로컬 푸드가 그 이름을 내건 수익사업으로 전락하지 않을까 하는 것입니다. 이미 그런 움직임은 곳곳에서 포착됩니다. 완주 로컬 푸드가 성공하면서 사조직이 움직여 이곳저곳에 완주 로컬 푸드라는 이름을 내걸고 장사를 하고 있습니다. 어떤 사업에나 따르는 일일 테지만 생겨난 지 1년이 조금 지났을 뿐인데 사이비 로컬 푸드들이 우후죽순 생겨나 근본 취지를 흐리고 있습니다.

기관은 이럴 때 나서라고 있는 것입니다. 로컬 푸드의 연대를 강화하고 지역 주민들에게 로컬 푸드의 근본취지를 알리는 데 최선을 다해야 할 것입니다. 산처럼 움직이지 않고 든든히 버텨주면 될성부른 떡잎이 튼실한 나무로 자라날 것입니다.

전라북도에는 유명한 제과점이 두 곳 있습니다. 대형 프렌차이즈 제과 업체들과 맞서기 위해 50여 개의 점포를 오픈하며 몸집을 불린 풍년제과와 한자리에서 하나의 점포로 70여 년을 지켜온 이성당입니다.

풍년제과는 대형 프렌차이즈 제빵 업체들과 같은 방법으로 제빵 공장을 설립하고 중앙에서 생산해 지점들에 배포하는 형태로 사업을 확장하다 스스로 불타 죽은 거신병이 되었습니다. 지금은 가까스로 목숨을 부지해 전주 시내에 몇 개의 점포를 유지하고 있습니다. 이제는 과거와 같은 방법으로 제과점을 운영하지는 않습니다. 같은 풍년제과라는 간판을 사용하긴 하지만 점과 선으로 연결된 느슨한 조직으로 운영됩니다.

기본적인 레시피를 공유하고 대표적인 제품들을 공통적으로 생산해 판매하지만 다양한 빵을 생산해내는 것은 각 영업장의 몫이 되었습니다. 수장의 지위 아래 움직이는 프렌차이즈가 아닌 독자적인 형태로 운영됩니다. 쓰러져가던 풍년제과는 다시 살아나고 있습니다. 100퍼센트 우리밀 빵을 고수하고 신 메뉴 개발에 각자의 역량을 최대한 발휘한 결과입니다. 전주 시내에 있는 풍년제과마다 메뉴가 다르고 운영 방법도 다르고 맛도 다르지만 '빵이 맛있다'는 공통점이 있습니다.

로컬 푸드도 풍년제과와 같이 발전하길 바랍니다. 큰 시련을 딛고 일어선 소농들의 모임인 만큼 같은 로컬 푸드라는 이름을 내걸고 기본적인 룰을 지켜가며 각 지역에서 생산되는 농산물마다 서로 다른 좋은 맛을 낼 수 있기를 바랍니다.

서로가 서로에게 새로운 농법을 전수하고 새롭게 찾아낸 토종 씨앗을 나눠주며 텃밭을 일궈가길 바랍니다. 노력과 인내는 사람들을 모이게 합니다. 이성당은 그 노력과 인내의 결과물이지 않을까 싶습니다. 오랫동안 그 맛을 잃지 않고 새로운 빵을 만들어내는 이성당의 지금은 저와 같은 소비자들의 성원이 없었다면 불가능했을 것입니다. 저야 뭐 맛있으니까 평생을 먹고 있다고 말하겠지만요.

엄마는 40여 년간 텃밭에서 나는 농산물을 시장에 내다 팔며 살아왔습니다. 말하자면 로컬 푸드의 산증인이죠. 3000평 정도의 밭에 100여 가지가 넘는 농작물을 키워냅니다. 저 알아서 나고 자라는 냉이, 달래, 미나리, 쑥 등을 제외하고도 100여 가지가 넘습니다.

계절마다 다종다양한 농작물을 이고 지고 사장에 나가 판매합니다. 저 어릴 때는 등에 저를 업고 팔러 다니셨다더군요. 시장 모퉁이 길바닥에 앉아 손수 따고 다듬은 푸성귀를 팝니다. 예쁘지도 않고 먹음직스러워 보이지도 않는 것들이지만 찾는 사람이 심야식당을 찾는 사람만큼은 있는 듯합니다.

엄마가 버럭쟁이이기는 합니다만 진심으로 버럭하는 때가 있습니다. 그 3000평 땅덩어리에서 무수히 많은 것이 자라 올라오는데 그 자라 올라오는 것들을 발로 밟을 때 쩌렁! 소리를 지릅니다. 발 조심하라고. 옥수수 하나 심어놓은 자리를 기억하고 그곳을 피해 다니고 팥 한 알 떨어진 것이 아까워 다른 일 마다하고 주머니에 주워 담습니다. 과연 그 팥 한 알이 아까워 주워 담는 것일까요? 내 손으로 키워낸 것이니 주워 담는 것이겠죠. 식량을 사고팔 땐 이런 마음을 주고받는다 여겨야 하지 않겠나, 마, 그래 생각합니다.

에필로그

동지팥죽과 정월 대보름

동지는 24절기의 끝이자 시작인 날입니다. '작은 설'이라고도 불렸기 때문에 설날 떡국을 먹듯이 나이만큼의 새알심이 들어간 팥죽을 먹어야 한 살을 더 먹는다고도 했습니다. 실제로 중국의 주나라에서는 음력 11월을 정월로 삼고 동지를 설로 삼았다고 합니다. 그도 그럴 것이 동지는 밤이 가장 긴 날이고 그날 이후로 밤이 짧아지고 낮이 길어지기 때문에 새로운 해의 시작으로 삼기에는 음력 1월 1일보다 동지가 더 의미 있다 할 수 있습니다.

지금부터는 동지 음식과 정월 대보름에 먹는 음식에 대해 알아볼 텐데요, 절기와 명절, 세시에 대한 이해가 없다면 그때그때 먹는 음식이 갖는 의미 또한 알 수 없을 테니 이에 대해 간단히 알아보고 음식에 대한 이야기로 넘어가겠습니다.

일반적으로 24절기라는 말을 많이 사용하지만 24절기가 어떻게 정해지고 24절기가 무엇인지 모르는 분이 많으실 겁니다. 또한 단오나 칠석이 24절기에 들어가는 것인지도 헷갈리고 날짜가 일정하지 않게 변화하는 것도 이상하게 생각될 것입니다. 그 이유는 이 세상의 중심이 둘이기 때문에 그렇습니다.

태양을 바라보고 살 것인가? 달을 바라보고 살 것인가?

처음엔 달을 바라보고 살았습니다. 달은 한 달 동안 같은 패턴으로 매일매일 변화합니다. 하루하루 날짜의 변화를 짐작하기에 달만큼 유용한 것은 없었을 것입니다. 어제와 오늘과 내일, 달의 모양이 바뀌면 시간이 가고 있다는 것을 짐작할 수 있었을 테죠. 달의 모양이 바뀜에 따라 바닷물의 높이도 바뀌었고 그 바뀌는 모양에 따라 잡혀 올라오는 물고기의 종류도 달라졌으니 달은 하루의 변화를 알려주고 바다의 일을 주관한다 여겼을 법합니다. 그렇게 달이 주기적으로 변화하여 12번 바뀌는 동안 네 번의 계절이 바뀌고 다시 같은 계절이 돌아온다고 생각했을 것입니다. 그리하여 월력이 만들어집니다.

월력에 맞춰 살아가는 시간이 길어지다 보니 점점 그 패턴이 일치하

지 않는 것을 알게 되었습니다. 하루, 한 달의 시간이 가는 것은 달의 모양 변화만으로도 알 수 있었지만 한 해가 가고 계절이 바뀌고 농작물이 자라나는 것은 달의 모양이 변하는 것으로는 전부 짐작하기가 어려웠던 것이죠.

'땅과 바람과 계절의 변화는 달이 주관하는 것이 아닌 모양이구나.'

그래서 해의 변화를 관찰했습니다. 해는 달처럼 모양이 바뀌지 않고 항상 둥근 모양을 하고 아침에 떠 저녁에 집니다. 매일매일 단 하루도 떠오르지 않는 날이 없으니 변하지 않는 것으로 여겼습니다.

그러나 그 빛의 이면에 드리워진 그림자의 변화는 명확했습니다. 날이 무더울 때 해는 높이 떠 그림자가 짧았고 날이 추워지면 해는 낮게 떠 그림자가 길었습니다. 그 그림자의 길이를 1년 동안 관찰해보니 매년 같은 패턴으로 변화하는 것을 알게 되었습니다. 그것을 관찰해 만들어진 것이 황도, 즉 해시계입니다.

무릇 움직이는 생명은 달을 따르고 땅 위에 선 것은 해를 따랐던 것

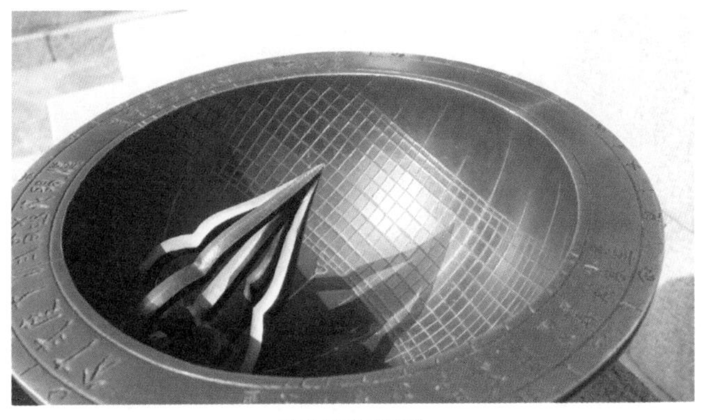

해시계(앙부일구).

일까요? 사람은 움직여 살아가는 것이니 달을 따르고 땅 위에 선 것들의 씨앗을 먹어야 살 수 있으니 해의 움직임을 이해해야만 했을 것입니다.

그리하여 음력은 생활의 리듬이 되었고 양력은 노동의 리듬이 되었습니다. 이 두 가지 리듬을 하나에 담은 것이 '태음태양력'입니다. 우리가 일반적으로 음력이라고 부르는 것은 순수한 월력이 아닌 태음태양력입니다. 태음태양력에서 날짜의 변화는 월력으로 계산하고 절기의 변화는 양력으로 계산합니다. 태양은 매일매일 변하는 것이 아니라 여겼기 때문에 계절의 변화로 태양의 변화를 짐작했고 그것을 구분 지은 것이 24절기입니다. 따라서 절기는 월력의 주기를 따르지 않고 매년 조금씩 변하게 됩니다.

24절기는 12절기와 12중기로 나뉩니다. 12중기를 12절기 안에 집어넣어 24절기로 부르지만 역술에서는 명확하게 구분 지어 말합니다.

12절기	입춘, 경칩, 청명, 입하, 망종, 소서, 입추, 백로, 한로, 입동, 대설, 소한
12중기	우수, 춘분, 곡우, 소만, 하지, 대서, 처서, 추분, 상강, 소설, 동지, 대한

절기와 절기 사이를 한 달로 치고 그 사이에 중기가 들어 있습니다.

24절기와 월력을 조화시키기 위해 만들어진 역법이 윤달입니다. 지구가 태양을 한 바퀴 도는 시간은 정확히 365.2422일입니다. 달이 보름달에서 다시 보름달이 되는 시간은 29.5일이고 1년으로 계산하면 354.37일입니다. 약 11일의 차이를 보이죠. 월력으로 3년이 지나면 한 달이 뿅 하고 사라지는 꼴이 됩니다. 월력에 맞춰 3년만 농사지으면 '순전 사기꾼 점쟁이'라는 말이 절로 나오겠죠. 그래서 정기적으로 윤달을 끼워 넣어

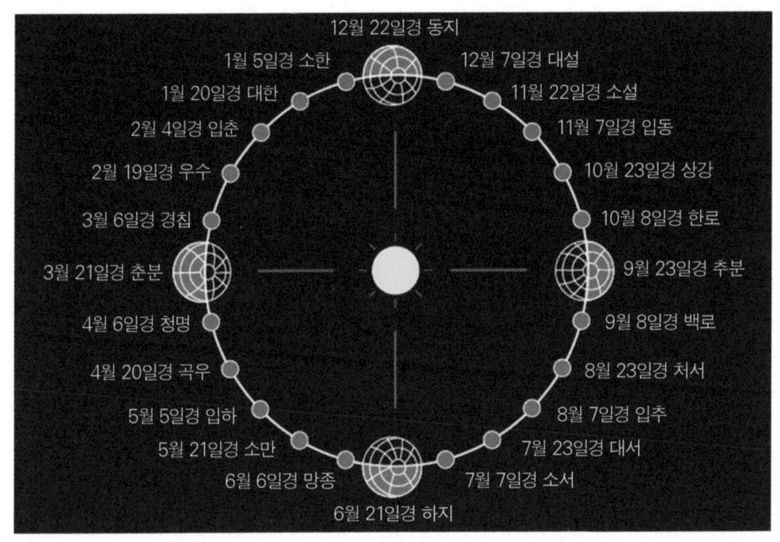

24절기도.

균형을 맞췄습니다.

윤달은 평균적으로 19년에 7번이 들어가는데 그것을 계산하는 방법은 약간 복잡합니다. 윤달이 들어가는 이유는 일력과 월력의 뒤틀림을 방지하기 위함이기 때문에 윤달을 정하는 방법은 절기(일력)와 월력의 관계에서 발생합니다.

24절기를 음력 판에 올려놓으면 어느 해에는 24절기 중 한 귀퉁이가 빠지는 해가 생깁니다. 그중 중기가 빠지는 달이 발생하면 그 달에 한 달을 더 채워 넣어 윤달로 정했습니다. 중기가 없는 달에 윤달을 넣는다 하여 무중치윤법이라 부릅니다.

가령 경칩 지나 청명이 오기 전에 춘분이 들어야 하는데 춘분이 음력 3월에 들지 못하고 4월로 넘어가면 그 중기는 빠지고 청명이 오게 됩니다. 일력으로 계산한 춘분은 3월에 들어가야 마땅한데 월력으로 보면 달이 바뀌었으므로 끼워줄 수 없게 되는 것이죠.

그렇게 되면 24절기가 23절기로 바뀌게 됩니다. 윤달을 넣고 대략 3년이 지난 해에 이렇게 중기가 빠져버린 달이 발생하면 그 달에 윤달을 집어넣습니다. 거기에 한 가지를 더해, 동지는 반드시 음력 11월에 들어와야 한다는 법칙이 있습니다. 이 법칙을 맞추기 위해 중기가 빠진 해에도 윤달을 넣지 않고 이듬해에 윤달을 넣어 동지를 음력 11월에 들어가도록 맞추는 경우도 있습니다.

참 복잡하죠. 하지만 이 두 '역법'이 모두 필요하기 때문에 여전히 사용하고 있는 것입니다.

앞에서도 이야기했지만 바다의 움직임은 달이 주관하기 때문에 월력을 알지 못하면 바다에서 생활할 수 없고, 동물은 달의 움직임에 민감하게 반응하기 때문에 월력을 이해하면 동물의 본능을 이해하기도 쉬워집니다. 계절의 변화는 해의 움직임에 따라 변하는 것이므로 양력을 사용해야만 농사를 지을 수 있는 것입니다.

요약하자면 절기는 월력에 표기된 양력이지만 완벽하게 독립된 태양력으로 움직이는 것이 아니라 월력의 변화에 맞춰 주기적으로 조정된다는 이야기입니다.

아무튼 24절기 중 12중기에 해당하는 동지가 바로 어제(2013년 11월 22일)였습니다. 밤이 가장 긴 날입니다. 반대로 태양이 가장 낮게 떠 그림자가 가장 길게 드리워지는 날이기도 합니다. 이 어둠의 기운을 몰아내기 위해 준비해야 할 것은 바로 붉은 팥죽입니다.

음의 기운이 성하여 잡귀가 득실대는 어둠의 날에 붉은 팥죽을 집

안팎으로 뿌려 잡귀를 물리쳤다는 이야기는 익히 들어 알고 있겠지만 그보다 더 큰 의미는 따로 있습니다.

동지는 가장 어두운 날이지만 역으로 생각하면 어둠이 힘을 잃는 날이기도 합니다. 동지 이후부터는 어둠이 힘을 잃고 물러나 밝은 날이 점점 길어집니다. 새로운 해가 시작되는 날이니만큼 다음 해에 일어날 흉과 화를 그 짙은 어둠에 실어 보내고 길함과 복을 얻게 해달라는 의미로 팥죽을 뿌렸습니다.

일반적으로 봄이 되면 땅을 파거나 나무를 베고 집을 짓고 농지를 정리합니다. 이때 이유를 알 수 없이 병에 걸리는 경우가 있는데 이것을 동티라고 합니다. 겨우내 움츠러들었던 몸으로 무리해서 일을 하다 삐끗 허리를 다치고 몸살을 앓게 되는 것일 텐데요, 땅과 나무에 서려 있던 신의 노여움을 샀다고 생각했던 것이죠.

이러한 잡신들은 어디에나 머물러 있는데, 잡귀들이 가장 왕성하게 활동하는 동짓날 밤 팥죽을 뿌려 물러가는 어둠에 태워 보내고 이듬해 새롭게 시작할 집 안팎의 일을 하며 동티에 들지 않게 해달라는 의미를 담고 있습니다.

그러한 이유로 팥은 아무 때나 사용하는 식재료가 아니었습니다.

팥은 어쩌면 지금의 항암치료제이거나 양귀비 씨앗 같은 극약처방일지 모릅니다. 팥을 쓰면 집을 지키는 좋은 귀신들도 쫓아내는 격이 되기 때문에 사람을 지켜야 한다고 여겨졌을 때만 팥을 사용했습니다. 가령 동짓날처럼 잡귀가 많은 날에 팥죽을 해 먹거나 생일날 팥밥을 지어 먹는 것처럼 죽은 것들의 기운보다 생명을 가진 사람의 기운이 커지길 기원할 때만 사용했습니다.

똥통에 빠지는 경우가 아니라면 연중 팥을 넣어 만든 음식을 먹는 날은 동지와 생일뿐이었고 간혹 마을에 혼사나 출산, 집들이가 있을 때 팥떡을 얻어먹을 수 있었습니다. 모두 잡귀를 물리쳐야 하는 날이었던 것이죠.

봄날 말입니다. 호박 심은 자리 옆에 구덩이를 파고 똥을 묻고 흙으로 덮어뒀던 모양입니다. 오만가지 말썽은 다 부리던 제가 그 똥구덩이를 그냥 지나칠 리 없었겠죠. 사뿐사뿐 걸어가다 밟은 것도 아니고 좋다고 뛰어가다 풍덩 발만 빠졌으면 그러려니 하는데 철퍼덕 넘어지기까지 했습니다. 엄마는 똥 묻은 놈 나무랄 수도 없고 옷 벗겨 씻기고 아랫목에 뉘이더니 팥떡을 해서 먹이더군요. 이유도 모르고 먹었는데 팥떡 먹은 효험이 있었는지 똥독은 오르지 않고 냄새만 한 일주일 가고는 말았습니다.

이러한 이유로 동지가 되면 팥죽을 쑤어 먹었는데요, 팥죽을 쑤어 먹지 않는 동지도 있으니 바로 애기동지입니다. 애기동지는 음력 11월 초(11월 1일~10일 사이)에 동지가 잡히는 날입니다. 앞에서 이야기했듯이 절기는 음력을 따르지 않기 때문에 매년 변하는데 윤달이 든 해에는 대체로 애기동지가 들게 됩니다. 동지 앞에 한 달이 더 들어갔으니 그럴 만하지요. 2012년에는 3월에 윤달이 들어서 음력 11월 9일이 동지가 되었습니다. 그래서 작년엔 팥죽을 쑤어 먹지 않고 팥떡을 해 먹었습니다.

보통 어린아이가 있는 집에만 적용되는 미신인데 애기동지에 팥죽을 쑤어 먹으면 아이에게 좋지 않다 하여 팥죽 대신 팥떡과 팥밥을 해 먹었습니다. 2013년은 음력 11월 20일에 동지가 들었으니 팥죽을 쑤어 먹었습니다.

팥은 여느 콩처럼 어느 때고 먹지는 않기 때문에 농사를 많이 짓지는 않지만 반드시 필요하므로 몇 알이라도 빠지지 않고 심는 필수 작물이었습니다. 팥은 어디서나 잘 자라지만 바람을 많이 타면 열매를 맺지 않기 때문에 바람이 타지 않는 밭두렁이나 산자락에 심는 것이 좋습니다.

2013년에 농사지은 팥입니다. 태풍도 없었고 비도 많이 오지 않아 모든 농작물에 풍년이 들었는데 팥도 마찬가지로 농사가 잘되었습니다. 붉은 팥이 보기 좋지요. 이 팥으로 팥죽을 쑤어보겠습니다.

우선 팥을 한 번 삶아냅니다. 파르르 끓어오르면 불을 끄고 소쿠리에 받쳐 삶은 물을 버리고 팥을 깨끗이 헹궈주세요. 팥 껍질에는 약간의 독성이 있기 때문에 처음 삶은 물은 버리고 새 물을 받아 삶아줘야 합니다. 새 물을 받은 솥에 씻은 팥을 넣고 무르게 삶아줍니다. 무르게 익은 팥을 소쿠리에 넣고 꾹꾹 눌러 즙을 짜주세요. 껄끄러운 껍질을 걸러내기 위한 작업이니 믹서기에 돌리지 말고 성긴 소쿠리에 놓고 눌러 즙을 짜주는 것이 좋습니다. 국물이 다 짜지면 남은 지게미는 콩고물로 사용하고 모아진 국물을 솥에 넣고 졸여주세요. 졸이는 중간중간 잘 저어줘야 눌어붙지 않습니다.

팥죽을 끓이는데 팥죽이 붉지 않고 보라색이다 하시는 분들이 있습니다. 팥을 너무 아낀 경우입니다. 삶은 팥에서 즙만 짜내야 붉은 팥국물을 얻을 수 있습니다. 믹서기에 갈거나 너무 열심히 짜내면 날곡 안에 든 팥고물이 국물 안으로 많이 들어가고, 탁해진 국물 때문에 안타깝게도 붉은색의 팥국물을 얻을 수 없게 됩니다.

국물을 짜내고 남은 팥고물은 떡에 얹어 먹거나 다른 음식의 고명으로 사용하는 것이 좋습니다.

새알심도 만들어야죠. 새알심은 송편을 만들 때처럼 익반죽을 해주면 됩니다. 쌀은 멥쌀로 사용하는 것이 좋지만 조금 더 쫀득하고 걸쭉한 팥죽을 원하면 찹쌀가루를 약간 섞어주는 것도 좋습니다. 뜨거운 물로 익반죽을 해줘야 새알심이 죽에 들어가 풀어지지 않습니다. 송편처럼 특별한 기술이 필요한 것은 아니죠. 그저 동글동글 손바닥으로 굴려주면 됩니다.

팥국물이 적당히 졸아들면 새알심을 넣고 끓여주세요. 이때 소금으로 적당히 간을 해주고 먹을 때 설탕이나 꿀을 넣어 먹으면 달콤한 팥죽을 맛있게 먹을 수 있습니다. 시원하고 알싸한 동치미를 곁들이면 금상첨화.

먹기 전 문 앞에 한 대접 떠놓거나 창틈, 문틈에 팥죽을 바르며 한 해 동안 쌓였던 자신의 실수와 어리석음도 두터운 어둠에 딸려 보내길 바랍니다.

잡귀야 물러가라.

동지는 절기에 들어 있는 명절입니다. 음력 1월 1일, 3월 3일, 5월 5일, 7월 7일, 9월 9일은 홀수가 반복되는 흉한 날로 전화위복의 계기로 삼고자 명절로 정한 날입니다. 숫자는 1~9까지가 한 바퀴를 도는 것이므로 11월 11일은 1월 1일과 같은 의미를 담고 있기 때문에 명절로 쳐주지 않고, 극강 어둠의 날인 동짓날이 11월 11일 전후로 들어가기 때문에 동지에는 11월 11일보다 더 강력한 퇴마행위를 했습니다.

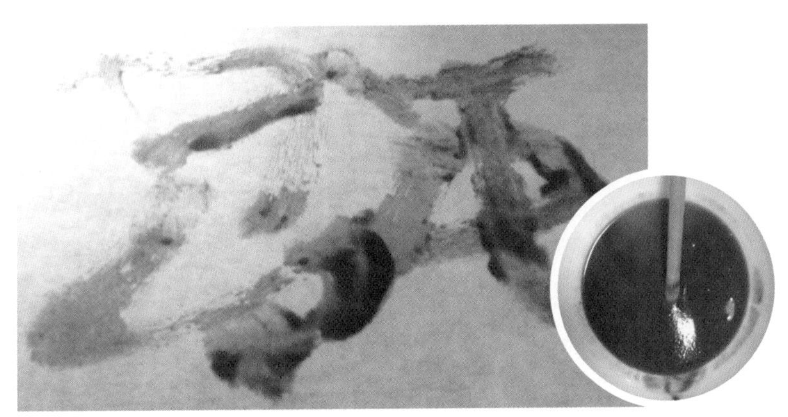

이렇게 팥물로 뱀 사巳 자를 써서 대문에 거꾸로 걸어두면
잡귀가 집에 들지 못했다네요.

1월 1일은 설날, 3월 3일은 삼짇날, 5월 5일은 단오, 7월 7일은 칠석, 9월 9일은 중양절입니다. 이날은 흥겨운 놀이를 하거나 몸을 씻는 행사들이 주를 이루는데 이는 불길한 홀수가 반복되는 날을 길일로 바꿔보기 위한 노력들이었죠.

그렇다고 동지처럼 퇴마행위를 하는 것은 아닙니다. 명절 중 퇴마행위를 하는 날은 동지뿐입니다. 대부분 몸을 정갈히 하고 신에게 제를 올리고 달래는 것으로 흉이 들지 않길 '부탁'드린 것이었습니다.

명절 중 부탁을 가장 많이 드리고 다양한 신을 위로하고 달래는 날은 바로 보름입니다. 1월 15일 정월 대보름(상원), 7월 15일 백중(중원), 8월 15일 추석, 10월 15일 시월보름(하원)에는 다양한 신에게 감사드리고 노한 신은 달래고 위로하는 날이었습니다.

특히 정월 대보름의 의미는 큽니다. 동짓날 잡귀를 물리치겠다고 팥죽을 뿌려 식겁하게 만들지 않았겠습니까. 집도 지켜주고 장독대도 지켜주고 우물도 지켜주고 나무도 지켜주고 땅도 지켜줬는데 말입니다. 정월 대보름은 잔뜩 삐져 있는 집안의 신들을 달래 한 해 잘 보살펴달라고 부탁드리는 날입니다. 설날에는 남자들이 조상신에게 제를 올렸다면 정월 대보름에는 여자들이 집안의 다양한 신에게 제를 올립니다.

정월 대보름날 새벽의 풍경은 참으로 몽환적입니다. 제가 잠들어 있던 시간에 할머니, 엄마가 일어나 제를 올렸기 때문인데 설핏 잠이 깨서 지켜봤던 그 장면이 오래도록 기억에 남아 있습니다.

모든 제사의 주관은 아빠가 했었는데 그날만큼은 아빠가 보이지 않았지요. 왜 아빠가 없을까. 자고 있는 저를 이불째 끌어다 아랫목으로 옮겨놓고 커다란 상을 펴고 제상을 차리는데 그것도 참 특이했습니다.

제기에 정성스럽게 담는 것이 아니라 커다란 양재기에 여러 가지 나물을 가득 담아 올리고 커다란 솥에 탕을 끓여 올리고 함지박에 오곡밥을 지어 고봉으로 담아 올렸습니다. 술도 없고 국도 없고 초도 없는 상이었는데 조촐하지만 대단히 푸짐해 보였습니다. 고기나 생선이 없는 것도 이상하게 보였죠. 나물 냄새, 탕 냄새, 오곡밥 냄새가 잠을 깨게 만들었습니다.

이불 속에서 할머니와 엄마가 하는 양을 지켜봤더니, 무릎을 꿇고 손바닥을 모으고 뭐라고 구시렁거리며 빕니다. 손바닥을 문질러가며 뭐라고 뭐라고 빌데요.

"할머니. 뭐라고 구시렁거려?"

"응? 아톰이 잘되라고 비는 거셔. 야가 안 자고 깼네. 어서 자."

"아빠는 어딨어?"

"아빠는 자지."

"아빠는 왜 제사 안 지내고 자?"

"정월 대보름날 새벽이는 여자들이 제사를 지내는 거셔. 세상 만물 신들에게 밥 한 끼 해 맥이고 올해도 아톰이 아프지 말고 공부도 잘하게 해달라고 비는 거셔. 응. 어서 자."

"근데 왜 절을 안 하고 빌어?"

"(이런 잡것이) 아, 나도 몰라. 할머니네 할머니도 그렇게 했응게 비는 것이지."

"근데 왜 생선도 없고 고기도 없어?"

엄마가 대답했다.

"올해 농사 잘되게 혀달라고 비는 것잉게 잡곡밥허고 나물허고 탕만 올리는 것여. 깻으믄 인나. 이불 개고 세수허고 심바람 좀 혀. 시끄럽게 허지 말고."

심부름은 이런 것이었습니다. 우선 심부름을 시키기 전에 깨끗이 씻었는지를 묻고 씻었다고 하자 밥과 나물을 작은 그릇에 담아주더니 밭에 가서 뿌리고 오라는 것이었습니다.

"밭에 왜?"

"잔말 말고 시키는 대로나 혀. 농사 잘 되게 해달라는 것잉게."

지신에게 밥을 주는 것이었죠. 장독대 위에도 밥에 나물을 얹은 밥그릇을 하나 놓고 수돗가에도 그렇게 했습니다. 장독대의 천룡신과 수돗가의 조앙신에게 장 상하지 말고 물 상하지 않게 해달라고 고수레를 주는 행위였던 것이죠. 이렇게 고수레를 하고 식구들이 둘러앉아 오곡밥에 묵은 나물, 김을 더해 밥을 먹었습니다.

정월 대보름날 아침의 음식은 왜 이렇게 투박하면서 푸짐할까 하고 어릴 때부터 고민했지만 누구도 시원하게 답을 해주지 않았는데 최명희 선생의 『혼불』을 읽으며 어렴풋이 그 답을 찾을 수 있었습니다.

혼불에 죽은 머슴에게 제사를 지내는 장면이 나옵니다. 기일을 맞은 귀신이 밥을 먹으러 왔는데 밥을 먹지 못하고 멀뚱거리고만 있는 거예요. 왜 저 양반이 밥을 못 먹고 저러고 있나, 내가 뭘 잘못했나 하며 아들이 아버지께 죄송한 마음만 갖고 있는데 마님이 나타나 이러는 겁니다.

"귀신도 평소에 먹던 대로 줘야 밥을 먹지. 평생 그런 그릇에 밥 한 번 안 먹어본 아부지가 어찌 밥을 먹겠누."

그래서 제상에 올려진 음식들을 함지박에 담아 바닥에 내려놓았더니 아부지가 맛나게 자셨다 카더라, 뭐 그런 이야기가 있었습니다.

그 대목을 읽으며 대보름날 함지박에 담긴 음식이 떠올랐습니다. 농사짓고, 장 담고, 물 길어오는 일을 관장하는 신들은 대부분 그 땅에 머무르고 살았던 자들의 영혼이지 않을까 하는 생각에 이르렀습니다. 평범했던 사람들, 형식에 얽매이지 않았던 사람들의 영혼. 그들에게 평소 할머니, 엄마가 먹던 음식을 그대로 내주며 두런두런 이야기를 나눴던 것이 아닐지.

그 상 그대로 식구들도 모여 앉아 밥을 먹었습니다. 태생이 천한 놈이어서 그런지 그렇게 푸짐하게 차려놓고 먹는 보름밥이 가장 맛있게 느껴졌습니다.

이날은 성씨가 다른 집에 찾아가 다섯 번 이상 밥을 먹으면 한 해 복이 들어온다 해서 집집마다 찾아가 밥을 얻어먹었는데 찾아가는 친구네마다 푸짐하게 밥을 차려줬던 기억이 납니다. 엄마들은 이날은 당연히 그러해야 한다고 생각했던 모양인지 기분 좋게 밥을 차려줬습니다. 같은 마을에 살고 있음에도 집집마다 오곡밥에 들어가는 곡식이 달랐고 나물도 달랐습니다. 밥을 대신해 약식을 내주는 집도 있었고 우리 집에는 없던 취나물이나 간장에 볶은 가지나물이 있기도 했습니다. 건포도가 들어간 오곡밥도 있었고 밤농사를 짓던 친구 집 오곡밥에는 달콤한 밤이 들어가 있기도 했었지요.

정월 대보름에 먹는 대표적인 음식은 오곡밥과 묵은 나물, 부럼, 귀밝이술입니다. 약식도 포함되지만 약식을 대신해 오곡밥을 먹는 것이니 약식은 제외할 수 있습니다.

오곡밥에 들어가는 곡물은 지역마다 다르지만 대표적으로 찹쌀, 콩, 수수, 기장과 함께 은행이나 밤을 넣거나 다양한 콩을 넣기도 합니다. 굳이 오곡을 고집하지 않고 7곡, 8곡이라도 상관없겠죠.

쌀과 잡곡을 불려 밥을 짓는데 일반적으로 밥을 짓는 방법과는 달리 찜솥에 쪄내는 것이 좋습니다. 찰밥을 하는 방법인데 찹쌀은 물과 함께 끓이면 끈적끈적 짓이겨지는 경향이 있기 때문에 찌는 것이 좋죠. 찜솥에 면포를 깔고 그 위에 곡물을 쏟아 넣고 찌는데 찌는 중간중간 간수를 뿌리고 저어가며 해야 합니다. 간수는 소금과 설탕을 1대 1 비율로 물에 녹인 것인데 찰밥할 때 밥에 뿌려가며 찌면 간간하고 달콤한 찰밥이 됩니다.

묵은 나물은 봄부터 가을까지 채취해 말려뒀던 것을 물에 불려 볶은 것인데 봄에 난 고사리, 취나물, 산나물 등도 좋고 가을에 말린 토란대, 고구마순, 아주까리 잎, 호박고지, 시래기 등도 맛있는 묵은 나물들이죠. 저는 개인적으로 아주까리 나물을 좋아하는데요, 들기름에 볶고 청장으로 간을 한 아주까리 나물은 고소한 맛이 일품입니다.

정월 대보름은 그동안 모아두었던 모든 묵은 나물을 소비하는 날이기도 합니다. 이제 곧 봄이 다가오면 신선한 봄나물을 먹을 수 있으니 이날까지 묵은 나물을 모두 먹어치우고 새로운 봄을 맞이하는 의미를 담

고 있기도 합니다.

부럼을 깨는 것이 탁 깨지는 소리로 잡귀를 쫓고 부스럼을 방지하는 의미를 담고 있다는 것은 익히 아실 겁니다. 밤, 호두, 땅콩 등 견과류를 먹는 것이죠.

정월 대보름에는 묵은 것은 버리고 새롭게 시작하자는 의미를 담은 행사들이 밤까지 이어집니다. 집 안에선 대청소를 하고 장독대를 깨끗이 씻고 금줄을 두르기도 합니다. 방에 불을 때고 살던 시절에는 방구들에 구멍을 내고 온돌 사이에 낀 그을음을 긁어내기도 했습니다. 그을음을 긁어내지 않으면 연기가 밖으로 빠져나가지 않고 방으로 스며들어 열이 전도되지 않아 아무리 불을 때도 방이 따뜻하지 않습니다. 그래서 당그래를 이용해 그을음을 긁어냈는데 대청소의 일환으로 구들장 청소를 했던 것이죠.

마을 청년들은 모여서 농악놀이를 하며 집집마다 찾아다닙니다. 지신밟기를 하는 것이죠. 잡귀는 시끄러운 악기소리로 쫓아내고 집을 지키는 지신은 그 자리에 머물게 하는 놀이를 했습니다.

아이들은 밖에 나가 연을 날리고 놀았는데 연날리기는 정월 대보름까지만 해야 했기 때문에 해질 무렵이면 연을 높이 띄우고 연줄을 끊었습니다. 왜 끊어야 하는지 도무지 이해가 가질 않았지만 이날 이후 연을 날리면 혼나거나 된통 맞았기 때문에 맞느니 끊고 만다며 눈물을 머금고 연줄을 잘라냈습니다.

밤이 되면 아이들은 쥐불놀이를 하고 어른들은 달집을 태웁니다. 논두렁의 마른 풀들을 태워 쥐를 비롯한 세균을 옮기는 짐승들을 몰아냈습니다. 아침부터 시작해 하루 종일 집 안은 정갈하게 정리가 되었습니다. 귀신들도 달랬고 청소도 말끔히 했기 때문에 밤의 놀이는 동구 밖에서 벌어집니다.

본래 밤의 역사는 이렇게 이루어지는 것이었습니다. 자, 가만히 생각해보세요.

달은 휘영청 떠 있고 아이들은 어둠 속에서 쥐불을 돌립니다.

일단 불이 돌아가면 몽환적인 느낌이 들게 마련이죠. 꽹과리, 장구, 북, 징이 자글자글, 쟁글쟁글거리면서 몽환적인 사운드를 만들어냅니다. 그 소리에 몸도 달뜨고 마음도 달뜨는데, 커다랗게 달집을 쌓고 피운 불이 무시무시하게 타오릅니다. 이글거리며 타오르는 불, 그 커다란 불에서 번져 나오는 무시무시한 열기, 몽환적인 사물놀이 사운드. 여기저기 빙글빙글 돌아가는 불꽃. 차갑게 내려다보는 커다란 달. 눈이 획 돌아가죠.

복실이가 아무리 추녀라도 그 봉긋한 가슴팍이 섹시해 보이고, 영식이가 아무리 호구 병신이라도 그날 밤은 짐승남이 되는 거라……. 묵은 것을 버리고 새롭게 시작하자는 것이 농사일과 집안일만 있겠습니까? 달집 태우며 함께 태우는 것이 묵은 소원만 있는 것은 아니죠. 그날 밤

정월 대보름의 다양한 행사.

뜨겁게 태우는 겁니다. 그 뭐랄까, 묵직하게 웅크리고 있던 그 무엇을 말이죠.

봄이 되면 시집 장가 많이들 갔습니다. 다들 이렇게 시작한 거죠. 지금은 크리스마스를 그날로 생각하는 사람이 많겠지만 쩝, 음, 낭만이 없어요. 남녀가 불을 피우고 놀아야 뜨끈뜨끈한 것인데. 촛불이라도 서너 개 밝혀보시던가.

이렇게 카니발리즘적인 밤을 보내고 난 다음 날부터는 마을이 쥐 죽은 듯 조용합니다. 이제부터 놀지 말고 일하라는 것이죠. 고생의 시작입니다. 그러라고 연줄도 끊었던 것일 테죠.

이제 본격적인 농사의 시작입니다. 아직 씨앗을 뿌리긴 이르지만 농지를 정리하고 거름을 뿌리고 지심을 키워주기 시작해야 합니다. 봄이 되면 밭에 씨앗을 뿌리고 논에서는 모내기를 합니다. 그렇게 음력 5월 5일 전까지 농사의 시작을 마치고 단오를 맞습니다. 지금이야 단오고 뭐고 일만 하며 살지만 그 싱그러운 봄날, 하루 날 잡고 그네 타는 춘향이 속고쟁이도 훔쳐보고 그래야 살맛나지 않겠습니까. 날도 따땃하니 술도 한 잔 마시고, 씨름판에서 웃통 까고 힘자랑도 좀 하고 말이죠.

한숨 돌린 단오를 지나면 백중까지 또다시 일을 합니다. 땡볕에서 허리가 끊어지도록 일을 합니다. 그러다 7월 15일 백중이 되면 논농사가 마무리됩니다. 이제 추수만 기다리면 되는 때가 온 것이죠. 그래서 이때는 지주들이 머슴들에게 돼지도 잡아주고 개도 잡아 먹이고 술도 말통으로 받아다 먹였습니다. 먹고 죽자 해도 되는 날이었죠. 그렇게 개고생을 했으니 든든히 먹이는 것이 도리이기도 합니다.

백중 지나면 추석이 오고 추석 지나 추수를 마치면 입동, 동지로 이어지는 것이 한 해의 순환입니다. 명절은 달과 해의 움직임을 보고 중요한 날을 골라 의미를 두고 지냈던 날이었습니다. 그래서 특별한 패턴이 없이 절기에서 중요한 날인 동지를 명절로 정했고, 월력에서 중요한 날로 여기는 보름을 명절에 많이 포함시키거나 홀수가 겹치는 날을 명절로 삼기도 했습니다. 세시에는 한식, 망종, 강신일, 납일 등이 있는데 이날들도 절기처럼 패턴을 가지고 있는 것이 아니라 임의로 정한 날입니다. 가령 한식은 동지로부터 105일째 되는 날로 정한다는 식입니다.

절기와 명절, 세시가 얼추 구분이 가시는지요?

절기와 달의 순환에 대해 글을 쓰며 이런 생각이 들었습니다. 예수의 가르침에 따라 일주일 단위로 생활하고 있지만 달과 해를 바라보고 살았던 사람들은 보이지 않는 '말씀'이 삶의 기준이 아니라 눈에 보이는 해와 달이 삶의 기준이지 않았을까.

여전히 해가 뜨면 일하고 해가 지면 휴식을 취하며 살아가지만 달이 차고 기우는 것엔 영 둔감한 삶을 살아가는 것은 지상의 밤이 이제는 너무 밝기 때문이지 않을까 생각해봅니다. 뜨고 지는 해와 달을 바라보며 그에 맞춰 살아가는 것이 지금보다 편안한 삶을 살 수 있는 방법이지 않을까. 해 뜰 때 눈 뜨고 해 질 때 잠들며 보름달 떴을 때 달을 보며 쉬고 그믐날 어둠에서 편안한 휴식을 취하는 잉여스러운 삶을 꿈꿔봅니다.

알고나
먹자

1판 1쇄 2015년 4월 13일
1판 2쇄 2015년 4월 24일

지은이 전호용
펴낸이 강성민
기획 서애경
편집 이은혜 박민수 이두루 곽우정
편집보조 이정미 차소영
마케팅 정민호 이연실 정현민 지문희 김주원
홍보 김희숙 김상만 한수진 이천희

펴낸곳 (주)글항아리 | 출판등록 2009년 1월 19일 제406-2009-000002호

주소 413-120 경기도 파주시 회동길 210
전자우편 bookpot@hanmail.net
전화번호 031-955-1936(편집부) 031-955-8891(마케팅)
팩스 031-955-2557

ISBN 978-89-6735-198-4 03590

글항아리는 (주)문학동네의 계열사입니다.

이 도서의 국립중앙도서관 출판예정도서목록(CIP)은 서지정보유통지원시스템 홈페이지(http://seoji.nl.go.kr)와 국가자료공동목록시스템(http://www.nl.go.kr/kolisnet)에서 이용하실 수 있습니다. (CIP제어번호 : CIP2015009695)